职业教育公共基础课系列教材

高 等 数 学

（第2版）

主　编　吴立炎

副主编　李惠珠　胡　煜　傅秀莲　刘　芳

电子工业出版社·

Publishing House of Electronics Industry

北京·BEIJING

内 容 简 介

本书共 7 章，主要内容包括函数、极限与连续、导数与微分、导数的应用、积分及其应用、矩阵及其应用、多元函数微积分学、数学软件 Mathematica 应用。在每章内容之后都精选一套综合练习题，可供学生复习、自测使用。本书后附有常用数学公式供学生参考。

本书可作为职业院校和应用型本科院校工程类、经济管理类各专业教材，也可供成人教育教学使用。

图书在版编目（CIP）数据

高等数学／吴立炎主编．—2 版．—北京：电子工业出版社，2021.7（2024.7 重印）

ISBN 978-7-121-41513-5

Ⅰ．①高…　Ⅱ．①吴…　Ⅲ．①高等数学—职业教育—教材　Ⅳ．①O13

中国版本图书馆 CIP 数据核字（2021）第 132395 号

责任编辑：朱怀永

印　　刷：固安县铭成印刷有限公司
装　　订：固安县铭成印刷有限公司
出版发行：电子工业出版社
　　　　　北京市海淀区万寿路 173 信箱　邮编 100036
开　　本：787×1 092　1/16　印张：14　字数：355.2 千字
版　　次：2016 年 8 月第 1 版
　　　　　2021 年 7 月第 2 版
印　　次：2024 年 7 月第 8 次印刷
定　　价：41.80 元

凡所购买电子工业出版社图书有缺损问题，请向购买书店调换。若书店售缺，请与本社发行部联系，联系及邮购电话：（010）88254888，88258888。

质量投诉请发邮件至 zlts@phei.com.cn，盗版侵权举报请发邮件至 dbqq@phei.com.cn。

服务热线：（010）88254608，zhy@phei.com.cn。

前　言

本书依据高等职业教育工程类和经管类专业"高等数学"课程的培养目标和教学要求编写而成。本书在编写时坚持以"应用为目的，必需、够用"为原则，力求体现职业教育固有规律和特色。同时，本着"联系实际、深化概念、注重应用"的教学原则，突出强调数学概念与实际问题的联系。不过多强调其逻辑的严密性、思维的严谨性，不过分追求复杂的计算和变换，而重视数学应用意识，以培养学生灵活运用知识和解决、分析问题的能力。

本书内容力求简洁易懂、突出实用性，在教学中可根据不同专业和学时多少在内容上有所取舍。本书充分考虑职业院校学生的数学基础，简要介绍了 Mathematica 数学软件的使用，来处理复杂的高等数学计算，帮助学生更好地理解相关概念和理论。

本书共 7 章，主要内容包括函数、极限与连续、导数与微分、导数的应用、积分及其应用、矩阵及其应用、多元函数微积分学及数学软件 Mathematica 应用。书后附有常用数学公式供学生参考。本书可作为职业院校、成人高校及应用型本科院校工程类和经管类专业的教材。

书中标有*号的部分可依不同专业的实际情况在实际教学或学习中灵活地进行取舍。

本书由广东工贸职业技术学院吴立炎主编，广东工贸职业技术学院李惠珠、胡煜、傅秀莲和刘芳任副主编，吴立炎老师对书中的数学软件做了较详细的编辑。

限于编者的水平有限，不妥之处在所难免，敬请广大读者批评指正。

目　　录

第1章 函数、极限与连续

学习目标

1. 会求函数定义域，会判断函数的奇偶性、单调性、有界性、周期性、连续性；

2. 能分解初等函数或复合基本初等函数；

3. 会求数列、函数的极限；

4. 能讨论函数在某点的连续性，会判断函数的间断点类型；

5. 能利用函数的连续性定理判断方程是否有根.

极限是数学中一个重要的基本概念，也是学习微积分学的理论基础.本章将在复习和加深函数有关知识的基础上，讨论函数的极限与连续等问题.

1.1 函数

一、函数概念

1. 函数的定义

【定义 1】 设两个变量 x 和 y，当变量 x 在某给定的非空数集 D 中任意取一个值时，变量 y 的值由这两个变量之间的关系 f 确定，称这个关系 f 为定义在 D 上的一个函数关系，或称 y 是 x 的函数，记作 $y = f(x), x \in D$.

数集 D 叫作这个函数的**定义域**，x 叫作**自变量**，y 叫作**因变量**.

当 x 取定 $x_0 \in D$ 时，与之对应的 y 的数值成为函数 $f(x)$ 在点 $x = x_0$ 处的函数值，记作 $f(x_0)$ 或 $y|_{x=x_0}$，$f(x)$ 的全体所构成的集合称为函数的**值域**，记作 R_f 或 $f(D)$，即 $R_f = f(D) = \{y \mid y = f(x), x \in D\}$.

下面介绍邻域的概念. 设 a 是一个实数，$\delta > 0$，称区间 $(a - \delta, a + \delta)$ 为以 a 为中心，δ 为半径的**邻域**，简称点 a 的 δ 邻域，记作 $U(a, \delta)$，如图 1.1 所示.

称集合 $(a - \delta, a) \cup (a, a + \delta)$ 为以 a 为中心，δ 为半径的**去心邻域**，简称点 a 的去心 δ 邻域，记作 $\mathring{U}(a, \delta)$，即 $\mathring{U}(a, \delta) = U(a, \delta) \setminus \{a\}$.

函数的表示方法主要有三种：解析法、表格法、图像法.

点集 $P = \{(x, y) \mid y = f(x), x \in D\}$ 称为函数 $y = f(x)$ 的**图形**或**图像**，如图 1.2 所示.

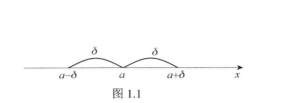

图 1.1

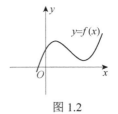

图 1.2

【例 1.1】 求下列函数的定义域.

（1） $y = \dfrac{1}{\sqrt{3-x}}$ ； （2） $y = \ln(x-1) + \dfrac{1}{x-2}$.

【解】 （1）二次根号下的被开方数必须非负，分母不为零，因此有 $3-x > 0$ ，即 $x < 3$ ，定义域为 $(-\infty, 3)$.

（2）对数的真数必须为正实数，分母不为零，因此有

$$\begin{cases} x-1 > 0 \\ x-2 \neq 0 \end{cases}$$

解得 $x > 1$ 且 $x \neq 2$ ，故定义域为 $(1,2) \cup (2,+\infty)$.

【例 1.2】 判断下列各对函数是否为同一函数.

（1） $f(x) = x, g(x) = \sqrt{x^2}$ ； （2） $f(x) = \cos^2 x + \sin^2 x, g(x) = 1$ ；

（3） $f(x) = \sec^2 x - \tan^2 x, g(x) = 1$.

【分析】 只有定义域和对应法则都相同的两个函数才是同一函数.

【解】 （1）不相同，因对应法则不同， $g(x) = |x|$.

（2）相同，因定义域和对应法则都相同.

（3）不相同，因定义域不同. $f(x)$ 的定义域为 $\{x \mid x \neq k\pi + \dfrac{\pi}{2}, k \in \mathbf{Z}\}$ ， $g(x)$ 的定义域为全体实数.

有的函数在定义域的不同取值范围内取不一样的表达式，这样的函数称为**分段函数**.以下举几例.

【例 1.3】 （绝对值函数） $y = |x| = \begin{cases} x & x \geq 0 \\ -x & x < 0 \end{cases}$ ，图像如图 1.3 所示.

【例 1.4】 （符号函数） $y = \operatorname{sgn} x = \begin{cases} 1 & x > 0 \\ 0 & x = 0 \\ -1 & x < 0 \end{cases}$ ，图像如图 1.4 所示.

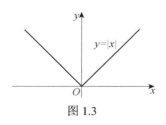

图 1.3

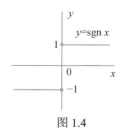

图 1.4

对任意实数 x，有 $x = |x| \cdot \operatorname{sgn} x$．

【例 1.5】（取整函数，又名 Gauss 函数）$y = [x]$．$[x]$ 表示不超过实数 x 的最大整数，简称 x 的整数部分．例如，$[\frac{2}{3}] = 0, [\sqrt{3}] = 1, [\pi] = 3, [-1] = -1, [-2.5] = -3$．取整函数图像如图 1.5 所示．

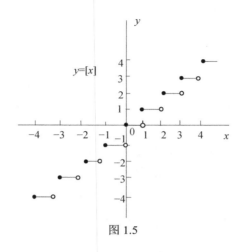

图 1.5

其图像形状如楼梯，因此这类函数又称为阶梯形函数．

2. 函数的几种特性

【定义 2】（有界性）设函数 $f(x)$ 的定义域为 D，如果存在正数 M，使得对每个 $x \in D$，有 $|f(x)| \leqslant M$，则称函数 $f(x)$ 在 D 上**有界**；否则称 $f(x)$ 在 D 上**无界**．

例如，正弦函数 $y = \sin x$，对任意实数 x，满足 $|\sin x| \leqslant 1$，故它在定义域内有界．

有界性的几何意义是：函数 $f(x)$ 的图像完全落在直线 $y = M$ 与 $y = -M$ 之间．例如，正弦函数的图像完全落在直线 $y = 1$ 与 $y = -1$ 之间．

注 有界性是与区间有关的，例如，函数 $y = \dfrac{1}{x}$ 在区间 $(1,2)$ 上有界，而在区间 $(0,1)$ 上无界．因此，不能笼统地说某函数有界或无界，而必须指明所考虑的区间．

【定义 3】（单调性）设函数 $f(x)$ 的定义域为 D，区间 $I \subset D$．若对于 I 上任意两点 x_1 及 x_2，当 $x_1 < x_2$ 时，不等式 $f(x_1) \leqslant f(x_2)$ 恒成立，则称函数 $f(x)$ 在区间 I 上是**单调增加**的（见图 1.6）；若对于区间 I 上任意两点 x_1 及 x_2，当 $x_1 < x_2$ 时，不等式 $f(x_1) \geqslant f(x_2)$ 恒成立，那么就称函数 $f(x)$ 在区间 I 上是**单调减少**的（见图 1.7）．单调增加和单调减少的函数统称为**单调函数**，区间 I 称为单调区间．

例如，函数 $y = x^2$ 在 $(-\infty, 0]$ 上是单调减少的，在 $(0, +\infty)$ 上是单调增加的．函数 $y = e^x$ 在 $(-\infty, +\infty)$ 上是单调增加的．

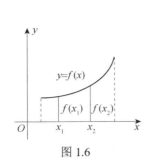

图 1.6

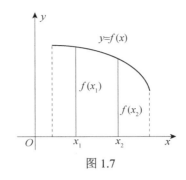

图 1.7

【定义 4】（奇偶性）设函数 $f(x)$ 的定义域 D 关于原点对称，如果对于任意 $x \in D$，有 $f(-x) = f(x)$ 恒成立，则称 $f(x)$ 为**偶函数**；如果对于任意 $x \in D$，有 $f(-x) = -f(x)$ 恒成立，则称 $f(x)$ 为**奇函数**.

例如，函数 $f(x) = x^2$ 是偶函数，函数 $f(x) = \tan x$ 是奇函数，而 $f(x) = x^2 + \sin x$ 既非奇函数也非偶函数，函数 $f(x) = 0$ 既是奇函数也是偶函数.

思考 既是奇函数又是偶函数的函数是否只有 $f(x) = 0$？

偶函数的图形关于 y 轴对称，奇函数的图形关于原点对称，如图 1.8 所示.

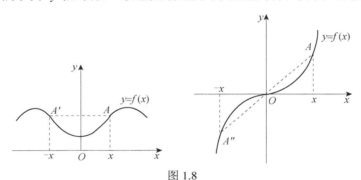

图 1.8

【定义 5】（周期性）设函数 $f(x)$ 的定义域为 D，如果存在一个不为零的数 T，使得对任意 $x \in D$，有 $(x \pm T) \in D$，且 $f(x \pm T) = f(x)$ 恒成立，则称函数 $f(x)$ 为**周期函数**.数 T 称为函数的**周期**，通常我们说周期函数的周期是指满足该等式的最小正数 T，称为**最小正周期**.

三角函数都是周期函数，其中 $y = \sin x, y = \cos x$ 的周期为 2π，$y = \tan x$ 的周期为 π. 电气工程中常用的函数 $y = A\sin(\omega x + \varphi), (A, \omega > 0)$，周期为 $T = \dfrac{2\pi}{\omega}$.

思考 是否所有周期函数都有最小正周期？

二、基本初等函数

【定义 6】 下列函数称为基本初等函数.

（1）常函数：$y = c$.

（2）幂函数：$y = x^\mu$（其中 μ 为任意实常数）.

（3）指数函数：$y = a^x$　（$a>0$ 且 $a \neq 1$）.

（4）对数函数：$y = \log_a x$　（$a>0$ 且 $a \neq 1$）.

（5）三角函数：$y = \sin x$，$y = \cos x$，$y = \tan x$，$y = \cot x$，$y = \sec x$，$y = \csc x$.

（6）反三角函数：$y = \arcsin x$，$y = \arccos x$，$y = \arctan x$，$y = \operatorname{arccot} x$.

其中，常函数、幂函数、指数函数、对数函数及三角函数，我们在高中阶段已经进行了系统且详细的学习，此处不再赘述. 下面重点介绍反三角函数.

（1）反正弦函数 $y = \arcsin x$：它是函数 $y = \sin x, x \in [-\frac{\pi}{2}, \frac{\pi}{2}]$ 的反函数，定义域为 $[-1,1]$，值域为 $[-\frac{\pi}{2}, \frac{\pi}{2}]$，在定义域内单调增加，奇函数，有界.

（2）反余弦函数 $y = \arccos x$：它是函数 $y = \cos x, x \in [0, \pi]$ 的反函数，定义域为 $[-1,1]$，值域为 $[0, \pi]$，在定义域内单调减少，非奇非偶函数，有界，其图像经过点 $(0, \frac{\pi}{2})$.

（3）反正切函数 $y = \arctan x$：它是函数 $y = \tan x, x \in (-\frac{\pi}{2}, \frac{\pi}{2})$ 的反函数，定义域为 $(-\infty, +\infty)$，值域为 $(-\frac{\pi}{2}, \frac{\pi}{2})$，在定义域内单调增加，奇函数，有界.

（4）反余切函数 $y = \operatorname{arccot} x$：它是函数 $y = \cot x, x \in (0, \pi)$ 的反函数，定义域为 $(-\infty, +\infty)$，值域为 $(0, \pi)$，在定义域内单调减少，非奇非偶函数，有界，其图像经过点 $(0, \frac{\pi}{2})$.

它们的图形分别如图 1.9～1.12 中实线所示.

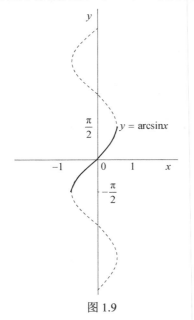

图 1.9

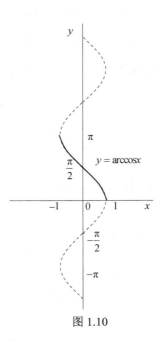

图 1.10

反三角函数在各自的定义域内满足以下关系式：

$$\sin(\arcsin x) = x, \qquad \cos(\arccos x) = x, \qquad \tan(\arctan x) = x,$$

$$\cot(\operatorname{arc\,cot} x) = x, \qquad \arcsin x + \arccos x = \frac{\pi}{2}, \qquad \arctan x + \operatorname{arc\,cot} x = \frac{\pi}{2}.$$

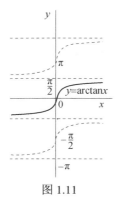

图 1.11

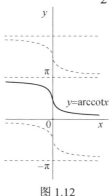

图 1.12

三、复合函数、初等函数

【定义 7】 设函数 $y = f(u)$ 的定义域为 D_1，函数 $u = g(x)$ 在 D 上有定义，且 $g(D) \subset D_1$，则函数 $y = f[g(x)], x \in D$ 称为由函数 $u = g(x)$ 和函数 $y = f(u)$ 构成的**复合函数**，它的定义域为 D，变量 u 称为**中间变量**.

例如，$y = \ln(2x+1)$ 是由 $y = \ln u$，$u = 2x+1$ 构成的复合函数.

注1 不是任何两个函数都可以复合，如 $y = \sqrt{u}$，$u = -1 - x^2$ 不能复合，这是因为 $y = \sqrt{u}$ 的定义域为 $[0, +\infty)$，$u = -1 - x^2$ 的值域为 $(-\infty, -1]$，两者的交集为空集. 若做形式上的复合，则对任意实数 x，表达式 $y = \sqrt{-1 - x^2}$ 无意义！

注2 复合函数还可以由三个或以上的函数复合而成，例如，函数 $y = \sin \dfrac{1}{x-1}$ 可看作由函数 $y = \sin u$，$u = \dfrac{1}{v}$，$v = x - 1$ 复合构成，这里 u 和 v 都是中间变量.

正确掌握复合函数的复合过程的方法对以后的学习非常重要. 方法如下：从外层开始，层层剥皮，逐层分解.

【例 1.6】 指出下列复合函数的复合过程.

（1）$y = e^{x^2}$；　　　　　　（2）$y = \sin^2[\ln(3x+1)]$.

【解】（1）由 $y = e^u$，$u = x^2$ 复合构成.

（2）$y = u^2$，$u = \sin v$，$v = \ln w$，$w = 3x + 1$.

需要注意区分开函数 $y = \sin^2 x$，$y = \sin x^2$，前者是 $y = u^2$，$u = \sin x$ 的复合，后者是 $y = \sin u$，$u = x^2$ 的复合，切勿混淆.

【定义 8】 由基本初等函数经过有限次的四则运算和有限次的复合运算所构成，并可用一个解析式表示出的函数称为**初等函数**.

例如，例 1.6 中的复合函数都是初等函数，又如 $y = \lg(x + \sqrt{x^2+1})$，$y = \sqrt[3]{\dfrac{2\ln x + \tan x + \mathrm{e}^{3x}}{\arcsin x + 3}}$

皆为初等函数. 分段函数一般不是初等函数，如取整函数、符号函数都不是初等函数.

思考 绝对值函数是不是初等函数？

习题 1.1

1. 求下列函数的定义域.

（1）$y = \arcsin \dfrac{x-1}{2}$；
（2）$y = \dfrac{1}{2}\ln\dfrac{1+x}{1-x}$；

（3）$y = \tan(3x+1)$；
（4）$y = \dfrac{1}{x-2} + \sqrt{x^2-9}$.

2. 设 $f(x) = x^2 + 3x + 2$，求 $f(1)$，$f(-2)$，$f(\frac{1}{3})$，$f(a+1)$.

3. 设 $f(x) = \begin{cases} \sin x + 1 & x > 0 \\ 0 & x = 0 \\ \cos x - 1 & x < 0 \end{cases}$，求 $f(\frac{\pi}{2})$，$f(0)$，$f(-\frac{\pi}{3})$，$f(1)$.

4. 判断下列函数的奇偶性.

（1）$y = x(x-1)(x+1)$；
（2）$y = \sin x + \cos x$；

（3）$y = \lg(x + \sqrt{x^2+1})$；
（4）$y = \dfrac{\mathrm{e}^x + \mathrm{e}^{-x}}{2}$.

5. 确定下列函数的单调区间.

（1）$y = 2\sin(3x-1)$；
（2）$y = 1 + \sqrt{x-1}$；

（3）$y = (\frac{1}{\pi})^x$；
（4）$y = x^2 - 2x - 1$.

6. 指出下列复合函数是由哪些函数复合构成的.

（1）$y = \sin(\ln x)$；
（2）$y = \mathrm{e}^{\sqrt{x}}$；

（3）$y = 3\tan x^2$.

7. 用铁皮做一个体积为 V 的圆柱形无盖水桶，将所需的铁皮的面积 A 表示成底面半径为 r 的函数，并指出其定义域.

8. 广州的出租车收费方案如下，起步价 7 元，起步里程 2.3 公里，之后每公里 2.6 元，另收燃油费 2 元. 假设交通顺畅（没有因堵车或等候产生的费用）.

（1）把乘坐出租车的收费 y 表示成乘坐里程 x 的函数.

（2）求里程为 15 公里时的车费.

（3）某人带着 50 元，他乘坐出租车最远可以达到多少公里？

1.2 极限

极限思想是由求某些实际问题的精确解答而产生的. 例如，古希腊数学家阿基米德利用圆内接正多边形来推算圆面积的方法——穷竭法，中国古代数学家刘徽利用类似的割圆术，就是极限思想在几何学上的应用.

本节将介绍数列与函数极限的定义及一些计算方法.

一、数列的极限

1. 数列

我们先对高中阶段学习过的数列做个简要的复习.

【定义1】 按一定次序排列的一些数

$$x_1, x_2, \cdots, x_n, \cdots$$

称作一个**数列**，记作 $\{x_n\}$. 其中，x_1 称数列的第一项或**首项**，第 n 项 x_n 称为数列的一般项或**通项**.

数列亦可看作以正整数集为定义域的函数，$x_n = f(n), n \in \mathbf{Z}^+$.

下面举几个数列的例子.

（1）等差数列：$2, 4, 6, 8, 10, \cdots, 2n, \cdots$ 即 $\{2n\}$.

（2）等比数列：$1, \dfrac{1}{3}, \dfrac{1}{9}, \dfrac{1}{27}, \cdots, \dfrac{1}{3^{n-1}}, \cdots$ 即 $\left\{\dfrac{1}{3^{n-1}}\right\}$.

2. 数列的极限

先看一个古代数学问题——截丈问题. 2000 多年前，中国的庄子提出"一尺之棰，日取其半，万世不竭."意为一根一尺长的竹竿，每天截取它的一半，那就永远取不完. 从第一天起，我们把该竹竿被截后所剩长度写下来，便得到如下数列：

$$\frac{1}{2}, \frac{1}{4}, \frac{1}{8}, \cdots, \frac{1}{2^n}, \cdots$$

庄子指出，无论经过多少天，竹竿总有剩的，不可能取完. 也就是说，对任意的正整数 n（无论它多大），这个数列的项永远为正数. 但这只是问题的一个方面，另外，我们不难发现，当 n 无限增大时，该数列的项就无限接近于 0. 这里隐含着数列的极限，下面给出定义.

【定义 2】 对于数列 $\{x_n\}$，若当 n 无限增大时，x_n 就无限接近于一个确定的常数 a，则称数列 $\{x_n\}$ 以 a 为**极限**，记作

$$\lim_{n \to \infty} x_n = a, \text{ 或 } x_n \to a(n \to \infty)$$

也称数列 $\{x_n\}$ 收敛于 a；如果数列 $\{x_n\}$ 没有极限，就称 $\{x_n\}$ 是发散的.

因此，对截丈问题，可以用极限表示为 $\lim\limits_{n \to \infty} \dfrac{1}{2^n} = 0$.

【例 1.7】 观察下列数列的变化趋势，写出它们的极限.

（1）$\{x_n = \dfrac{1}{n}\}$；　（2）$\{x_n = 1 - \dfrac{1}{n^2}\}$；　（3）$\{x_n = \dfrac{1}{3^n}\}$；　（4）$\{x_n = 2\}$.

【解】（1）$x_n = \dfrac{1}{n}$，当 n 依次取 $1,2,3,4,5\cdots$时，x_n 的各项依次为 $1, \dfrac{1}{2}, \dfrac{1}{3}, \dfrac{1}{4}, \dfrac{1}{5}, \cdots$，可见，当 n 无限增大时，x_n 无限接近于 0，因此

$$\lim_{n \to \infty} x_n = \lim_{n \to \infty} \frac{1}{n} = 0$$

（2）$x_n = 1 - \dfrac{1}{n^2}$，与上类似，x_n 的各项顺次为 $0, 1 - \dfrac{1}{4}, 1 - \dfrac{1}{9}, 1 - \dfrac{1}{16}, \cdots$，当 n 无限增大时，x_n 无限接近于 1，因此

$$\lim_{n \to \infty} x_n = \lim_{n \to \infty} (1 - \frac{1}{n^2}) = 1$$

（3）$x_n = \dfrac{1}{3^n}$，x_n 的各项依次为 $\dfrac{1}{3}, \dfrac{1}{9}, \dfrac{1}{27}, \dfrac{1}{81}, \cdots$，当 n 无限增大时，x_n 无限接近于 0，因此

$$\lim_{n \to \infty} x_n = \lim_{n \to \infty} \frac{1}{3^n} = 0$$

（4）$x_n = 2$，该数列每项都为 2，即

$$\lim_{n \to \infty} x_n = \lim_{n \to \infty} 2 = 2$$

数列一般有以下性质.

【性质 1】　常数数列的极限是常数，$\lim\limits_{n \to \infty} C = C$.

【性质 2】　公比的绝对值小于 1 的等比数列，极限为 0，即当 $|q| < 1$ 时，$\lim\limits_{n \to \infty} q^n = 0$.

注 并非所有数列都有极限，例如数列 $\{n^2\}$，当 n 无限增大时，n^2 也无限增大，并不趋近于一个确定的常数. 又如 $\{(-1)^n\}$，它的项交替取值 -1 和 1，当 n 无限增大时，x_n 不断在这两个数之间来回跳动，不是无限接近于一个确定常数. 这两个数列都没有极限.

二、函数的极限

数列可看作自变量为正整数 n 的函数：$x_n = f(n)$，数列 $\{x_n\}$ 的极限为 a，即当自变量 n 取正整数且无限增大 $(n \to \infty)$ 时，对应的函数值 $f(n)$ 无限接近数 a.

若将数列极限概念中自变量 n 和函数值 $f(n)$ 的特殊性撇开，可以由此引出函数极限的一般概念：在自变量 x 的某个变化过程中，如果对应的函数值 $f(x)$ 无限接近于某个确定的数 A，则 A 就称为 x 在该变化过程中函数 $f(x)$ 的极限.

对数列而言，自变量 n 的变化过程不外乎就是 $n \to \infty$. 然而，函数的自变量 x 的变化过程就丰富得多，可以是趋于无穷大或有限值，还可以按这种趋势的左右方向进一步细分. 自变量的变化过程不同，函数的极限就有不同的表现形式. 本部分分两种情况来讨论.

1. 当 $x \to \infty$ 时函数的极限

我们先考察 $x \to \infty$ 时函数 $y = \dfrac{1}{x}$ 的变化趋势. 如图 1.13 所示, 当 $x \to \infty$ 时, 函数趋近于确定的常数 0. 我们说, 函数 $y = \dfrac{1}{x}$ 当 $x \to \infty$ 时的极限为 0.

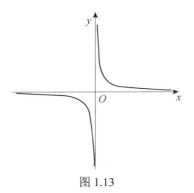

图 1.13

【定义 3】 如果当 x 的绝对值无限增大时, 函数 $f(x)$ 无限接近一个常数 A, 则称当 $x \to \infty$ 时, 函数 $f(x)$ 以 A 为**极限**, 记作

$$\lim_{x \to \infty} f(x) = A \text{ 或 } f(x) \to A (x \to \infty)$$

如果从某一时刻起, x 只取正数或负数且绝对值无限增大, 则有以下定义.

【定义 4】 如果当 $x > 0$ 且 x 无限增大时, 函数 $f(x)$ 无限接近一个常数 A, 则称当 $x \to +\infty$ 时, 函数 $f(x)$ 以 A 为**极限**, 记作

$$\lim_{x \to +\infty} f(x) = A \text{ 或 } f(x) \to A (x \to +\infty)$$

【定义 5】 如果当 $x < 0$ 且 x 的绝对值无限增大时, 函数 $f(x)$ 无限接近一个常数 A, 则称当 $x \to -\infty$ 时, 函数 $f(x)$ 以 A 为**极限**, 记作

$$\lim_{x \to -\infty} f(x) = A \text{ 或 } f(x) \to A (x \to -\infty)$$

显然有以下结果:

【定理 1】 $\lim\limits_{x \to \infty} f(x) = A$ 的充要条件是 $\lim\limits_{x \to +\infty} f(x) = A$ 且 $\lim\limits_{x \to -\infty} f(x) = A$.

【例 1.8】 求下列函数极限.

（1） $\lim\limits_{x \to \infty} \dfrac{1}{x^2}$ ；（2） $\lim\limits_{x \to -\infty} e^x$ ；（3） $\lim\limits_{x \to \infty} \arctan x$.

【解】 （1）由 $\lim\limits_{x \to +\infty} \dfrac{1}{x^2} = 0$, 且 $\lim\limits_{x \to -\infty} \dfrac{1}{x^2} = 0$, 有 $\lim\limits_{x \to \infty} \dfrac{1}{x^2} = 0$.

（2）观察 $y = e^x$ 的图像可知当 $x \to -\infty$ 时, $e^x \to 0$, 即 $\lim\limits_{x \to -\infty} e^x = 0$.

（3）观察反正切函数的图像可得, $\lim\limits_{x \to -\infty} \arctan x = -\dfrac{\pi}{2}$, $\lim\limits_{x \to +\infty} \arctan x = \dfrac{\pi}{2}$, 由定理 1, $\lim\limits_{x \to \infty} \arctan x$ 不存在.

2. 当 $x \to x_0$ 时函数的极限

【例 1.9】 考察函数 $f(x) = \dfrac{x}{3} + 1$ 当 $x \to 3$ 时的变化趋势.

当 x 从左边无限接近于 3 时, 对应的函数值变化情况见表 1.1.

表 1.1

x	2.9	2.99	2.999	2.9999	$x \to 3$
y	1.97	1.997	1.9997	1.99997	$y \to 2$

当 x 从右边无限接近于 3 时，对应的函数值变化情况见表 1.2.

表 1.2

x	3.1	3.01	3.001	3.0001	$x \to 3$
y	2.03	2.003	2.0003	2.00003	$y \to 2$

可见，当 $x \to 3$ 时，函数 $f(x) = \dfrac{x}{3} + 1$ 无限接近 2. 我们说，函数 $f(x) = \dfrac{x}{3} + 1$ 当 $x \to 3$ 时的极限为 2.

【定义 6】　如果当 x 趋于 x_0（但 $x \neq x_0$）时，函数 $f(x)$ 趋于一个常数 A，则称当 $x \to x_0$ 时，函数 $f(x)$ 以 A 为**极限**，记作

$$\lim_{x \to x_0} f(x) = A \text{ 或 } f(x) \to A (x \to x_0)$$

也称当 $x \to x_0$ 时，函数 $f(x)$ 收敛于 A；否则称函数 $f(x)$ 在 $x \to x_0$ 时发散或极限不存在.

【例 1.10】　讨论函数 $f(x) = \dfrac{x^2 - 1}{x - 1}$，当 $x \to 1$ 时是否有极限.

【解】　在 $x = 1$ 处，$f(x)$ 无定义. 我们考察的是当 $x \to 1$ 时 $f(x)$ 的变化趋势. 当 $x \to 1$ 时，$x \neq 1$，$f(x) = \dfrac{x^2 - 1}{x - 1} = \dfrac{(x+1)(x-1)}{x - 1} = x + 1 (x \neq 1)$，因此有

$$\lim_{x \to 1} f(x) = \lim_{x \to 1} \frac{x^2 - 1}{x - 1} = \lim_{x \to 1}(x + 1) = 2$$

本例说明 $f(x)$ 在点 x_0 处是否有极限与 $f(x)$ 在点 x_0 处是否有定义毫无关系.

一般地，考察函数 $f(x)$ 在 $x \to x_0$ 的极限时，常常需要考察 x 分别从左边和从右边趋于 x_0 时，函数值的变化趋势，为此，我们引入左右极限的概念.

【定义 7】　如果当 $x > x_0$ 且趋于 x_0 时，函数 $f(x)$ 趋于一个常数 A，则称当 $x \to x_0$ 时，函数 $f(x)$ 的**右极限**是 A，记作

$$\lim_{x \to x_0^+} f(x) = A \text{ 或 } f(x) \to A (x \to x_0^+) \text{ 或 } f(x_0 + 0) = A$$

【定义 8】　如果当 $x < x_0$ 且趋于 x_0 时，函数 $f(x)$ 趋于一个常数 A，则称当 $x \to x_0$ 时，函数 $f(x)$ 的**左极限**是 A，记作

$$\lim_{x \to x_0^-} f(x) = A \text{ 或 } f(x) \to A (x \to x_0^-) \text{ 或 } f(x_0 - 0) = A$$

左极限和右极限统称为**单侧极限**.

由上述定义，可得以下结论.

【**定理 2**】 函数 $f(x)$ 当 $x \to x_0$ 时的极限存在的充要条件是，当 $x \to x_0$ 时 $f(x)$ 的左、右极限存在并且相等.

若记上述极限值为 A，则定理 2 可简记为

$$\lim_{x \to x_0} f(x) = A \Leftrightarrow f(x_0 + 0) = f(x_0 - 0) = A$$

因此，当 $x \to x_0$ 时，只要 $f(x)$ 的两个单侧极限中有一个不存在，或者都存在却不相等，则 $f(x)$ 当 $x \to x_0$ 时无极限. 以上性质常用于判断分段函数在区间分界点处极限的存在性.

【**例 1.11**】 讨论函数 $f(x) = |x|$ 当 $x \to 0$ 时是否有极限.

【**解**】 $f(x) = |x| = \begin{cases} x & x \geq 0 \\ -x & x < 0 \end{cases}$，这是分段函数，0 是区间分界点，因此应分别讨论 x 从左边和右边趋于 0 时的极限情况.

由 $f(0-0) = \lim\limits_{x \to 0^-} |x| = \lim\limits_{x \to 0^-} (-x) = 0$，且 $f(0+0) = \lim\limits_{x \to 0^+} |x| = \lim\limits_{x \to 0^+} x = 0$，根据定理 2 得 $\lim\limits_{x \to 0} f(x) = \lim\limits_{x \to 0} |x| = 0$.

【**例 1.12**】 求函数 $f(x) = \begin{cases} x+1 & x > 0 \\ 0 & x = 0 \\ x-1 & x < 0 \end{cases}$，当 $x \to 0$ 时的极限 $\lim\limits_{x \to 0} f(x)$.

【**解**】 由

$$f(0-0) = \lim_{x \to 0^-} (x-1) = -1$$

$$f(0+0) = \lim_{x \to 0^+} (x+1) = 1$$

$$f(0-0) \neq f(0+0)$$

故 $\lim\limits_{x \to 0} f(x)$ 不存在.

三、极限的四则运算法则

在以下讨论中，记号"lim"下面没有标明自变量的变化过程，是因为以下定理对 $x \to x_0$ 及 $x \to \infty$ 都成立

【**定理 3**】 如果 $\lim f(x) = a$，$\lim g(x) = b$，那么，

（1） $\lim(f(x) \pm g(x)) = \lim f(x) \pm \lim g(x) = a \pm b$.

（2） $\lim(f(x) \cdot g(x)) = \lim f(x) \cdot \lim g(x) = ab$.

特别地， $\lim(C \cdot f(x)) = C \cdot \lim f(x) = Ca$ （C 为常数）；

$\lim(f(x))^k = (\lim f(x))^k = a^k$ （k 是正整数）.

（3） 若 $b \neq 0$，则 $\lim \dfrac{f(x)}{g(x)} = \dfrac{\lim f(x)}{\lim g(x)} = \dfrac{a}{b}$.

定理 3 中的（1）、（2）都可以推广到有限个函数的情形. 由于数列可视为整变量函数，则此法则对数列极限也完全适用。

【例 1.13】　求 $\lim\limits_{x \to 3}(3x - 2)$.

【解】
$$\lim\limits_{x \to 3}(3x - 2) = \lim\limits_{x \to 3}3x - \lim\limits_{x \to 3}2$$
$$= 3\lim\limits_{x \to 3}x - \lim\limits_{x \to 3}2$$
$$= 3 \times 3 - 2 = 7$$

【例 1.14】　求 $\lim\limits_{x \to 1}\dfrac{x^2 + x + 1}{x^3 - x^2 + 2x + 1}$.

【解】　分母的极限 $\lim\limits_{x \to 1}(x^3 - x^2 + 2x + 1) = 3 \neq 0$，因此可以直接用商的极限法则，

$$\lim\limits_{x \to 1}\frac{x^2 + x + 1}{x^3 - x^2 + 2x + 1} = \frac{\lim\limits_{x \to 1}(x^2 + x + 1)}{\lim\limits_{x \to 1}(x^3 - x^2 + 2x + 1)}$$
$$= \frac{3}{3} = 1$$

【例 1.15】　求下列各式的极限.

（1） $\lim\limits_{n \to \infty}(1 + \dfrac{2}{n} + \dfrac{3}{n^2})$；　（2） $\lim\limits_{n \to \infty}\dfrac{2n + 1}{3n - 2}$；　（3） $\lim\limits_{n \to \infty}\dfrac{2^n + 3^n}{3^n}$.

【解】　（1）
$$\lim\limits_{n \to \infty}(1 + \frac{2}{n} + \frac{3}{n^2}) = \lim\limits_{n \to \infty}1 + \lim\limits_{n \to \infty}\frac{2}{n} + \lim\limits_{n \to \infty}\frac{3}{n^2}$$
$$= 1 + 0 + 0 = 1$$

（2）当 $n \to \infty$ 时，分子及分母的极限都不存在，不能直接用商的极限法则，但可对分式的分子、分母同时除以 n，便有

$$\lim\limits_{n \to \infty}\frac{2n + 1}{3n - 2} = \lim\limits_{n \to \infty}\frac{2 + \dfrac{1}{n}}{3 - \dfrac{2}{n}}$$

$$= \frac{\lim\limits_{n \to \infty}(2 + \dfrac{1}{n})}{\lim\limits_{n \to \infty}(3 - \dfrac{2}{n})} = \frac{2}{3}$$

（3）
$$\lim\limits_{n \to \infty}\frac{2^n + 3^n}{3^n} = \lim\limits_{n \to \infty}(\frac{2}{3})^n + \lim\limits_{n \to \infty}1^n$$
$$= 0 + 1 = 1$$

【例 1.16】　求 $\lim\limits_{x \to 2}\dfrac{x^2 - 4}{x - 2}$.

【解】　分母的极限 $\lim\limits_{x \to 2}(x - 2) = 0$，不能直接用商的极限法则，应对分式化简再求极限.

$$\lim\limits_{x \to 2}\frac{x^2 - 4}{x - 2} = \lim\limits_{x \to 2}\frac{(x + 2)(x - 2)}{x - 2}$$
$$= \lim\limits_{x \to 2}(x + 2) = 4$$

【例 1.17】　求 $\lim\limits_{x \to 1}(\dfrac{3}{1 - x^3} - \dfrac{1}{1 - x})$.

【解】　当 $x \to 1$ 时，以上两式的极限都不存在，需先通分再计算极限.

$$\lim_{x \to 1}\left(\frac{3}{1-x^3} - \frac{1}{1-x}\right) = \lim_{x \to 1}\frac{3-(1+x+x^2)}{(1-x)(1+x+x^2)}$$

$$= \lim_{x \to 1}\frac{(2+x)(1-x)}{(1-x)(1+x+x^2)}$$

$$= \lim_{x \to 1}\frac{2+x}{1+x+x^2} = 1$$

【例 1.18】 求 $\lim\limits_{x \to \infty}\dfrac{3x^2+2x+3}{2x^2-x+1}$.

【解】 当 $x \to \infty$ 时，分母和分子都发散到 ∞，不能直接用商的极限法则，我们对分母、分子同时除以 x^2，然后取极限.

$$\lim_{x \to \infty}\frac{3x^2+2x+3}{2x^2-x+1} = \lim_{x \to \infty}\frac{3+\dfrac{2}{x}+\dfrac{3}{x^2}}{2-\dfrac{1}{x}+\dfrac{1}{x^2}}$$

$$= \frac{3+0+0}{2-0+0} = \frac{3}{2}$$

这种通过分子和分母同时除以两者的最高次，化成繁分式再取极限的方法，称为"无穷小因子分出法"，又简称"抓大头".用此法，我们可以计算出任何一个有理分式函数当 $x \to \infty$ 时的极限. 一般有：

当 $a_0 \neq 0, b_0 \neq 0$，m,n 为非负整数时，有

$$\lim_{x \to \infty}\frac{a_0 x^m + a_1 x^{m-1} + \ldots + a_m}{b_0 x^n + b_1 x^{n-1} + \ldots + b_n} = \begin{cases} \dfrac{a_0}{b_0} & n = m \\ 0 & n > m \\ \infty & n < m \end{cases}$$

【例 1.19】 求 $\lim\limits_{x \to 0}\dfrac{\sqrt{1+x}-1}{x}$.

【解】 当 $x \to 0$ 时，分子和分母的极限都是 0，可对根式做分子有理化，把根号移到分母上.

$$\lim_{x \to 0}\frac{\sqrt{1+x}-1}{x} = \lim_{x \to 0}\frac{(\sqrt{1+x}-1)(\sqrt{1+x}+1)}{x(\sqrt{1+x}+1)}$$

$$= \lim_{x \to 0}\frac{x}{x(\sqrt{1+x}+1)}$$

$$= \lim_{x \to 0}\frac{1}{\sqrt{1+x}+1} = \frac{1}{2}$$

习题 1.2

1. 求下列数列极限.

（1）$\lim\limits_{n \to \infty}\left(1+\dfrac{2}{n}+\dfrac{3}{n^2}+\dfrac{4}{n^3}\right)$；

（2）$\lim\limits_{n \to \infty}\dfrac{2n+3}{n-2}$；

（3）$\lim\limits_{n\to\infty}\dfrac{3n^3+n^2-2n+5}{-2n^3+n-1}$；

（4）$\lim\limits_{n\to\infty}\dfrac{2^n-3^n+1}{3^n}$；

（5）$\lim\limits_{n\to\infty}[\dfrac{1}{1\times2}+\dfrac{1}{2\times3}+...+\dfrac{1}{n(n+1)}]$；

（6）$\lim\limits_{n\to\infty}(\dfrac{1}{n^2}+\dfrac{2}{n^2}+...+\dfrac{n}{n^2})$．

2. 函数 $f(x)$ 在 x_0 左右极限存在是函数 $f(x)$ 在点 x_0 处有极限的（　　）条件．

    A. 充分非必要　　　　　　　　　　B. 必要非充分

    C. 充要　　　　　　　　　　　　　D. 前三者均不是

3. 求下列函数极限．

（1）$\lim\limits_{x\to2}(x+2)$；

（2）$\lim\limits_{x\to2}\dfrac{x^2+5}{x-3}$；

（3）$\lim\limits_{x\to3}\dfrac{x-3}{x^2-9}$；

（4）$\lim\limits_{x\to\infty}\dfrac{3x^3+2x^2+1}{5x^3-4x+3}$；

（5）$\lim\limits_{x\to\infty}\dfrac{x^2+2x-3}{x^3+6x^2+4}$；

（6）$\lim\limits_{x\to\infty}\dfrac{x^3+6x^2+4}{x^2+2x-3}$；

（7）$\lim\limits_{h\to0}\dfrac{(x+h)^3-x^3}{h}$；

（8）$\lim\limits_{x\to\infty}\dfrac{(2x-1)^{30}(3x+2)^{20}}{(5x+1)^{50}}$；

（9）$\lim\limits_{x\to1}(\dfrac{2}{x^2-1}-\dfrac{1}{x-1})$；

（10）$\lim\limits_{x\to\infty}\operatorname{arccot}x$．

4. 设 $f(x)=\begin{cases}2x+1 & x\geqslant1\\6x-3 & x<1\end{cases}$，作出 $f(x)$ 的图像，并求 $\lim\limits_{x\to1}f(x)$．

5. 若 $\lim\limits_{x\to2}\dfrac{x^3+ax^2+b}{x-2}=8$，求 a,b 的值．

1.3　无穷小量与无穷大量

一、无穷小量与无穷大量的概念

在实际问题中，经常会遇到以零为极限的变量。例如，单摆离开铅直位置并摆动，由于受到空气阻力和机械摩擦力的作用，它的振幅随时间增加而逐渐减少并趋近于零；又如，在电容器放电时，电压也是随时间的增加而逐渐减少并趋近于零．

还有一些变量在变化过程中，绝对值无限增大．下面我们给出这两种变量的定义．

【定义 1】　如果 $\lim\limits_{x\to X}f(x)=0$，则称函数 $f(x)$ 是当 $x\to X$ 时的**无穷小量**，简称无穷小．

若 $\lim\limits_{x\to X}f(x)=\infty$，则称 $f(x)$ 为当 $x\to X$ 时的**无穷大量**，简称无穷大．

也就是说，无穷小是以 0 为极限的函数，无穷大是绝对值无限增大的函数．

例如，当 $x\to0$ 时，$x^2,\sin x,\sqrt{x}$ 都是无穷小；当 $x\to1$ 时，$(x-1)^2,\ln x$ 是无穷小；当 $x\to\infty$ 时，$\dfrac{1}{x}$ 是无穷小．当 $x\to0$ 时，$\dfrac{1}{x}$ 是无穷大；当 $x\to\infty$ 时，x^2 是无穷大．

注 定义中" $x \to X$ "表示自变量的某个变化过程，可以是" $x \to \infty$ ， $x \to -\infty$ ， $x \to +\infty$ ， $x \to x_0$ ， $x \to x_0^-$ ， $x \to x_0^+$ "中的任何一种.

在自变量的同一变化过程中的无穷小具有如下性质.

【性质1】 有限个无穷小的代数和是无穷小.

【性质2】 有界函数与无穷小的乘积是无穷小.

由以上两个性质可得出以下两性质.

【性质3】 常数与无穷小的乘积是无穷小.

【性质4】 有限个无穷小的乘积是无穷小.

【例1.20】 求 $\lim\limits_{x \to 0} x \sin \dfrac{1}{x}$.

【分析】 当 $x \to 0$ 时， $\dfrac{1}{x} \to \infty$ ， $\sin \dfrac{1}{x}$ 的取值在区间 $[-1,1]$ 上波动，无极限，不能用积的极限法则计算，应考虑无穷小的性质.

【解】 当 $x \to 0$ 时， x 是无穷小量，又因为 $\left| \sin \dfrac{1}{x} \right| \le 1$ ，所以 $\sin \dfrac{1}{x}$ 是有界变量；根据性质2有 $\lim\limits_{x \to 0} x \sin \dfrac{1}{x} = 0$.

二、无穷大量与无穷小量的关系

无穷小与无穷大有如下关系.

【定理1】 在自变量的同一变化过程中，若 $f(x)$ 为无穷大，则 $\dfrac{1}{f(x)}$ 为无穷小；反之，若 $f(x)$ 为无穷小，且 $f(x) \ne 0$ ，则 $\dfrac{1}{f(x)}$ 为无穷大.

简言之，同一过程中的无穷大的倒数为无穷小，非零无穷小的倒数是无穷大.

【例1.21】 求 $\lim\limits_{x \to 1} \dfrac{x+1}{x-1}$.

【解】 当 $x \to 1$ 时， $x-1 \to 0$ ， $x+1 \to 2$ ，不能用商的极限法则. 考虑其倒数的极限，有 $\lim\limits_{x \to 1} \dfrac{x-1}{x+1} = 0$ ，即当 $x \to 1$ 时， $\dfrac{x-1}{x+1}$ 是无穷小，由定理1， $\dfrac{x+1}{x-1}$ 是无穷大，因此

$$\lim_{x \to 1} \frac{x+1}{x-1} = \infty$$

三、无穷小量的比较

我们通常用速度来描述与比较物体运动的快慢，那么，怎样描述及比较无穷小量收敛速度的快慢呢？例如，当 $x \to 0$ 时， $3x$ ， $2x$ ， x^2 都是无穷小，而它们的比值的极限有各

种不同情况：

$$\lim_{x\to 0}\frac{3x}{2x}=\lim_{x\to 0}\frac{3}{2}=\frac{3}{2},\lim_{x\to 0}\frac{x^2}{3x}=0,\lim_{x\to 0}\frac{3x}{x^2}=\infty$$

这反映了在同一极限过程中，不同的无穷小趋于零的"快慢"程度不一样. 从上述例子可看出，在 $x\to 0$ 的过程中，$3x\to 0$ 与 $2x\to 0$ "快慢大致相同"，$x^2\to 0$ 比 $3x\to 0$ "快些"，而 $2x\to 0$ 比 $x^2\to 0$ "慢些". 下面我们通过无穷小之商的极限来说明两个无穷小之间的比较，给出无穷小的阶的定义.

【定义 2】　设 α,β 是同一变化过程中的无穷小，且 $\alpha\neq 0$.

（1）若 $\lim\dfrac{\beta}{\alpha}=0$，则说 β 是比 α 高阶的无穷小，记作 $\beta=o(\alpha)$；

（2）若 $\lim\dfrac{\beta}{\alpha}=\infty$，则说 β 是比 α 低阶的无穷小；

（3）若 $\lim\dfrac{\beta}{\alpha}=c\neq 0$，则说 β 是与 α 同阶的无穷小；

特别地，若 $\lim\dfrac{\beta}{\alpha}=1$，则说 β 与 α 是等价无穷小，记作 $\alpha\sim\beta$.

显然，如果 β 是比 α 高阶的无穷小，则 α 是比 β 低阶的无穷小，这时 β 比 α 收敛到 0 的速度"快些". 如果 β 是与 α 同阶的无穷小，那么它们收敛到 0 的"快慢大致相同".

例如，当 $x\to 0$ 时，x^2 是比 $3x$ 高阶的无穷小，因为 $\lim\limits_{x\to 0}\dfrac{x^2}{3x}=0$，即 $x^2=o(3x)\,(x\to 0)$；

此时 $\lim\limits_{x\to 0}\dfrac{3x}{x^2}=\infty$，因此 $3x$ 是比 x^2 低阶的无穷小；

当 $x\to 0$ 时，$2x$ 与 $3x$ 是同阶无穷小，因为 $\lim\limits_{x\to 0}\dfrac{2x}{3x}=\dfrac{2}{3}$；

当 $x\to 0$ 时，$\sin x$ 与 x 是等价无穷小，即 $\sin x\sim x(x\to 0)$，因为 $\lim\limits_{x\to 0}\dfrac{\sin x}{x}=1$，这是第一重要极限，我们将在下一节加以介绍.

【例 1.22】　当 $x\to 0$ 时，试比较下列无穷小的阶.

（1）$\alpha=x^2+2x,\beta=x$；　　（2）$\alpha=x\cos x,\beta=x$.

【解】　（1）因为 $\lim\limits_{x\to 0}\dfrac{\alpha}{\beta}=\lim\limits_{x\to 0}\dfrac{x^2+2x}{x}=2$，所以当 $x\to 0$ 时，x^2+2x 与 x 是同阶无穷小.

（2）因为 $\lim\limits_{x\to 0}\dfrac{\alpha}{\beta}=\lim\limits_{x\to 0}\dfrac{x\cos x}{x}=1$，所以当 $x\to 0$ 时，$x\cos x$ 与 x 是等价无穷小.

四、具有极限的函数与无穷小量的关系

关于等价无穷小，有下面的重要定理.

【定理 2】　（无穷小与极限的关系）β 与 α 是等价无穷小，当且仅当 $\beta=\alpha+o(\alpha)$ 时.

这个定理是说，两个无穷小等价，当且仅当它们的差是比其中一个更高阶的无穷小.
例如，$x^2 + 2x \sim 2x (x \to 0)$，因为它们的差 x^2 是比 $2x$ 高阶的无穷小，即

$$x^2 = o(2x)(x \to 0)$$

【定理 3】（等价无穷小代换原理）设 $\alpha \sim \alpha'$，$\beta \sim \beta'$，且 $\lim \dfrac{\beta'}{\alpha'}$ 存在，则

$$\lim \frac{\beta}{\alpha} = \lim \frac{\beta'}{\alpha'}$$

这个定理告诉我们一种求极限的方法——等价无穷小代换法.求两个无穷小的商的极限时，分子和分母都可以用等价的无穷小来代替.通常，我们用形式较简单的无穷小代替较复杂的无穷小，以达到简化计算的目的. 进一步，分子和分母中的无穷小乘积因子也可以用等价无穷小代替.

下面先给出一些常用的等价无穷小：

当 $x \to 0$ 时，有 $\sin x \sim x$，$\tan x \sim x$，$1 - \cos x \sim \dfrac{1}{2}x^2$，$\arcsin x \sim x$，

$\arctan x \sim x$，$(1+x)^\alpha - 1 \sim \alpha x \ (\alpha \in R)$，$\mathrm{e}^x - 1 \sim x$，$\ln(1+x) \sim x$.

【例 1.23】 求下列极限.

（1）$\lim\limits_{x \to 0} \dfrac{\tan 2x}{\sin 5x}$；（2）$\lim\limits_{x \to 0} \dfrac{\sin^2 3x}{x \sin 2x}$；（3）$\lim\limits_{x \to 0} \dfrac{\tan x - \sin x}{\sin^3 x}$.

【解】 （1）当 $x \to 0$ 时，$\tan 2x \sim 2x$，$\sin 5x \sim 5x$，所以

$$\lim_{x \to 0} \frac{\tan 2x}{\sin 5x} = \lim_{x \to 0} \frac{2x}{5x} = \frac{2}{5}$$

（2）当 $x \to 0$ 时，$\sin 3x \sim 3x$，$\sin 2x \sim 2x$，所以

$$\lim_{x \to 0} \frac{\sin^2 3x}{x \sin 2x} = \lim_{x \to 0} \frac{(3x)^2}{x \cdot 2x} = \frac{9}{2}$$

（3）当 $x \to 0$ 时，$\tan x \sim x$，$\sin x \sim x$，但

$$\lim_{x \to 0} \frac{\tan x - \sin x}{\sin^3 x} \neq \lim_{x \to 0} \frac{x - x}{x^3} = 0$$

为什么？因为只有当分子或分母是函数的乘积时，对于乘积因子才可以用等价无穷小代换. 对于和或差中的函数，一般不能用等价无穷小代换. 这是用等价无穷小代换法求极限的易错点，需要特别注意！

正确解法为

$$\lim_{x \to 0} \frac{\tan x - \sin x}{\sin^3 x} = \lim_{x \to 0} \frac{\tan x (1 - \cos x)}{\sin^3 x}$$

当 $x \to 0$ 时，$\tan x \sim x$，$\sin x \sim x$，$1 - \cos x \sim \dfrac{1}{2}x^2$，因此

$$\lim_{x \to 0} \frac{\tan x - \sin x}{\sin^3 x} = \lim_{x \to 0} \frac{x \cdot (\frac{1}{2}x^2)}{x^3} = \frac{1}{2}$$

结合定理 2，我们介绍等价无穷小代换法中的一种特殊的技巧——舍去高阶无穷小. 根

据定理 2，对于能用等价无穷小代换的分母或分子（或乘积因子），若是两个不同阶的无穷小的和，则可以把其中较高阶的无穷小舍去，即以其中较低阶的无穷小作代换. 以下举例说明.

【例 1.24】 求下列极限.

（1）$\lim\limits_{x \to 0} \dfrac{\sin x}{x^3 + x}$；   （2）$\lim\limits_{x \to 0} \dfrac{3x + \sin^2 x}{\tan 2x - x^3}$.

【解】（1）当 $x \to 0$ 时，$\sin x \sim x$，又 $x^3 = o(x)$，故 $x^3 + x \sim x$，所以

$$\lim_{x \to 0} \frac{\sin x}{x^3 + x} = \lim_{x \to 0} \frac{x}{x} = 1$$

（2）当 $x \to 0$ 时，$\sin^2 x \sim x^2$，而 $x^2 = o(3x)$，故 $\sin^2 x = o(3x)$，由定理 2 得 $3x + \sin^2 x \sim 3x$，类似有 $\tan 2x - x^3 \sim 2x$，所以

$$\lim_{x \to 0} \frac{3x + \sin^2 x}{\tan 2x - x^3} = \lim_{x \to 0} \frac{3x}{2x} = \frac{3}{2}$$

习题 1.3

1. 下列函数中，哪些是无穷小，哪些是无穷大？

（1）$y = 3x + x^2 (x \to 0)$；   （2）$y = \dfrac{1}{x - 2} (x \to \infty)$；

（3）$y = \dfrac{1}{x - 2} (x \to 2)$；   （4）$y = \log_2 x (x \to 0^+)$.

2. 函数 $y = \dfrac{x}{x + 1}$ 在什么条件下是无穷小，什么条件下是无穷大？

3. 当 $x \to 0$ 时，$x^2 + 2x$ 与 $x^3 + 3x^2$ 相比较，哪个是较高阶的无穷小？

4. 当 $x \to 0$ 时，有 $\lim\limits_{x \to 0} \dfrac{e^x}{1 + x} = 1$，能否说函数 e^x 与 $1 + x$ 是 $x \to 0$ 时的等价无穷小？

5. 求下列极限.

（1）$\lim\limits_{x \to \infty} \dfrac{\sin x}{x}$；   （2）$\lim\limits_{x \to 1} (x^2 - 1) \sin \dfrac{1}{x - 1}$；

（3）$\lim\limits_{x \to 0} \dfrac{2 \arcsin x}{3x}$；   （4）$\lim\limits_{x \to 0} \dfrac{\sqrt{1 + x} - 1}{2x}$；

（5）$\lim\limits_{x \to 0} \dfrac{\ln(1 + 2x - 3x^2)}{4x}$；   （6）$\lim\limits_{x \to 0} \dfrac{x + \sin^2 x + \tan^3 x}{\sin 5x + 2x^2}$.

1.4 两个重要极限

本节介绍两个重要极限：

$$\lim_{x \to 0} \frac{\sin x}{x} = 1 \text{ 及 } \lim_{x \to \infty} \left(1 + \frac{1}{x}\right)^x = e$$

一、$\lim\limits_{x\to 0}\dfrac{\sin x}{x}=1$

在物理学中，我们有一个近似计算的公式：当 x 的绝对值 $|x|$ 很小时，$\sin x \approx x$. 从无穷小收敛到 0 快慢的角度看，这个近似式就是说当 $x\to 0$ 时，$\sin x$ 和 x 收敛到 0 的"速度相同". 换句话说，$\sin x$ 与 x 是等价无穷小，即 $\lim\limits_{x\to 0}\dfrac{\sin x}{x}=1$，或记为 $\sin x \sim x(x\to 0)$.

对这个结果，我们列出当 $x\to 0$ 时，函数 $\dfrac{\sin x}{x}$ 的数值表（见表 1.3）加以说明.

表 1.3

x（弧度）	± 1.000	± 0.100	± 0.010	± 0.001	$x\to 0$
$\dfrac{\sin x}{x}$	0.8417098	0.99833417	0.99998334	0.9999984	$\dfrac{\sin x}{x}\to 1$

由表 1.3 可知，当 $x\to 0$ 时，$\dfrac{\sin x}{x}\to 1$，即 $\lim\limits_{x\to 0}\dfrac{\sin x}{x}=1$.

【例 1.25】 证明当 $x\to 0$ 时，下列各对无穷小等价.

（1）$\tan x, x$ ；（2）$1-\cos x, \dfrac{1}{2}x^2$ ；（3）$\arcsin x, x$.

【证】 （1）因为

$$\lim\limits_{x\to 0}\dfrac{\tan x}{x}=\lim\limits_{x\to 0}\dfrac{\sin x}{\cos x}\cdot\dfrac{1}{x}$$
$$=\lim\limits_{x\to 0}\dfrac{1}{\cos x}\lim\limits_{x\to 0}\dfrac{\sin x}{x}$$
$$=1\times 1=1$$

所以 $\tan x \sim x(x\to 0)$.

（2）因为

$$\lim\limits_{x\to 0}\dfrac{1-\cos x}{\dfrac{1}{2}x^2}=\lim\limits_{x\to 0}\dfrac{2\sin^2\dfrac{x}{2}}{\dfrac{1}{2}x^2}$$
$$=\lim\limits_{x\to 0}\dfrac{\sin^2\dfrac{x}{2}}{\left(\dfrac{x}{2}\right)^2}$$
$$=\left(\lim\limits_{x\to 0}\dfrac{\sin\dfrac{x}{2}}{\dfrac{x}{2}}\right)^2$$
$$=1^2=1$$

所以 $1-\cos x \sim \dfrac{1}{2}x^2(x\to 0)$.

（3）令 $\arcsin x = t$，则 $x = \sin t$，当 $x \to 0$ 时，$t \to 0$，我们有

$$\lim_{x \to 0} \frac{\arcsin x}{x} = \lim_{t \to 0} \frac{t}{\sin t}$$

$$= \frac{1}{\lim\limits_{t \to 0} \dfrac{\sin t}{t}}$$

$$= \frac{1}{1} = 1$$

所以 $\arcsin x \sim x (x \to 0)$.

【例 1.26】　求下列极限.

（1）$\lim\limits_{x \to 0} \dfrac{\sin kx}{x} (k \neq 0)$；　（2）$\lim\limits_{x \to 0} \dfrac{\sin mx}{\sin nx} (m, n \neq 0)$.

【解】　（1）$\lim\limits_{x \to 0} \dfrac{\sin kx}{x} = \lim\limits_{x \to 0} k \cdot \dfrac{\sin kx}{kx}$

$$= k \lim_{x \to 0} \frac{\sin kx}{kx} = k$$

（2）$\lim\limits_{x \to 0} \dfrac{\sin mx}{\sin nx} = \lim\limits_{x \to 0} \dfrac{\dfrac{\sin mx}{x}}{\dfrac{\sin nx}{x}} = \dfrac{m}{n}$

说明：例 1.26 还可以用等价无穷小代换法，解法如下：

由 $\sin kx \sim kx (x \to 0)$，有 $\lim\limits_{x \to 0} \dfrac{\sin kx}{x} = \lim\limits_{x \to 0} \dfrac{kx}{x} = k$，类似有

$$\lim_{x \to 0} \frac{\sin mx}{\sin nx} = \lim_{x \to 0} \frac{mx}{nx} = \frac{m}{n}$$

显然，用等价无穷小代换法更加简洁，读者可见这种方法的巧妙之处.

二、$\lim\limits_{x \to \infty} (1 + \dfrac{1}{x})^x = e$

首先讨论数列极限 $\lim\limits_{n \to \infty} \left(1 + \dfrac{1}{n}\right)^n$.

考察数列 $\left\{ x_n = \left(1 + \dfrac{1}{n}\right)^n \right\}$ 当 n 无限增大时的变化趋势，见表 1.4.

表 1.4

n	2	5	10	100	1000	10000	1000000	$n \to \infty$
$\left(1 + \dfrac{1}{n}\right)^n$	2.25	2.49	2.594	2.705	2.717	2.718	2.71827	...

由表 1.4 可见，当 $n \to \infty$ 时，数列 $\left(1 + \dfrac{1}{n}\right)^n$ 的值大约于 2.718，极限 $\lim\limits_{n \to \infty} \left(1 + \dfrac{1}{n}\right)^n$ 存在. 可

以证明当 $x \to \infty$ 时（包括 $+\infty, -\infty$），函数 $f(x) = (1 + \dfrac{1}{x})^x$ 也和上述数列收敛到同一个极限. 我们把这个极限值用 e 表示，即

$$\lim_{x \to \infty}(1 + \frac{1}{x})^x = e$$

这就是我们高中阶段学习过的自然对数的底 e，它是个无理数，其值 e = 2.718281828459⋯
若令 $\dfrac{1}{x} = u$，则当 $x \to \infty$ 时，$u \to 0$，这样便得到该极限的另一种形式：

$$\lim_{u \to 0}(1 + u)^{\frac{1}{u}} = e$$

【例 1. 27】 求下列极限.

（1）$\lim\limits_{x \to \infty}(1 + \dfrac{2}{x})^x$；　（2）$\lim\limits_{x \to \infty}(1 - \dfrac{1}{x})^x$；　（3）$\lim\limits_{x \to \infty}(1 + \dfrac{1}{2x})^{4x+3}$.

【解】　（1）$\lim\limits_{x \to \infty}(1 + \dfrac{2}{x})^x = \lim\limits_{x \to \infty}[(1 + \dfrac{2}{x})^{\frac{x}{2}}]^2$

$$= [\lim_{x \to \infty}(1 + \frac{2}{x})^{\frac{x}{2}}]^2 = e^2$$

（2）$\lim\limits_{x \to \infty}(1 - \dfrac{1}{x})^x = \lim\limits_{x \to \infty}[(1 - \dfrac{1}{x})^{-x}]^{-1}$

$$= [\lim_{x \to \infty}(1 - \frac{1}{x})^{-x}]^{-1} = e^{-1}$$

（3）$\lim\limits_{x \to \infty}(1 + \dfrac{1}{2x})^{4x+3} = \lim\limits_{x \to \infty}(1 + \dfrac{1}{2x})^{2 \cdot 2x + 3}$

$$= \lim_{x \to \infty}[(1 + \frac{1}{2x})^{2x}]^2(1 + \frac{1}{2x})^3$$

$$= \lim_{x \to \infty}[(1 + \frac{1}{2x})^{2x}]^2 \lim_{x \to \infty}(1 + \frac{1}{2x})^3$$

$$= e^2 \cdot 1 = e^2$$

一般地，有

$$\lim_{x \to \infty}(1 + \frac{a}{x})^{bx+c} = e^{ab}$$

【例 1. 28】 求 $\lim\limits_{x \to \infty}\left(\dfrac{x+1}{x-1}\right)^x$.

【解】　法一：$\lim\limits_{x \to \infty}\left(\dfrac{x+1}{x-1}\right)^x = \lim\limits_{x \to \infty}\left(\dfrac{\dfrac{x+1}{x}}{\dfrac{x-1}{x}}\right)^x$

$$= \frac{\lim\limits_{x \to \infty}(1 + \dfrac{1}{x})^x}{\lim\limits_{x \to \infty}(1 - \dfrac{1}{x})^x} = \frac{e}{e^{-1}} = e^2$$

法二：$\displaystyle\lim_{x\to\infty}\left(\frac{x+1}{x-1}\right)^x = \lim_{x\to\infty}\left(1+\frac{2}{x-1}\right)^x$

$$= \lim_{x\to\infty}\left(1+\frac{2}{x-1}\right)^{\frac{x-1}{2}\cdot 2+1}$$

$$= e^2\cdot 1 = e^2$$

作为第二重要极限的应用，我们介绍连续复利模型. 所谓复利计息，就是把第一期的本金与利息之和作为第二期的本金，反复计算利息，俗称"利滚利". 设本金为 A_0，年利率为 r，一年后的本利和为

$$A_1 = A_0 + A_0 r = A_0(1+r)$$

把 A_1 作为新的本金存入，第二年年末的本利和为

$$A_2 = A_1 + A_1 r = A_1(1+r) = A_0(1+r)^2$$

以此类推，得到 t 年后的本利和为

$$A_t = A_0(1+r)^t$$

若把一年均分为 n 期结算，则每期利率为 $\dfrac{r}{n}$，例如取 $n=12$，则得月利率 $\dfrac{r}{12}$. 这样，一年后的本利和为 $A_1 = A_0\left(1+\dfrac{r}{n}\right)^n$，$t$ 年后的本利和为 $A_t = A_0\left(1+\dfrac{r}{n}\right)^{nt}$.

不难证明，上述 A_t 作为以 n 为自变量的数列单调上升，即随着 n 的增加而增大. 这也就能解释，为什么在同样的年利率与存（贷）款年限下，利滚利的频度越大，本利和越大. 这是高利贷牟取暴利的主要手段.

采取瞬时结算法，即随时生息随时结算，也就是当 $n\to\infty$ 时，得 t 年后的本利和为

$$A_t = \lim_{n\to\infty} A_0\left(1+\frac{r}{n}\right)^{nt} = A_0\lim_{n\to\infty}\left[\left(1+\frac{r}{n}\right)^{\frac{n}{r}}\right]^{rt} = A_0\,\mathrm{e}^{rt}$$

这就是我们的连续复利模型. 可能有读者会质疑：再贪婪的高利贷也不可能每时每刻都在利滚利，这样的模型有什么实际用途？ 我们指出，在自然界里有许多客观现象都符合上述变化规律，如树木高度的增长，在开始阶段的速度正比于当前的高度，相当于高度时时刻刻都在"利滚利"，即每时每刻增长的高度都会加到原来的高度上作为"本利和"来计算高度的"利息"，其中 A_0 为树木的初始高度，r 为增长率. 细菌的繁殖、人口的指数增长、放射性元素的衰变等，都符合类似的规律.

习题 1.4

1. 求下列极限.

（1）$\displaystyle\lim_{x\to 0}\frac{\sin\frac{2}{3}x}{x}$；

（2）$\displaystyle\lim_{x\to\infty} x\sin\frac{1}{x}$；

（3）$\displaystyle\lim_{x\to a}\frac{\sin x - \sin a}{x-a}$；

（4）$\displaystyle\lim_{x\to 0}\frac{x-\sin x}{x+\sin x}$；

（5）$\lim\limits_{x \to 0} \dfrac{1-\cos 5x}{x^2}$； （6）$\lim\limits_{x \to 0} \dfrac{e^x - 1}{\sin x}$.

2. 求下列极限.

（1）$\lim\limits_{x \to \infty}(1+\dfrac{3}{x})^x$； （2）$\lim\limits_{x \to \infty}(1-\dfrac{1}{x})^{2x+5}$；

（3）$\lim\limits_{x \to \infty}(\dfrac{x+3}{x-5})^x$； （4）$\lim\limits_{x \to \infty}(\dfrac{2x+3}{2x+1})^{x+1}$；

（5）$\lim\limits_{x \to 0}(1+\dfrac{x}{2})^{1-\frac{1}{x}}$； （6）$\lim\limits_{x \to 1} x^{\frac{1}{1-x}}$

3. 已知 $\lim\limits_{x \to \infty}\left(\dfrac{x+2a}{x-a}\right)^x = 8$，求 a 的值.

1.5 函数的连续性

客观世界的许多现象和事物不仅是运动变化的，而且其运动变化的过程往往是连绵不断的，如日月行空、岁月流逝、植物生长、物种变化等，这些连绵不断发展变化的事物在量的方面的反映就是函数的连续性.

本节将以极限为基础，介绍函数连续性的概念、连续函数的运算及一些性质.

一、函数连续性的概念

设变量 x 从初值 x_1 变到终值 x_2，终值与初值的差 $x_2 - x_1$ 叫作变量 x 的增量（或改变量），记作 Δx，即

$$\Delta x = x_2 - x_1$$

增量 Δx 可以是正的，也可以是负的.

一般地，设函数 $y = f(x)$ 在点 x_0 的某一个邻域内是有定义的. 当自变量 x 在这邻域内从 x_0 变到 $x_0 + \Delta x$ 时，函数值 y 相应地从 $f(x_0)$ 变到 $f(x_0 + \Delta x)$，因此，函数 y 的对应增量为

$$\Delta y = f(x_0 + \Delta x) - f(x_0)$$

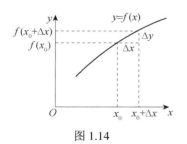

图 1.14

上述变化过程可描述为图 1.14.

在图 1.14 所表示的函数中，当自变量 x 在点 x_0 处的改变量 $\Delta x \to 0$ 时，函数值的相应改变量 Δy 的绝对值无限变小，也就是说，

$$\Delta y \to 0(\Delta x \to 0)$$

我们说，这个函数在点 x_0 处是连续的. 一般有以下定义.

【定义1】 设函数 $y = f(x)$ 在点 x_0 的某邻域内有定义，如果自变量 x 在 x_0 处的增量 Δx

趋向于零时，对应的函数值的增量 $\Delta y = f(x_0 + \Delta x) - f(x_0)$ 也趋向于零，即 $\lim\limits_{\Delta x \to 0} \Delta y = 0$，则称函数 $y = f(x)$ 在点 x_0 处**连续**.

令 $x = x_0 + \Delta x$，则当 $\Delta x \to 0$ 时，$x \to x_0$，而当 $\Delta y = f(x_0 + \Delta x) - f(x_0) \to 0$ 时，有 $f(x) \to f(x_0)$，因此 $\lim\limits_{\Delta x \to 0} \Delta y = 0$ 当且仅当 $\lim\limits_{x \to x_0} f(x) = f(x_0)$. 故有如下等价定义.

【定义 2】　设函数 $y = f(x)$ 在点 x_0 的某一邻域内有定义，如果函数 $f(x)$ 当 $x \to x_0$ 时的极限存在，且 $\lim\limits_{x \to x_0} f(x) = f(x_0)$，则称函数 $y = f(x)$ 在点 x_0 处**连续**.

若函数 $y = f(x)$ 在开区间 (a,b) 内的每一点处都连续，则称它在开区间 (a,b) 内连续.

若函数 $y = f(x)$ 在 x_0 处有 $f(x_0 + 0) = f(x_0)$，则称它在 x_0 处**右连续**.相应地，若有 $f(x_0 - 0) = f(x_0)$，则称函数在 x_0 处**左连续**.

若函数 $y = f(x)$ 在闭区间 $[a,b]$ 内的每一点处都连续，在左端点 a 处右连续，在右端点 b 处左连续，则称函数 $y = f(x)$ 在闭区间 $[a,b]$ 内连续.

【例 1.29】　证明函数 $y = \sin x$ 在 $(-\infty, +\infty)$ 内是连续的.

【证】　设 x 是区间 $(-\infty, +\infty)$ 内任意一点，其增量为 Δx，则对应的函数增量为

$$\Delta y = \sin(x + \Delta x) - \sin x$$
$$= 2\sin\frac{\Delta x}{2}\cos(x + \frac{\Delta x}{2})$$

因为 $|\cos(x + \dfrac{\Delta x}{2})| \leqslant 1$，而 $2\sin\dfrac{\Delta x}{2}$ 是 $\Delta x \to 0$ 时的无穷小，由无穷小的性质，$2\sin\dfrac{\Delta x}{2}\cos(x + \dfrac{\Delta x}{2})$ 是 $\Delta x \to 0$ 时的无穷小，即 $\Delta y \to 0(\Delta x \to 0)$. 故函数在点 x 处连续，由 x 的任意性，函数 $y = \sin x$ 在 $(-\infty, +\infty)$ 内连续.

同理可证函数 $y = \cos x$ 在 $(-\infty, +\infty)$ 内是连续的（读者自行证明）.

二、函数的间断点

由函数连续的定义可知，函数 $f(x)$ 在点 x_0 处连续，必须同时满足以下三个条件：

（1）函数 $f(x)$ 在点 x_0 的某个邻域内有定义；

（2）$\lim\limits_{x \to x_0} f(x)$ 存在；

（3）$\lim\limits_{x \to x_0} f(x) = f(x_0)$.

如果上述三个条件中有一个不满足，那么函数 $f(x)$ 就在点 x_0 处不连续，也称函数 $f(x)$ 就在点 x_0 处间断. 我们可以得到函数间断点的定义.

【定义 3】　设函数 $f(x)$ 在点 x_0 的某去心邻域内有定义（在点 x_0 处可以无定义），如果函数 $f(x)$ 有下列三种情形之一：

（1）在点 x_0 处无定义；

（2）在点 x_0 处有定义，但 $\lim\limits_{x \to x_0} f(x)$ 不存在；

（3）在点 x_0 处有定义且 $\lim\limits_{x \to x_0} f(x)$ 存在，但 $\lim\limits_{x \to x_0} f(x) \neq f(x_0)$.

则函数 $f(x)$ 在点 x_0 处不连续，x_0 称为函数 $f(x)$ 的一个**间断点**（或**不连续点**）.

设 x_0 为函数 $f(x)$ 的一个间断点，若左极限 $f(x_0^-)$ 和右极限 $f(x_0^+)$ 都存在，则称 x_0 为 $f(x)$ 的**第一类间断点**. 其余的间断点成为**第二类间断点**.

在第一类间断点中，若 $f(x_0^-) = f(x_0^+)$，即 $\lim\limits_{x \to x_0} f(x)$ 存在，但函数 $f(x)$ 在点 x_0 处无定义，或者虽然在 x_0 有定义但 $\lim\limits_{x \to x_0} f(x) \neq f(x_0)$，则称点 x_0 为可去间断点；若 $f(x_0^-) \neq f(x_0^+)$，即 $\lim\limits_{x \to x_0} f(x)$ 不存在，则称点 x_0 为跳跃间断点.

【例 1.30】 函数 $f(x) = \dfrac{x^2 - 1}{x - 1}$ 在点 $x = 1$ 处无定义，故不连续，但有

$$\lim_{x \to 1} \frac{x^2 - 1}{x - 1} = \lim_{x \to 1}(x + 1) = 2$$

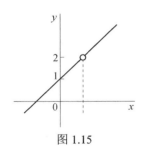

图 1.15

故函数在点 $x = 1$ 处的左、右极限都存在，因此 $x = 1$ 是函数 $f(x) = \dfrac{x^2 - 1}{x - 1}$ 的可去间断点. 如图 1.15 所示.

【例 1.31】 符号函数 $y = \operatorname{sgn} x$，由于在 $x = 0$ 处左、右极限虽然存在但不相等，所以 $x = 0$ 为其跳跃间断点.

【例 1.32】 函数 $y = \dfrac{1}{x}$，由于 $x = 0$ 不在其定义域内，故为间断点. 又因为当 $x \to 0$ 时，$\dfrac{1}{x} \to \infty$，故 $x = 0$ 是它的第二类间断点.

三、初等函数的连续性

由函数连续性的定义及极限的运算法则，可得以下性质.

【**性质 1**】 （连续函数的四则运算法则）如果函数 $f(x)$、$g(x)$ 均在点 x_0 处连续，则 $f(x) \pm g(x)$，$f(x) \cdot g(x)$，$\dfrac{f(x)}{g(x)}(g(x_0) \neq 0)$ 都在点 x_0 处连续.

【**性质 2**】（连续函数的复合运算法则）设函数 $u = \varphi(x)$ 在点 $x = x_0$ 处连续，且 $\varphi(x_0) = u_0$，而函数 $y = f(u)$ 在点 $u = u_0$ 处连续，那么复合函数 $y = f[\varphi(x)]$ 在点 $x = x_0$ 处也是连续的.

以上性质的证明留给读者自行完成.

【**定理 1**】 基本初等函数在它们的定义域内都是连续的.

【**定理 2**】 一切初等函数在其定义区间内都是连续的.

这里的定义区间是指包含在定义域内的区间. 因此，初等函数的连续区间就是定义区间. 定理 2 给我们提供了求函数极限的一种方法——代入法：如果 $f(x)$ 是初等函数，x_0 是其定义区间内的一个点，则函数 $f(x)$ 在 x_0 处连续，因此

$$\lim_{x \to x_0} f(x) = f(x_0)$$

【例 1.33】　求下列极限.

（1）$\lim\limits_{x \to 0} \sqrt{1-x^2}$；　　（2）$\lim\limits_{x \to \frac{\pi}{2}} \ln(\sin x)$.

【解】　（1）函数 $y = \sqrt{1-x^2}$ 的定义区间为 $[-1,1]$，$x=0$ 是定义区间内的点，因此

$$\lim_{x \to 0} \sqrt{1-x^2} = \sqrt{1-x^2}\,|_{x=0} = 1$$

（2）考虑函数 $y = \ln(\sin x)$ 及区间 $(0,\pi)$，由于在该区间内有 $\sin x > 0$，故函数在此区间上有定义，$x = \dfrac{\pi}{2}$ 是该区间内的点，所以

$$\lim_{x \to \frac{\pi}{2}} \ln(\sin x) = \ln(\sin x)\,|_{x=\frac{\pi}{2}} = 0$$

四、闭区间上连续函数的性质

闭区间上的连续函数有一些很重要的性质，它们的几何意义都很明显，但证明比较困难，下面我们不加证明地以定理的形式给出这些性质.

【定理 3】（有界性与最值定理）若函数 $f(x)$ 在闭区间 $[a,b]$ 上连续，则 $f(x)$ 在 $[a,b]$ 上有界且一定能取得它的最大值和最小值.

例如，函数 $y = \dfrac{1}{x}$ 在区间 $[1,2]$ 上满足 $|\dfrac{1}{x}| \leqslant 1$，故它在该区间上有界，且能取到最大值 1，最小值 $\dfrac{1}{2}$.

注1　开区间上的连续函数未必有界或能取到最值，如函数 $y = \dfrac{1}{x}$ 在区间 $(0,1)$ 上无界，无最大值.

注2　闭区间上有间断点的函数未必有界或能取到最值，如函数 $y = \dfrac{1}{x}$ 在区间 $[-1,1]$ 上无界，且不能取到最值.

【定理 4】（零点定理）设函数 $f(x)$ 在闭区间 $[a,b]$ 上连续，且 $f(a)$ 与 $f(b)$ 异号（$f(a) \cdot f(b) < 0$），那么在开区间 (a,b) 内至少存在一点 ξ，使得 $f(\xi) = 0$.

定理 4 的几何意义如图 1.16 所示.

零点定理的用途很多，下面举例介绍它在证明方程根的存在性方面的应用.

【例 1.34】　证明方程 $x^3 - 4x^2 + 1 = 0$ 在区间 $(0,1)$ 内至少有一个实根.

【证】　设 $f(x) = x^3 - 4x^2 + 1$，则 $f(x)$ 为初等函数，故在 $[0,1]$ 上连续. 且

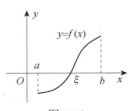

图 1.16

$$f(0) = 1 > 0, f(1) = -2 < 0$$

由零点定理，$f(x)$ 在区间 $(0,1)$ 上至少有一个零点，即方程 $f(x) = 0$ 在区间 $(0,1)$ 内至少有一个实根，即方程 $x^3 - 4x^2 + 1 = 0$ 在区间 $(0,1)$ 内至少有一个实根.

由零点定理可得如下更一般的介值定理.

【定理 5】（介值定理） 设函数 $f(x)$ 在闭区间 $[a,b]$ 上连续，且在这区间的端点取不同的函数值

$$f(a) = A \quad \text{及} \quad f(b) = B \quad (A \neq B)$$

那么，对于 A 与 B 之间的任意一个数 C，在开区间 (a,b) 内至少存在一点 ξ，使得

$$f(\xi) = C(a < \xi < b)$$

习题 1.5

1.求函数 $y = \dfrac{2x^3 + x^2 + 4x - 1}{x^2 - 2x - 3}$ 的连续区间.

2.求下列极限.

（1） $\lim\limits_{x \to 2} \dfrac{e^x + 1}{x}$；

（2） $\lim\limits_{x \to 1} \sin\left(\pi\sqrt{\dfrac{x+1}{5x+3}}\right)$；

（3） $\lim\limits_{x \to +\infty} (\sqrt{x+1} - \sqrt{x})$；

（4） $\lim\limits_{x \to +\infty} \sin(\arctan x)$.

3.讨论函数 $y = |x|$ 在点 $x = 0$ 处的连续性.

4.求下列函数的间断点，并判断其类型.

（1） $y = x\sin\dfrac{1}{x}$；

（2） $y = \dfrac{x^2 - 2x + 1}{x^2 - 1}$；

（3） $y = \dfrac{x}{|x|}$.

5.若函数 $f(x) = \begin{cases} \dfrac{\sin 3x}{x} & x < 0 \\ x^2 + a & x \geq 0 \end{cases}$，在定义域内连续，求 a 的值.

6.证明方程 $x \cdot 2^x = 1$ 至少有一个小于 1 的正实根.

综合练习 1

一、填空题

1.函数 $y = \sqrt{x^2 - 2x + 3} + \ln(x - 1)$ 的定义域为_____.

2.函数 $y = \sin x \sin\dfrac{1}{x}$ 的间断点是_____，是第_____类间断点.

3.$\lim\limits_{x \to 0} (1 + \sin x)^{\frac{3}{\sin x}} = $ _____.

4.$\lim\limits_{x \to 2} \dfrac{\sin(x^2 - 4)}{x - 2} = $ _____.

5.函数 $f(x) = \dfrac{1}{\sqrt{x^2 - 3x + 2}}$ 的连续区间是_____.

6.若 $\lim\limits_{x \to 0} \dfrac{f(x)}{x^2} = 2$ ，则 $\lim\limits_{x \to 0} \dfrac{f(x)}{x} = $ _____.

7.若函数 $f(x) = \begin{cases} \dfrac{\tan 2x}{x} & x < 0 \\ \sin x + a & x \geqslant 0 \end{cases}$ ，在定义域内连续，则 $a = $ _____.

二、选择题

1.下列函数中奇函数为（　　）.

    A. $y = \arccos x$ B. $y = \ln(x + 1)$

    C. $y = \dfrac{e^x + e^{-x}}{2}$ D. $y = \dfrac{e^x - e^{-x}}{2}$

2.下列极限等于 e 的是（　　）.

    A. $\lim\limits_{x \to \infty}(1 + x)^{\frac{1}{x}}$ B. $\lim\limits_{x \to -\infty}\left(1 + \dfrac{1}{x}\right)^{x-1}$

    C. $\lim\limits_{x \to -\infty}\left(1 - \dfrac{1}{x}\right)^{x}$ D. $\lim\limits_{x \to 0}\left(1 + \dfrac{1}{x}\right)^{x}$

3.函数 $f(x)$ 在点 x_0 处左连续且右连续是函数 $f(x)$ 在点 x_0 处连续的（　　）条件.

    A. 充分非必要   B. 必要非充分

    C. 充要   D. 前三者均不是

4.以下说法正确的是（　　）.

    A. 两个无穷小的商必为无穷小   B. 两个无穷大的和必为无穷大

    C. 无穷小与有界函数的积必为无穷小   D. 无穷小的倒数必为无穷大

5.下列极限式正确的是（　　）.

    A. $\lim\limits_{x \to 0}\left(1 - \dfrac{1}{x}\right)^{-x} = e$ B. $\lim\limits_{x \to \infty}\dfrac{\sin x}{x} = 1$

    C. $\lim\limits_{n \to \infty}(\dfrac{1}{\pi})^n = \infty$ D. $\lim\limits_{n \to \infty} 2^n \sin \dfrac{1}{2^n} = 1$

6.函数 $y = \dfrac{1}{x^2}$ 在区间（　　）内有界.

    A. $[-2, -1]$ B. $[-1, 1]$

    C. $(-1, 0)$ D. $(0, 1)$

7.设函数 $f(x) = \begin{cases} \dfrac{\sin x}{x} & x \neq 0 \\ 0 & x = 0 \end{cases}$ ，则 $x = 0$ 是 $f(x)$ 的（　　）.

    A. 可去间断点   B. 跳跃间断点

    C. 第二类间断点   D. 连续点

三、计算题

1.求极限.

（1）$\lim\limits_{x\to\infty}\dfrac{2x^2+x-1}{-3x^2+4x-5}$；

（2）$\lim\limits_{n\to\infty}[\dfrac{1}{1\times3}+\dfrac{1}{3\times5}+\cdots+\dfrac{1}{(2n-1)\times(2n+1)}]$；

（3）$\lim\limits_{x\to0}\dfrac{e^{\frac{\sin x}{3}}-1}{\arctan x}$；

（4）$\lim\limits_{x\to\infty}x\cdot\lim\dfrac{1}{x}$

（5）$\lim\limits_{x\to0}\dfrac{x^2\sin\dfrac{1}{x}}{\sin x}$；

（6）$\lim\limits_{x\to0}\dfrac{2x-3\sin x}{x+4\sin x}$；

（7）$\lim\limits_{x\to0}\dfrac{2\tan(3x)^2}{\arcsin^2 x}$；

（8）$\lim\limits_{x\to\infty}(\dfrac{x-1}{x+1})^{2x-1}$；

（9）$\lim\limits_{x\to0}\dfrac{3x+5x^2-7x^3}{4x^3+2\tan x}$；

（10）$\lim\limits_{x\to+\infty}(\sqrt{x+\sqrt{x}}-\sqrt{x})$.

2.求函数 $f(x)=\dfrac{\ln|x|}{x^2-3x+2}$ 的连续区间及间断点，并判断各间断点的类型.

3.已知 $\lim\limits_{x\to\infty}\left(\dfrac{2x^2}{x+1}-ax-b\right)=1$，其中 a，b 为常数，求 a，b.

4.已知 $f(x)=\begin{cases}\dfrac{1}{x}\sin x & x<0 \\ a & x=0 \\ x\sin\dfrac{1}{x}+b & x>0\end{cases}$，问当 a 和 b 为何值时 $f(x)$ 在定义域内连续.

第2章 导数与微分

学习目标

1. 掌握函数的导数及导函数的定义；
2. 掌握函数的微分的定义；
3. 掌握导数的基本公式及法则，会求显、隐函数的导数；
4. 掌握微分的基本公式及法则，会求函数的微分、增量；
5. 了解可导、可微、连续之间的关系.

2.1 导数的概念

在自然科学的许多领域中，当研究运动的各种形式时，都需要从数量上研究函数相对于自变量变化的快慢程度. 如变速直线运动物体的速度；物体沿曲线运动时速度的方向，即曲线的切线问题等. 所有这些问题在数量关系上都归结为函数的变化率，即导数. 本节以切线问题为背景引出导数的概念.

一、引例

由解析几何可知，要写出过曲线上一点$(x_0, f(x_0))$的切线方程. 只需知道过此点切线的斜率即可. 那么，切线的斜率又是如何描述的呢？

如图 2.1 所示，设曲线 L 的方程为 $y=f(x)$，求曲线 L 上一点 $P_0(x_0, y_0)$ 处切线的斜率 k.

由曲线切线的定义可知，未知的切线斜率与割线的斜率是密切相关的，我们先求割线 P_0P 的斜率. 当自变量 x 在点 x_0 处取得增量 Δx 时，在曲线 $y=f(x)$ 上相应地得到另一点 $P(x_0 + \Delta x, f(x_0 + \Delta x))$. 连接此两点得割线 P_0P，其斜率为

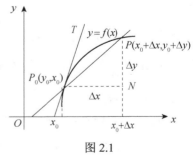

图 2.1

$$k_{割} = \frac{\Delta y}{\Delta x} = \frac{f(x_0 + \Delta x) - f(x_0)}{\Delta x}$$

当点 P 沿曲线 L 移动而无限接近于点 P_0，即 $\Delta x \to 0$ 时，割线 P_0P 就越来越接近切线的位置，此时割线的斜率就无限接近切线的斜率. 因此，当 $\Delta x \to 0$ 时，割线 P_0P 斜率的极限

就是切线的斜率，即

$$k = \lim_{\Delta x \to 0} k_{割} = \lim_{\Delta x \to 0} \frac{\Delta y}{\Delta x} = \lim_{\Delta x \to 0} \frac{f(x_0 + \Delta x) - f(x_0)}{\Delta x}$$

曲线 L 在点 P_0 处的切线的斜率反映了曲线 $y=f(x)$ 在点 P_0 处纵坐标相对于横坐标变化的快慢程度．因此，**点 P_0 处的切线的斜率 k 可看作曲线 $y=f(x)$ 在 $x=x_0$ 处的变化率．**

其中，$\dfrac{\Delta y}{\Delta x}$ 是函数的改变量与自变量的改变量之比，称为函数 $f(x)$ 在点 x_0 处的**差商**，它表示函数 $f(x)$ 在 $(x_0, x_0 + \Delta x)$ 范围内的平均变化率；$\lim\limits_{\Delta x \to 0} \dfrac{\Delta y}{\Delta x}$ 表示函数 $f(x)$ 在点 x_0 处的变化率，我们把这种变化率称为函数的导数．下面用极限来描述导数的概念．

二、导数的概念

1. 导数的极限定义

【定义】设函数 $y=f(x)$ 在区间 (a, b) 内有定义，$x_0 \in (a, b)$，若函数 $f(x)$ 在 x_0 处的差商 $\dfrac{\Delta y}{\Delta x}$ 的极限

$$\lim_{\Delta x \to 0} \frac{\Delta y}{\Delta x} = \lim_{\Delta x \to 0} \frac{f(x_0 + \Delta x) - f(x_0)}{\Delta x}$$

存在，则称函数 $f(x)$ 在点 x_0 处可导，并称此极限值为函数 $y=f(x)$ 在点 x_0 处的导数，记为

$$f'(x_0), y'(x_0), \frac{\mathrm{d}y}{\mathrm{d}x}\bigg|_{x=x_0} \text{或} \frac{\mathrm{d}f}{\mathrm{d}x}\bigg|_{x=x_0}$$

即

$$f'(x_0) = \lim_{\Delta x \to 0} \frac{\Delta y}{\Delta x} = \lim_{\Delta x \to 0} \frac{f(x_0 + \Delta x) - f(x_0)}{\Delta x}$$

如果令 $x = x_0 + \Delta x$，则当 $\Delta x \to 0$ 时，$x \to x_0$，故函数在 x_0 处的导数也可表示为

$$f'(x_0) = \lim_{x \to x_0} \frac{f(x) - f(x_0)}{x - x_0}$$

这也是今后常用的一种形式．如果此极限不存在，则称函数 $f(x)$ 在点 x_0 处不可导．特别地，如果 $\lim\limits_{\Delta x \to 0} \dfrac{\Delta y}{\Delta x} = \infty$，则称 $f(x_0)$ 在点 x_0 处的导数为无穷大．有了导数概念之后，前面的例子就可用导数来表达．

导数的几何意义——切线的斜率，即 $k_{切} = f'(x)$．

所以 $y=f(x)$ 在点 $P(x_0, y_0)$ 处的切线方程和法线方程分别为

$$y - y_0 = f'(x_0)(x - x_0); \quad y - y_0 = -\frac{1}{f'(x_0)}(x - x_0), f'(x_0) \neq 0$$

在实际问题中，只要涉及变化率，就要想到导数．反之，一个有实际背景的导数，必体现为某个变量的变化率．只是在不同的领域中，数学中的导数有着不同的称呼而已．

2. 导数与导函数

如果 $f(x)$ 在 (a,b) 内任一点都可导，则称 $f(x)$ 在 (a,b) 内可导，此时 $f(x)$ 的导数 $f'(x)$ 仍是 x 的函数，这个新函数 $f'(x)$ 称为 $f(x)$ 在开区间 (a,b) 内对 x 的**导函数**，记作

$$f'(x)，\quad y'，\quad \frac{\mathrm{d}y}{\mathrm{d}x} \text{ 或 } \frac{\mathrm{d}}{\mathrm{d}x}f(x)$$

即

$$f'(x) = \lim_{\Delta x \to 0} \frac{\Delta y}{\Delta x} = \lim_{\Delta x \to 0} \frac{f(x+\Delta x)-f(x)}{\Delta x}$$

在不致发生混淆的情况下，导函数简称为导数. 显然，**导数 $f'(x_0)$ 就是导函数 $f'(x)$ 在 x_0 处的函数值.**

3. 左导数和右导数

类似于左、右极限的概念，若 $\lim\limits_{\Delta x \to 0^-} \dfrac{\Delta y}{\Delta x}$ 存在，则称此极限值为 $f(x)$ 在点 x_0 处的左导数；若 $\lim\limits_{\Delta x \to 0^+} \dfrac{\Delta y}{\Delta x}$ 存在，则称此极限值为 $f(x)$ 在点 x_0 处的右导数，分别记为 $f'_-(x_0)$ 和 $f'_+(x_0)$，即

$$
\begin{aligned}
f'_-(x_0) &= \lim_{\Delta x \to 0^-} \frac{\Delta y}{\Delta x} \\
&= \lim_{\Delta x \to 0^-} \frac{f(x_0+\Delta x)-f(x_0)}{\Delta x} \\
&= \lim_{x \to x_0^-} \frac{f(x)-f(x_0)}{x-x_0} \\
f'_+(x_0) &= \lim_{\Delta x \to 0^+} \frac{\Delta y}{\Delta x} \\
&= \lim_{\Delta x \to 0^+} \frac{f(x_0+\Delta x)-f(x_0)}{\Delta x} \\
&= \lim_{x \to x_0^+} \frac{f(x)-f(x_0)}{x-x_0}
\end{aligned}
$$

显然，函数 $f(x)$ 在点 x_0 处可导的充要条件是，$f'_-(x_0)$ 和 $f'_+(x_0)$ 存在且相等，即

$$f'(x_0) = A \Leftrightarrow f'_-(x_0) = f'_+(x_0) = A$$

【例 2.1】 设 $f(x)=\begin{cases} 1-\cos x & -\infty < x < 0 \\ x^2 & 0 \leqslant x < 1 \\ x^3 & 1 \leqslant x < +\infty \end{cases}$，讨论 $f(x)$ 在点 $x=0$ 和点 $x=1$ 处的可导性.

【解】 由于函数是分段函数，所以要用左、右导数来判断.

先讨论 $x=0$ 处的可导性：

$$f'_-(0) = \lim_{x \to 0^-} \frac{f(x)-f(0)}{x-0} = \lim_{x \to 0^-} \frac{1-\cos x}{x} = \lim_{x \to 0^-} \frac{\frac{1}{2}x^2}{x} = \lim_{x \to 0^-} \frac{1}{2}x = 0$$

$$f'_+(0) = \lim_{x \to 0^+} \frac{f(x) - f(0)}{x - 0}$$

$$= \lim_{x \to 0^+} \frac{x^2}{x} = \lim_{x \to 0^+} x = 0$$

由于 $f'_-(0) = f'_+(0) = 0$，所以 $f'(0) = 0$.

再讨论 $x = 1$ 处的可导性：

$$f'_-(1) = \lim_{x \to 1^-} \frac{f(x) - f(1)}{x - 1} = \lim_{x \to 1^-} \frac{x^2 - 1}{x - 1}$$

$$= \lim_{x \to 1^-} (x + 1) = 2$$

$$f'_+(1) = \lim_{x \to 1^+} \frac{f(x) - f(1)}{x - 1} = \lim_{x \to 1^+} \frac{x^3 - 1}{x - 1}$$

$$= \lim_{x \to 1^+} (x^2 + x + 1) = 3$$

由于 $f'_-(1) \neq f'_+(1)$，所以 $f'(1)$ 不存在.

三、可导与连续的关系

连续性与可导性是函数的两个重要性质，二者之间的关系如何呢？先从几何上直观地看一下，参见图 2.2.

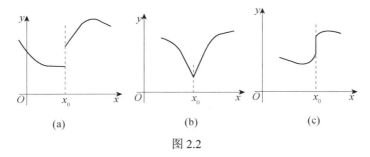

图 2.2

从图 2.2 上可以看到：(a) 在点 x_0 处不连续，$f'(x_0)$ 不存在；(b) 和 (c) 在点 x_0 处是连续的，但显然不可导.

此外，从概念上看，连续指的是当 $\Delta x \to 0$ 时，有 $\Delta y \to 0$；可导指的是增量比的极限 $\lim\limits_{\Delta x \to 0} \frac{\Delta y}{\Delta x}$ 存在；所以当 $y = f(x)$ 可导时，有 $\lim\limits_{\Delta x \to 0} \Delta y = \lim\limits_{\Delta x \to 0} \frac{\Delta y}{\Delta x} \Delta x = \lim\limits_{\Delta x \to 0} \frac{\Delta y}{\Delta x} \lim\limits_{\Delta x \to 0} \Delta x = 0$ 成立. 但反之不成立.

【例 2.2】 讨论函数 $y = f(x) = |x| = \begin{cases} x & x \geqslant 0 \\ -x & x < 0 \end{cases}$，在 $x = 0$ 处的连续性及可导性.

【解】 显然 $f(x)$ 在 $x = 0$ 处连续.

但

$$f'_-(0) = \lim_{x \to 0^-} \frac{f(x) - f(0)}{x - 0}$$

$$= \lim_{x \to 0^-} \frac{-x - 0}{x - 0} = -1$$

$$f'_+(0) = \lim_{x \to 0^+} \frac{f(x) - f(0)}{x - 0}$$

$$= \lim_{x \to 0^+} \frac{x - 0}{x - 0} = 1$$

由于 $f'_-(0) \neq f'_+(0)$，所以函数 $y = f(x)$ 在 $x = 0$ 处不可导.

由此可见，**函数在一点处连续是它在该点处可导的必要条件而非充分条件.**

一般地，如果函数 $y = f(x)$ 的图形在点 x_0 处出现"尖点"，则它在该点不可导。因此，如果函数在一个区间内可导，则其图形不会出现"尖点"，或者说其图形是一条连续的光滑曲线。

【例 2.3】 求常数 a 和 b，使得 $f(x) = \begin{cases} \mathrm{e}^x & x \geqslant 0 \\ ax + b & x < 0 \end{cases}$ 在 $x = 0$ 处可导.

【解】 若使 $f(x)$ 在 $x = 0$ 处可导，必使之连续，故

$$\lim_{x \to 0^+} f(x) = \lim_{x \to 0^-} f(x) = f(0) \Rightarrow \mathrm{e}^0 = a \cdot 0 + b \quad \Rightarrow b = 1$$

又若使 $f(x)$ 在 $x = 0$ 处可导，必使之左右导数存且相等. 由函数可知，左右导数是存在的，且

$$f'_-(0) = \lim_{x \to 0^-} \frac{(ax + b) - \mathrm{e}^0}{x - 0} = a$$

$$f'_+(0) = \lim_{x \to 0^+} \frac{\mathrm{e}^x - \mathrm{e}^0}{x - 0} = 1$$

所以若 $a = 1$，则 $f'_-(0) = f'_+(0)$，此时 $f(x)$ 在 $x = 0$ 处可导，所以所求常数为 $a = b = 1$.

习题 2.1

1. 讨论函数 $f(x) = \begin{cases} x^2 + 1 & (0 \leqslant x < 1) \\ 3x - 1 & (x \geqslant 1) \end{cases}$，在 $x = 1$ 处是否可导？

2. 求下列函数的导数.

（1）$y = \sqrt{x}$ ； （2）$y = \dfrac{1}{\sqrt{x}}$ ； （3）$y = 2^x$ ； （4）$y = \log_5 x$.

3. 设函数 $f(x) = \sqrt{x\sqrt{x\sqrt{x}}}$ ，求 $f'(x)$，$f'(1)$，$[f(1)]'$.

4. 若曲线 $y = x^3$ 在点 (x_0, y_0) 处的切线斜率等于 3，求点 (x_0, y_0) 的坐标.

5. 如果 $f(x)$ 在点 x_0 处的导数为 1，求：

（1）$\lim\limits_{h \to 0} \dfrac{f(x_0 - 2h) - f(x_0)}{h}$ ； （2）$\lim\limits_{h \to 0} \dfrac{f(x_0 + h) - f(x_0 - h)}{h}$.

2.2 导数的运算

求函数的导数是微分学中最基本的运算. 当函数比较复杂时, 按照导数的概念进行求导比较困难. 本节给出导数的四则运算法则和反函数的求导法则, 从而得到基本初等函数的求导公式, 再给出复合函数的求导法则, 进而解决初等函数的求导问题.

一、导数的四则运算法则

【法则 1】 设函数 $u = u(x)$, $v = v(x)$ 都在点 x 处可导, 则函数 $u \pm v$, uv, $\dfrac{u}{v}(v \neq 0)$ 在点 x 处也可导, 且

  1° $(u \pm v)' = u' \pm v'$;

  2° $(u \cdot v)' = u' \cdot v + u \cdot v'$;

  3° $\left(\dfrac{u}{v}\right)' = \dfrac{u' \cdot v - u \cdot v'}{v^2}$ $(v \neq 0)$.

【推论】 1° $(u_1 \pm u_2 \pm \cdots \pm u_n)' = u_1' \pm u_2' \pm \cdots \pm u_n'$;

   2° $(cu)' = cu'$（c 为常数）;

   3° $(u_1 u_2 \cdots u_n)' = (u_1' u_2 \cdots u_n + u_1 u_2' \cdots u_n + \cdots + u_1 u_2 \cdots u_n')$;

   4° $\left(\dfrac{1}{v}\right)' = -\dfrac{v'}{v^2}$ $(v \neq 0)$.

【例 2.4】 求下列函数的导数.

(1) $y = x^2 - \dfrac{3}{x} + \sqrt{x} + \ln 2$; (2) $y = x^2 \ln x$.

【解】 (1) $y' = (x^2)' - \left(\dfrac{3}{x}\right)' + (\sqrt{x})' + (\ln 2)' = 2x + \dfrac{3}{x^2} + \dfrac{1}{2\sqrt{x}}$;

(2) $y' = (x^2 \ln x)' = (x^2)' \ln x + x^2 (\ln x)' = 2x \ln x + x^2 \dfrac{1}{x} = 2x \ln x + x$.

【例 2.5】 求下列函数的导数.

(1) $y = \tan x$; (2) $y = \sec x$.

【解】 (1) $(\tan x)' = \left(\dfrac{\sin x}{\cos x}\right)' = \dfrac{(\sin x)' \cos x - \sin x (\cos x)'}{\cos^2 x} = \dfrac{\cos^2 x + \sin^2 x}{\cos^2 x} = \sec^2 x$;

(2) $(\sec x)' = \left(\dfrac{1}{\cos x}\right)' = \dfrac{\sin x}{\cos^2 x} = \tan x \cdot \sec x$.

同理有 $(\cot x)' = -\csc^2 x$; $(\csc x)' = -\cot x \cdot \csc x$.

【例 2.6】　设 $y = e^x \cdot \sin x$，求 y' 及 $y''|_{x=0}$.

【解】
$$y' = e^x \cdot \sin x + e^x \cdot \cos x = e^x(\sin x + \cos x)$$
$$y'' = [e^x(\sin x + \cos x)]' = e^x(\sin x + \cos x) + e^x(\cos x - \sin x) = 2\cos x \cdot e^x$$
$$y''|_{x=0} = 2\cos 0 \cdot e^0 = 2$$

二、反函数的求导法则

【法则 2】　如果单调连续函数 $x = \varphi(y)$ 在点 y 处可导，而且 $\varphi'(y) \neq 0$，那么它的反函数 $y = f(x)$ 在对应的点 x 处可导，且有 $f'(x) = \dfrac{1}{\varphi'(y)}$ 或 $\dfrac{dy}{dx} = \dfrac{1}{\dfrac{dx}{dy}}$.

【例 2.7】　求反三角函数 $y = \arcsin x$ 的导数.

【解】　$y = \arcsin x$，$x \in (-1,1)$ 是 $x = \sin y$，$y \in \left(-\dfrac{\pi}{2}, \dfrac{\pi}{2}\right)$ 的反函数，所以

$$(\arcsin x)' = \frac{1}{(\sin y)'} = \frac{1}{\cos y} = \frac{1}{\sqrt{1 - \sin^2 y}} = \frac{1}{\sqrt{1 - x^2}}$$

因为 $y \in \left(-\dfrac{\pi}{2}, \dfrac{\pi}{2}\right)$，所以 $\cos y > 0$，故根号前取 "$+$".

类似可证 $(\arccos x)' = \dfrac{-1}{\sqrt{1 - x^2}}$；　$(\arctan x)' = \dfrac{1}{1 + x^2}$；　$(\text{arc}\cot x)' = \dfrac{-1}{1 + x^2}$.

三、基本初等函数的求导公式

为了运算的方便，下面给出基本初等函数的求导数公式. 而这些公式在前面的例题中已经得到了.

$c' = 0$ （c 为常数）　　　　　　$(x^\alpha)' = \alpha\, x^{\alpha-1}$ （α 为常数）

$(a^x)' = a^x \ln a$ （$a > 0, a \neq 1$）　　$(e^x)' = e^x$

$(\log_a x)' = \dfrac{1}{x} \cdot \dfrac{1}{\ln a}$ （$a > 0, a \neq 1$）　　$(\ln x)' = \dfrac{1}{x}$

$(\sin x)' = \cos x$　　　　　　　$(\cos x)' = -\sin x$

$(\tan x)' = \sec^2 x$　　　　　　$(\cot x)' = -\csc^2 x$

$(\sec x)' = \sec x \cdot \tan x$　　　　$(\csc x)' = -\csc x \cdot \cot x$

$(\arcsin x)' = \dfrac{1}{\sqrt{1 - x^2}}$　　　　$(\arccos x)' = -\dfrac{1}{\sqrt{1 - x^2}}$

$(\arctan x)' = \dfrac{1}{1 + x^2}$　　　　　$(\text{arc}\cot x)' = -\dfrac{1}{1 + x^2}$

【例 2.8】　求下列函数的导数.

(1) $y = x^2 \tan x$;   (2) $y = \dfrac{e^x}{x} - \ln 2$.

【解】 (1) $y' = x^2 \sec^2 x + 2x \tan x$;

(2) $y' = \dfrac{xe^x - e^x}{x^2}$.

四、复合函数的求导法则

【法则 3】 设函数 $y = f[\varphi(x)]$ 由 $y = f(u)$ 及 $u = \varphi(x)$ 复合而成，若函数 $u = \varphi(x)$ 在点 x 处可导， $y = f(u)$ 在对应点 u 处也可导，则复合函数 $y = f[\varphi(x)]$ 在点 x 处可导，且

$$\frac{dy}{dx} = \frac{dy}{du} \cdot \frac{du}{dx}$$

也可写成 $y'_x = y'_u \cdot u'_x$ 或 $y'_x = f'(u) \cdot \varphi'(x)$.

【例 2.9】 求下列函数的导数.

(1) $y = \sin 3x$;   (2) $y = (3x + 5)^3$.

【解】 (1) 将 $y = \sin 3x$ 看成 $y = \sin u$ 与 $u = 3x$ 复合而成的函数，故

$$\begin{aligned}
\frac{dy}{dx} &= \frac{dy}{du} \cdot \frac{du}{dx} = (\sin u)' \cdot (3x)' \\
&= \cos u \cdot 3 = 3\cos 3x
\end{aligned}$$

(2) 将 $y = (3x + 5)^3$ 看成 $y = u^3$ 与 $u = 3x + 5$ 复合而成的函数，故

$$\begin{aligned}
\frac{dy}{dx} &= (u^3)' \cdot (3x + 5)' \\
&= 3u^2 \cdot 3 = 9(3x + 5)^2
\end{aligned}$$

在熟悉了复合函数的求导法则后，中间变量不必写出来.

【例 2.10】 求下列函数的导数.

(1) $y = \ln \cos x$;   (2) $y = \arctan \dfrac{1}{x}$.

【解】 (1) $y' = \dfrac{1}{\cos x} \cdot (\cos x)' = \dfrac{-\sin x}{\cos x} = -\tan x$;

(2) $y' = \dfrac{1}{1 + \left(\dfrac{1}{x}\right)^2} \cdot \left(\dfrac{1}{x}\right)' = \dfrac{x^2}{x^2 + 1} \cdot \left(-\dfrac{1}{x^2}\right) = \dfrac{-1}{x^2 + 1}$.

法则 3 还可以推广到有限多个中间变量的复合函数的情形. 以两个中间变量为例，若 $y = f(u)$ ， $u = \varphi(v)$ ， $v = \psi(x)$ 均可导，则有 $\dfrac{dy}{dx} = \dfrac{dy}{du} \cdot \dfrac{du}{dv} \cdot \dfrac{dv}{dx}$.

【例 2.11】 求下列函数的导数.

(1) $y = \left(\arcsin \dfrac{x}{2}\right)^3$;   (2) $y = \ln\left(x + \sqrt{x^2 + 1}\right)$.

【解】　(1) $y' = 3\left(\arcsin\dfrac{x}{2}\right)^2 \dfrac{1}{\sqrt{1 - \dfrac{x^2}{4}}} \cdot \dfrac{1}{2}$

$$= \frac{3}{\sqrt{4 - x^2}}\left(\arcsin\frac{x}{2}\right)^2$$

(2) $y' = \left[\ln(x + \sqrt{x^2 + 1})\right]' = \dfrac{1}{x + \sqrt{x^2 + 1}}(x + \sqrt{x^2 + 1})'$

$$= \frac{1}{x + \sqrt{x^2 + 1}}\left(1 + \frac{x}{\sqrt{x^2 + 1}}\right) = \frac{1}{\sqrt{x^2 + 1}}$$

五、隐函数及其求导法则

我们知道用解析法表示函数可以有不同的形式. 若函数 y 可以用含自变量 x 的式子表示，如 $y = 2\sin x$，$y = 1 - 3x$ 等，这样的函数叫**显函数**. 前面我们所遇到的函数大多都是显函数.

一般地，如果有方程 $F(x,y) = 0$，令 x 在某一区间内任取一值时，相应地总有满足此方程的 y 值存在，则我们就说方程 $F(x,y) = 0$ 在该区间上确定了 x 的**隐函数** y. 把一个隐函数化成显函数的形式，叫作隐函数的显化.

注有些隐函数并不是很容易化为显函数的，那么在隐函数的形式下如何求其导数呢？下面让我们来解决这个问题.

若已知 $F(x,y) = 0$，求 y' 时，一般按下列步骤进行求解：

a) 若方程 $F(x,y) = 0$，能化为 $y = f(x)$ 的形式，则用前文所介绍的方法进行求导；

b) 若方程 $F(x,y) = 0$，不能化为 $y = f(x)$ 的形式，则是方程两边对 x 进行求导，并把 y 看成 x 的函数 $y = f(x)$，再用复合函数求导法则进行求导.

【例 2.12】　已知 $x^2 + y^2 - xy = 1$，求 y'.

【解】　此方程不易显化，故运用隐函数求导法则，两边对 x 进行求导.

$$(x^2 + y^2 - xy)' = (1)'$$

即

$$2x + 2yy' - (y + xy') = 0$$

故

$$y' = \frac{y - 2x}{2y - x}$$

【例 2.13】　已知隐函数 $y^5 + 2y - x - 3x^7 = 0$，求 $\left.\dfrac{\mathrm{d}y}{\mathrm{d}x}\right|_{x=0}$.

【解】　两边对 x 求导

$$5y^4 y' + 2y' - 1 - 21x^6 = 0$$

故

$$y' = \frac{1 + 21x^6}{5y^4 + 2}$$

当 $x = 0$ 时，$y = 0$，故

$$\left.\frac{\mathrm{d}y}{\mathrm{d}x}\right|_{x=0} = \frac{1}{2}$$

六、对数求导法

有些函数，利用对数求导法求导数比用通常的方法要简便些．这种方法是先在 $y = f(x)$ 的两端取对数，将 $y = f(x)$ 隐式化，然后利用隐函数求导法求出 y 的导数．下面通过例子来介绍这种方法．

【例 2.14】 求 $y = x^{\sin x}\,(x > 0)$ 的导数 y'．

【解】 这个函数既不是幂函数也不是指数函数，通常称为幂-指函数．为了求这函数的导数，在 $y = x^{\sin x}$ 的两端取对数，得

$$\ln y = \sin x \cdot \ln x$$

再在上式两端求对 x 的导数，得

$$\frac{1}{y} \cdot y' = \cos x \cdot \ln x + \sin x \cdot \frac{1}{x}$$

所以

$$y' = y\left(\cos x \cdot \ln x + \frac{\sin x}{x}\right) = x^{\sin x}\left(\cos x \cdot \ln x + \frac{\sin x}{x}\right)$$

如上形式的幂-指函数一般都可以采用上述的对数求导法来求导数．

【例 2.15】 求 $y = \dfrac{(x-1)\sqrt[5]{x-2}}{(x+4)^3 \mathrm{e}^x}\,(x > 2)$ 的导数 y'．

【解】 对 $y = \dfrac{(x-1)\sqrt[5]{x-2}}{(x+4)^3 \mathrm{e}^x}\,(x > 2)$ 的两端取对数，得

$$\ln y = \ln(x-1) + \frac{1}{5}\ln(x-2) - 3\ln(x+4) - x$$

上式两端求对 x 的导数，得

$$\frac{1}{y} \cdot y' = \frac{1}{x-1} + \frac{1}{5(x-2)} - \frac{3}{x+4} - 1$$

所以

$$y' = y\left[\frac{1}{x-1} + \frac{1}{5(x-2)} - \frac{3}{x+4} - 1\right]$$

$$= \frac{(x-1)\sqrt[5]{x-2}}{(x+4)^3 e^x} \left[\frac{1}{x-1} + \frac{1}{5(x-2)} - \frac{3}{x+4} - 1 \right]$$

七、参数方程求导

前面我们讨论了由 $y = f(x)$ 或 $F(x, y) = 0$ 给出的函数关系的导数问题. 但在研究物体运动轨迹时，曲线常被看作质点运动的轨迹，动点 $M(x, y)$ 的位置随时间 t 变化，因此动点坐标（x, y）可分别利用时间 t 的函数表示.

例如，研究抛射物体运动（空气阻力不计）时，抛射物体的运动轨迹可表示为

$$\begin{cases} x = v_1 t \\ y = v_2 t - \dfrac{1}{2} g t^2 \end{cases}$$

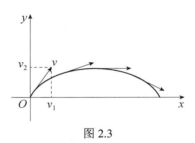

图 2.3

其中，v_1 和 v_2 分别是抛射物体的初速度的水平和垂直分量；g 是重力加速度；t 是时间；x 和 y 分别是抛射物体在垂直面上的横坐标和纵坐标（见图 2.3）.

在上述式中，x 和 y 都是 t 的函数，因此，x 与 y 之间通过 t 发生联系，这样 y 与 x 之间存在着确定的函数关系，消去上述式子中的 t，得

$$y = \frac{v_2}{v_1} x - \frac{g}{2v_1^2} x^2$$

这就是参数方程确定的函数的显式表示.

一般地，如果参数方程

$$\begin{cases} x = \varphi(t) \\ y = \phi(t) \end{cases}$$

确定 y 与 x 之间的函数关系，则称此函数关系所表示的函数为由参数方程所确定的函数.

对于参数方程所确定的函数的求导，通常也并不需要首先由参数方程消去参数 t 化为 y 与 x 之间的直接函数关系后再求导.

如果函数 $x = \varphi(t)$，$y = \phi(t)$ 都可导，且 $\varphi'(t) \neq 0$，又 $x = \varphi(t)$ 具有单调连续的反函数 $t = \varphi^{-1}(x)$，则参数方程确定的函数可以看成由 $y = \phi(t)$ 与 $t = \varphi^{-1}(x)$ 复合而成的函数，根据复合函数与反函数的求导法则，有

$$\frac{\mathrm{d}y}{\mathrm{d}x} = \frac{\mathrm{d}y}{\mathrm{d}t} \frac{\mathrm{d}t}{\mathrm{d}x} = \frac{\mathrm{d}y}{\mathrm{d}t} \frac{1}{\dfrac{\mathrm{d}x}{\mathrm{d}t}} = \phi'(t) \frac{1}{\varphi'(t)} = \frac{\phi'(t)}{\varphi'(t)}$$

【例 2.16】　求摆线

$$\begin{cases} x = a(t - \sin t) \\ y = a(t - \cos t) \end{cases} \qquad (0 \leqslant t \leqslant 2\pi)$$

（1）在任何点处的切线斜率；（2）在 $t=\dfrac{\pi}{2}$ 处的切线方程.

【解】　（1）摆线在任意点处的切线斜率为

$$\frac{dy}{dx}=\frac{a\sin x}{a(t-\cos t)}=\cot\frac{t}{2}$$

（2）当 $t=\dfrac{\pi}{2}$ 时，摆线上对应点为 $\left(a\left(\dfrac{\pi}{2}-1\right),a\right)$，在此点处的切线斜率为

$$\frac{dy}{dx}\bigg|_{t=\frac{\pi}{2}}=\cot\frac{t}{2}\bigg|_{t=\frac{\pi}{2}}=1$$

于是，切线方程为

$$y-a=x-a\left(\frac{\pi}{2}-1\right)$$

即

$$y=x+a\left(2-\frac{\pi}{2}\right)$$

八、高阶导数

我们知道，变速直线运动的速度 $v(t)$ 是位置函数 $s(t)$ 对时间 t 的导数，即

$$v=\frac{ds}{dt}\quad\text{或}\quad v=s'$$

而加速度 a 又是速度 v 对时间 t 的变化率，即速度 v 对时间 t 的导数：

$$a=\frac{dv}{dt}=\frac{d}{dt}\left(\frac{ds}{dt}\right)\quad\text{或}\ a=(s')'$$

这种导函数的导数 $\dfrac{d}{dt}\left(\dfrac{ds}{dt}\right)$ 或 $(s')'$ 叫作二阶导数，记作

$$\frac{d^2s}{dt^2}\quad\text{或}\ s''(t)$$

所以，直线运动的加速度就是位置函数 s 对时间 t 的二阶导数.

一般地，函数 $y=f(x)$ 的导数 $y'=f'(x)$ 仍然是 x 的函数，我们把函数 $y'=f'(x)$ 的导数叫作函数 $y=f(x)$ 的二阶导数，记作 y'' 或 $\dfrac{d^2y}{dx^2}$，即

$$y''=(y')'\quad\text{或}\quad\frac{d^2y}{dx^2}=\frac{d}{dx}\left(\frac{dy}{dx}\right)$$

相应地，把 $y=f(x)$ 的导数 y' 叫作函数 $y=f(x)$ 的一阶导数.

类似地，二阶导数的导数叫作三阶导数，三阶导数的导数叫作四阶导数，……一般地，$(n-1)$ 阶导数的导数叫作 n 阶导数，分别记作

$$y''',y^{(4)},\cdots,y^{(n-1)},y^{(n)}$$

或
$$\frac{\mathrm{d}^3 y}{\mathrm{d}x^3}, \frac{\mathrm{d}^4 y}{\mathrm{d}y^4}, \cdots, \frac{\mathrm{d}^{n-1} y}{\mathrm{d}x^{n-1}}, \frac{\mathrm{d}^n y}{\mathrm{d}x^n}$$

函数 $y = f(x)$ 具有 n 阶导数，也常说成函数 $f(x)$ n 阶可导，如果函数 $f(x)$ 在点 x 处具有 n 阶导数，那么 $f(x)$ 在点 x 的某一邻域内必定具有一切低于 n 阶的导数. 二阶及二阶以上的导数统称高阶导数.

由此可见，求高阶导数就是多次连续地求导数. 所以，仍可应用前面学过的求导方法来计算高阶导数.

【例 2.17】 设 $y = \arctan x$，求 $y''(0), y'''(0)$.

【解】 $y' = \dfrac{1}{1+x^2}$，$y'' = -\dfrac{2x}{\left(1+x^2\right)^2}$，$y''' = \dfrac{2(3x^2-1)}{\left(1+x^2\right)^3}$

所以
$$y''(0) = -\frac{2x}{\left(1+x^2\right)^2}\bigg|_{x=0} = 0$$

$$y'''(0) = \frac{2(3x^2-1)}{\left(1+x^2\right)^3}\bigg|_{x=0} = -2$$

【例 2.18】 设 $y = x^n$（n 为正整数），求 $y^{(n)}$.

【解】
$$y' = nx^{n-1}$$
$$y'' = n(n-1)x^{n-2}$$
$$y''' = n(n-1)(n-2)x^{n-3}$$
$$\cdots$$
$$y^{(n-1)} = n(n-1)(n-2)\cdots 2x$$
$$y^{(n)} = n(n-1)(n-2)\cdots 1 \times 1 = n!$$

【例 2.19】 设 $y = a^x$ $(a > 0, a \neq 1)$，求 $y^{(n)}$.

【解】 $y' = a^x \ln a$，$y'' = (a^x \ln a)' = a^x \ln^2 a$，$\cdots$，
$$y^{(n)} = a^x \ln^n a$$

特别地，
$$(\mathrm{e}^x)^{(n)} = \mathrm{e}^x$$

【例 2.20】 设 $y = \ln x$，求 $y^{(n)}$.

【解】
$$y' = \frac{1}{x}$$

$$y'' = -\frac{1}{x^2}$$

$$y''' = (-1)^2 \frac{1 \times 2}{x^3}$$

$$y^{(4)} = (-1)^3 \frac{1 \times 2 \times 3}{x^4}$$

$$\cdots$$

$$y^{(n)} = (-1)^{n-1}\frac{(n-1)!}{x^n}$$

【例 2.21】 设 $y = \sin x$，求 $y^{(n)}$.

【解】
$$y' = \cos x = \sin\left(x + \frac{\pi}{2}\right)$$
$$y'' = \cos\left(x + \frac{\pi}{2}\right) = \sin\left(x + \frac{\pi}{2} + \frac{\pi}{2}\right) = \sin\left(x + 2\cdot\frac{\pi}{2}\right)$$
$$y''' = \cos\left(x + 2\cdot\frac{\pi}{2}\right) = \sin\left(x + 2\cdot\frac{\pi}{2} + \frac{\pi}{2}\right) = \sin\left(x + 3\cdot\frac{\pi}{2}\right)$$
$$\cdots$$
$$y^{(n)} = \sin\left(x + n\cdot\frac{\pi}{2}\right)$$

同理可得 $\cos^{(n)}(x) = \cos\left(x + n\cdot\frac{\pi}{2}\right)$.

习题 2.2

1.求下列函数的导数.

（1） $y = \frac{1}{x^2} + \cos x + 5$；

（2） $y = x^2(\ln x + \sqrt{x})$；

（3） $y = x^2\tan x + \cos x + 5\sin 3$；

（4） $y = x^2\sec x$；

（5） $y = \frac{1}{x + \sin x}$；

（6） $y = \frac{2x}{1 - x^2}$；

（7） $y = e^x(\sin x - \cos x)$；

（8） $y = \frac{\tan x}{\ln x + 1}$；

（9） $y = \frac{1 + \cos x}{\sin x}$；

（10） $y = \frac{1 - \ln x}{1 + \ln x}$；

（11） $y = x\ln x - x$；

（12） $y = a^x e^x - \frac{\log_a x}{\ln x}$；

（13） $y = 2xe^x\cos x$；

（14） $y = \frac{(1 + x^2)\arctan x}{1 + x}$；

（15） $y = \frac{2\ln x + x^3}{3\ln x + x^2}$；

（16） $y = x^2\cdot\ln x\cdot\sin x$.

2.求下列函数的导数.

（1） $y = (3x^4 - 1)^7$；

（2） $y = e^{\frac{1}{x}} + x\sqrt{x}$；

（3） $y = \sqrt{\ln^2 x + 1}$；

（4） $y = x^2\sin\frac{1}{x}$；

（5） $y = \sqrt{x + \sqrt{x + \sqrt{x}}}$；

（6） $y = \sqrt{x\cdot\sqrt{x\cdot\sqrt{x}}}$；

（7） $y = \ln\ln\ln x$；

（8） $y = 2^{\sin x} + \cos\sqrt{x}$；

（9）　$y = \ln(x + \sqrt{1 + x^2})$ ；

（10）　$y = \dfrac{\cot 3x}{1 - x^2}$ ；

（11）　$y = \cos^2(\sin 3x)$ ；

（12）　$y = \arctan(\ln x)$ ；

（13）　$y = \dfrac{x \sin 2x}{1 + \tan x}$ ；

（14）　$y = \mathrm{e}^{\arcsin x^2}$.

3.下列方程确定了 y 是 x 的函数，求 y' .

（1）　$x^3 - y^3 - x - y + xy = 2$ ；

（2）　$\cos xy = x + y$ ；

（3）　$x\mathrm{e}^y - y\mathrm{e}^x = x$ ；

（4）　$\dfrac{x}{y} = \ln xy$ ；

（5）　$y \sin x - \cos(x - y) = 0$ ；

（6）　$y = 1 - x\mathrm{e}^{xy}$ ；

（7）　$xy = \mathrm{e}^{x+y}$ ；

（8）　$\dfrac{x^2}{a^2} + \dfrac{y^2}{b^2} = 1$.

4.求下列函数的导数.

（1）　$y = x^{\sqrt{x}}$ ；

（2）　$y = (\cos x)^{\tan x}$ ；

（3）　$y = \left(1 + \dfrac{1}{x}\right)^x$.

5.求下列各题中指定的各阶导数.

（1）　$y = (2x - 1)^5$ ，求 $y^{(5)}$ 与 $y^{(6)}$ ；

（2）　$f(x) = \ln\dfrac{1+x}{1-x}$ ，求 $f''(0)$ ；

（3）　已知 $f''(x) = \mathrm{e}^{2x} \cos\dfrac{x}{2}$ ，求 $f^{(4)}(\pi)$ ；

（4）　$y = (1 + x^2)\arctan x$ ，求 y''' .

6.求下列函数的 n 阶导数.

（1）　$y = x\mathrm{e}^x$ ；

（2）　$y = \dfrac{1}{1-x}$ ，求 $f^{(n)}(0)$ ；

（3）　$y = \cos^2 x$ ；

（4）　$y = x \ln x$ ；

（5）　$y = a_0 x^n + a_1 x^{n-1} + \cdots + a_{n-1} x + a_n \ (a_0 \neq 0)$.

2.3　函数的微分

在许多实际问题中，不仅需要知道由自变量变化引起函数变化的快慢程度，还需要计算当自变量在某一点处取得一个微小增量时，函数取得相应增量的大小. 一般来说，计算 $f(x)$ 的增量 Δy 的精确值是较烦琐的，实际中往往只需计算出它的近似值即可. 微分的概念就是由此而产生的.

本节将学习微分的概念、微分的计算方法及微分的应用.

一、微分的概念

先看一个例子. 如图 2.3 所示，设有一边长为 x 的正方形，当边长取增量 Δx 时，其面积 S 的增量是：

$$\Delta S = (x + \Delta x)^2 - x^2 = 2x \Delta x + (\Delta x)^2$$

上式中，ΔS 由两部分组成：

第一部分 $2x\Delta x$ 是关于 Δx 的线性函数，即图 2.3 中带斜线的两个矩形的面积之和；第二部分 $(\Delta x)^2$ 是关于 Δx 的二次函数，当 $\Delta x \to 0$ 时，$(\Delta x)^2$ 是一个比 Δx 高阶的无穷小量，即图 2.3 中带交叉斜线的小正方形的面积. 因此当 $|\Delta x|$ 很小时，$(\Delta x)^2$ 可以忽略不计，即 $\Delta S \approx 2x\Delta x$.

第一部分中 Δx 的系数 $2x$ 恰好是面积 $S(x) = x^2$ 的导数，并且其结构要比 ΔS 简单得多，因此，有必要进行详细讨论.

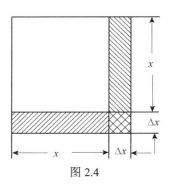

图 2.4

数学上，把 ΔS 的第一部分，即 Δx 的线性函数 $2x\Delta x$ 称为正方形面积 $S(x)$ 的微分，记为 $dS = 2x\Delta x$，即 $dS = S'(x)\Delta x$.

【定义】 设函数 $y = f(x)$ 在点 x 处可导，则称 $f'(x)\Delta x$ 为函数 $f(x)$ 在点 x 处的微分，记为 dy 或 $df(x)$，即

$$dy = f'(x)\Delta x \text{或} df(x) = f'(x)\Delta x$$

显然，函数 $f(x)$ 的微分 $dy = f'(x)\Delta x$ 不仅依赖于 x，而且依赖于 $y = f(x)$.

特别地，对于函数 $y = x$，其微分为 $dy = dx = (x)'\Delta x = \Delta x$，也就是自变量 x 的微分 dy 等于自变量 x 的改变量 Δx，即 $dx = \Delta x$，于是 $y = f(x)$ 在点 x 处的微分 dx 可写成 $dy = f'(x)dx$.

前面将 $\dfrac{dy}{dx}$ 看作一个记号，表示函数 $y = f(x)$ 的导数. 有了微分的概念，就可以把它看作一个比值. 因此，函数 $y = f(x)$ 的导数就是函数的微分与自变量的微分的商，所以有时也把导数叫作微商.

应该注意，微分与导数有密切的联系，**可导 $\Leftrightarrow$ 可微**. 但是，二者又有区别：函数 $f(x)$ 在点 x_0 处的导数 $f'(x_0)$ 是一个定数，而 $f(x)$ 在点 x_0 处的微分 $dy = f'(x_0)\Delta x = f'(x_0)(x - x_0)$ 是 x 的线性函数，且当 $x \to x_0$ 时，dy 是无穷小.

二、微分的计算

1. 基本微分公式

由关系式 $dy = f'(x)dx$ 可知，只要知道函数的导数，就能立刻写出它的微分. 因此，由基本导数公式即可得出相应的基本微分公式.

(1) $d(c) = 0$

(2) $d(x^\alpha) = \alpha x^{\alpha-1}dx$

(3) $d(a^x) = a^x \ln a dx$；$d(e^x) = e^x dx$

(4) $d(\log_a x) = \dfrac{1}{x \ln a}dx$；$d(\ln x) = \dfrac{1}{x}dx$

(5) $d(\sin x) = \cos x dx$

(6) $d(\cos x) = -\sin x dx$

(7) $d(\tan x) = \sec^2 x dx$

(8) $d(\cot x) = -\csc^2 x dx$

(9) $d(\sec x) = \sec x \tan x dx$

(10) $d(\csc x) = -\csc x \cot x dx$

(11) $d(\arcsin x) = \dfrac{1}{\sqrt{1-x^2}} dx$

(12) $d(\arccos x) = -\dfrac{1}{\sqrt{1-x^2}} dx$

(13) $d(\arctan x) = \dfrac{1}{1+x^2} dx$

(14) $d(\operatorname{arc cot} x) = -\dfrac{1}{1+x^2} dx$

2. 微分运算法则

(1) $d(u \pm v) = du \pm dv$

(2) $d(uv) = udv + vdu$

$d(cu) = cdu$ （c 为任意的常数）

(3) $d\left(\dfrac{u}{v}\right) = \dfrac{vdu - udv}{v^2} (v \neq 0)$

3. 微分形式不变性

对于函数 $y = f(u)$，当 u 为自变量时，按照定义，其微分形式为

$$dy = f'(u)du$$

函数 $y = f[\phi(x)]$ 是由函数 $y = f(u)$ 和 $u = \phi(x)$ 复合而成，u 为中间变量. 由微分定义及复合函数求导法则，有

$$dy = f'[\phi(x)]dx = f'(u)\phi'(x)dx$$

其中 $\phi'(x)dx = du$，所以，上式仍可写成 $dy = f'(u)du$.

由此可见，不论 u 是自变量还是中间变量，函数 $y = f(u)$ 的微分总是同一个形式 $dy = f'(u)du$，此性质称为微分形式的不变性.

【例 2.22】　求函数 $y = \ln \sin 2x$ 的微分.

【解】　因为

$$y' = (\ln \sin 2x)' = \frac{1}{\sin 2x}(\sin 2x)'$$

$$= \frac{2\cos 2x}{\sin 2x} = 2\cot 2x$$

所以

$$dy = 2\cot 2x dx$$

也可以利用微分形式的不变性求解：

$$dy = \frac{1}{\sin 2x} d(\sin 2x)$$
$$= \frac{1}{\sin 2x} \cos 2x d(2x)$$
$$= 2\cot 2x dx$$

由以上例题可知，求导数与求微分在方法上没有什么本质的区别，故统称为微分法.

【例 2.23】 在下列等式左端的括号中填入适当的函数，使等式成立.

(1) d( ) = $x dx$;   (2) d( ) = $\cos \omega t dt$.

【解】 (1) 因为 $d(x^2) = 2x dx$ ，所以 $x dx = \frac{1}{2} d(x^2) = d\left(\frac{x^2}{2}\right)$ ，即 $d\left(\frac{x^2}{2}\right) = x dx$.

一般地，有 $d\left(\frac{x^2}{2} + C\right) = x dx$ （C 为任意的常数）.

(2) 因为 $d(\sin \omega t) = \omega \cos \omega t dt$ ，所以 $\cos \omega t dt = \frac{1}{\omega} d(\sin \omega t) = d\left(\frac{1}{\omega} \sin \omega t\right)$ ，

即 $d\left(\frac{1}{\omega} \sin \omega t\right) = \cos \omega t dt$.

一般地，有 $d\left(\frac{1}{\omega} \sin \omega t + C\right) = \cos \omega t dt$ （C 为任意的常数）.

三、微分的应用

若函数 $y = f(x)$ 在点 x_0 处的导数 $f'(x_0)$ 存在，则当 $|\Delta x|$ 很小时，由微分的定义得

$$\Delta y\big|_{(x_0, \Delta x)} \approx dy\big|_{(x_0, \Delta x)} = f'(x_0)\Delta x \qquad ①$$

因为 $\Delta y = f(x_0 + \Delta x) - f(x_0)$ ，所以有 $f(x_0 + \Delta x) - f(x_0) \approx f'(x_0)\Delta x$ ，于是

$$f(x_0 + \Delta x) \approx f(x_0) + f'(x_0)\Delta x \qquad ②$$

若令 $x = x_0 + \Delta x$ ，则有

$$f(x) \approx f(x_0) + f'(x_0)(x - x_0) \qquad ③$$

以上这三个公式是我们常用的三个近似计算公式.

【例 2.24】 一个内径为 10 cm 的球，球壳厚度为 $\frac{1}{16}$ cm ，试求球壳体积的近似值.

【解】 半径为 r 的球的体积为

$$V = f(r) = \frac{4}{3}\pi r^3$$

球壳的体积为

$$\Delta V = f(r_0 + \Delta r) - f(r_0)$$

其中，$r_0=5$，$\Delta r=\dfrac{1}{16}$．

由近似公式①可知，

$$\Delta V\big|_{(r_0,\Delta r)}\approx \mathrm{d}V\big|_{(r_0,\Delta r)}=f'(r_0)\Delta r$$

因为

$$V'=f'(r)=(\frac{4}{3}\pi r^3)'=4\pi r^2$$

所以

$$\Delta V\approx f'(5)\cdot\frac{1}{16}=4\pi\times 5^2\times\frac{1}{16}=19.63$$

【例 2.25】 求 $\sqrt{0.97}$ 的近似值．

【解】 设 $f(x)=\sqrt{x}$，取 $x_0=1$，$\Delta x=-0.03$，则 $\sqrt{0.97}=f(0.97)=f(1-0.03)$，

由近似公式②及 $f'(x)=\dfrac{1}{2\sqrt{x}}$，得

$$\begin{aligned}\sqrt{0.97}&=f(0.97)\approx f(1)+f'(1)\times(-0.03)\\&=\sqrt{1}+\frac{1}{2\sqrt{1}}\times(-0.03)=1-0.015=0.985\end{aligned}$$

近似公式③的意义在于，用一个关于 x 的线性函数 $f(x_0)+f'(x_0)(x-x_0)$ 来近似地代替了一个结构复杂的非线性函数 $f(x)$，这种关系在图形中体现得更清楚一些．如图 2.5 所示，曲线上两点 $P_0(x_0,y_0)$ 和 $P(x_0+\Delta x,y_0+\Delta y)$，$|P_0M|=\Delta x$，$|PM|=\Delta y$，$P_0N$ 是曲线在点 P_0 处的切线，则

$$|NM|=|P_0M|\tan\alpha=f'(x_0)\Delta x=\mathrm{d}y$$

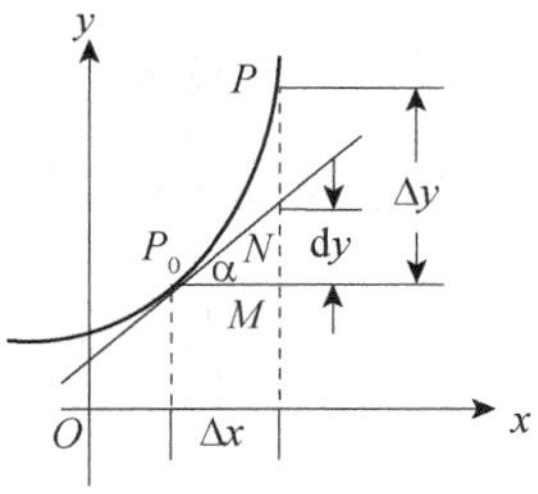

图 2.5

可见，函数 $y=f(x)$ 在点 x_0 处的微分就是曲线在点 $P_0(x_0,y_0)$ 处切线 P_0N 的纵坐标的改变量．

这也正是**微分的几何意义**．即当 Δx 很小时，在切点附近可以用切线（直线）来代替曲线．当 $x_0=0$，$|x|$ 很小时，应用近似公式③可得：

（1）$(1+x)^\alpha\approx 1+\alpha x$；　　（2）$\mathrm{e}^x\approx 1+x$；

（3）$\ln(1+x)\approx x$；　　（4）$\sin x\approx x$；

（5）$\tan x\approx x$；　　（6）$\sqrt[n]{1\pm x}\approx 1\pm\dfrac{1}{n}x$．

习题 2.3

1.将适当的函数填入括号内，使等式成立．

(1) $\mathrm{d}(\qquad)=4x\,\mathrm{d}x$；　　(2) $\mathrm{d}(\qquad)=\sin x\,\mathrm{d}x$；　　(3) $\mathrm{d}(\qquad)=\dfrac{1}{1+x^2}\mathrm{d}x$；

(4) $d(\quad) = \dfrac{1}{\sqrt{1-x^2}} dx$;　　(5) $d(\quad) = \dfrac{1}{\sqrt{x}} dx$;　　(6) $d(\quad) = -\dfrac{1}{x^2} dx$;

(7) $d(\quad) = e^{2x} dx$;　　　　(8) $d(\quad) = \dfrac{1}{x} dx$.

2.求下列函数的微分.

(1) $y = \dfrac{2}{x} + \sqrt{x}$;　　(2) $y = x\cos 3x$;　　(3) $y = \ln\sin 3x$;　　(4) $y = x^2 e^x$.

3.求下列各数的近似值.

(1) $\sqrt[4]{1.03}$;　　　　(2) $\ln 0.98$;　　　　(3) $\arctan 1.05$.

4.水管壁的横截面是一个圆环，设它的内径为 R_0，壁厚为 h，试用微分来计算这个圆环的面积的近似值.

综合练习 2

1.设 $f(x) = \begin{cases} x^2\cos\dfrac{1}{x} & 0 < x < 2 \\ x^3 & x \leqslant 0 \end{cases}$，试讨论 $f(x)$ 在 $x=0$ 及 $x=1$ 处的连续性与可导性.

2.试求曲线 $x^2 + 4y^2 = 9$ 在点 $(1, \sqrt{2})$ 处的切线方程与法线方程.

3.求下列函数的导数.

（1） $y = x\left(x^2 + \dfrac{1}{x} + \dfrac{1}{x^2}\right)$;　　（2） $y = \ln x^3 + e^{3x}$;　　（3） $y = \ln\cos\dfrac{1}{x}$;

（4） $y = \sqrt{e^x \sqrt{e^x}}$;　　（5） $y = \sqrt{e^x + \sqrt{e^x}}$;　　（6） $y = \sqrt[3]{\dfrac{x+2}{x^2+1}}$;

（7） $y = \ln\left(\arccos\dfrac{1}{\sqrt{x}}\right)$;　　（8） $y = \ln\left(e^x + \sqrt{1+e^{2x}}\right)$.

4.下列方程确定了 y 是 x 的函数，试求 y'.

（1） $x^3 = y^4 + \sin y + 1$;　　（2） $x^2 = \dfrac{y^2}{y^2-1}$;

（3） $\ln\sqrt{x^2+y^2} = \arctan\dfrac{y}{x}$;　　（4） $y = xe^y + 1$

5.求下列各题中指定的导数.

（1） $y = (x^3+1)^2$，求 y'';　　（2）设 $y = \dfrac{x^2}{1-x}$，求 $y^{(n)}$.

6.求下列函数的微分.

（1） $y = (x^2+4x)\sqrt{x^2-\sqrt{x}}$;　　（2） $y = \ln^2 x + x$;

（3） $y = \arcsin(2x^2-1)$;　　（4） $y = e^{-x}\sin(2-x)$.

*7.利用微分进行近似计算.

（1） $\sin 30.5°$;　　　　（2） $e^{1.01}$.

第3章 导数的应用

学习目标

1. 掌握拉格朗日中值定理的条件、结论及推论;
2. 能求函数的驻点、极值点、拐点、最值、渐近线，能判断函数的单调性和凹凸性;
3. 能运用洛必达法则求函数的极限.

3.1 微分中值定理

微分中值定理是微分学理论的重要组成部分，也是导数应用的"桥梁"，因而是微分学的重点内容之一.我们从几何直观入手，恰当地引出定理，进而揭示各定理之间的联系.

设 $\overset{\frown}{AB}$ 是 xOy 平面上的任意一段"光滑"曲线（即可导），连接端点 A、B 的直线段称为弦，于是不难发现：曲线 $\overset{\frown}{AB}$ 中间总存在这样的点 P，过 P 点的**切线与弦 AB 平行**（见图 3.1）.

图 3.1

这是一个简单、明显的几何事实.如何解析它呢？适当地建立直角坐标系，假设曲线 $\overset{\frown}{AB}$ 可以用函数 $y = f(x)$ 表示，$x \in [a,b]$. 于是，弦 AB 的斜率为

$$k_{AB} = \tan\varphi = \frac{f(b) - f(a)}{b - a}$$

因为点 P 在 $\overset{\frown}{AB}$ 中间，故可设 P 的横坐标 $x = \xi$ $(a < \xi < b)$，如图 3.2 所示，因此过 P 点的切线斜率为 $f'(\xi)$.这样，上述的几何事实可表示为

$$\frac{f(b) - f(a)}{b - a} = f'(\xi) \qquad (a < \xi < b)$$

关于曲线 $\overset{\frown}{AB}$ 本身，应假定它是连续的，并且除端点 A 和 B 外处处存在切线（即所谓的"光滑"曲线），否则，上述几何事实可能不成立。这个假定的解析是 $y = f(x)$ 在闭区间 $[a,b]$ 上连续，在开区间 (a,b) 内可导.

综上所述，得到以下的**拉格朗日（Lagrange）中值定理**.

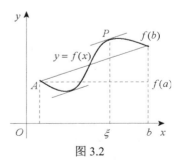

图 3.2

【**定理 1**】 设函数 $f(x)$ 满足：

（1）在闭区间 $[a,b]$ 上连续，

（2）在开区间 (a,b) 内可导，

则至少存在一点 $\xi \in (a,b)$，使得 $f'(\xi) = \dfrac{f(b)-f(a)}{b-a}$．

就是说在 (a,b) 内至少存在一点 ξ，使曲线上点 $P(\xi, f(\xi))$ 处的切线与弦 AB 平行，如图 3.2 所示．

如果在建立直角坐标系时，使 x 轴平行于弦 AB，这样便有 $f(a) = f(b)$，而结论为 $f'(\xi) = 0$ $(a < \xi < b)$．这就得到了拉格朗日中值定理的特殊情形——**罗尔（Rolle）定理**（即下文定理 2）．

【**定理 2**】 设函数 $f(x)$ 满足：

（1）在闭区间 $[a,b]$ 上连续，

（2）在开区间 (a,b) 内可导，

（3）在区间的端点上函数值相等，即 $f(a) = f(b)$，

则在区间 (a,b) 内至少存在一点 ξ，使得 $f'(\xi) = 0$．

罗尔定理的几何意义如图 3.3 所示．它表明这样一个几何事实：如果在区间 $[a,b]$ 上连续的曲线 $y = f(x)$ 在两个端点处的纵坐标相等，且在区间 (a,b) 内处处有不垂直于 x 轴的切线，则在区间 (a,b) 内 $y = f(x)$ 必有平行于 x 轴的切线．

对于不间断的曲线 $f(x)$ 来说，至少存在一点 C，使得其切线平行于 x 轴。

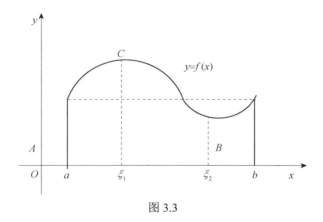

图 3.3

【**例 3.1**】 验证函数 $f(x) = \arctan x$ 在区间 $[0,1]$ 上满足拉格朗日中值定理的条件，并求出满足条件的 ξ．

【**解**】 $f(x) = \arctan x$ 是初等函数，它在 $[0,1]$ 上有定义，所以它在 $[0,1]$ 上连续．而 $f'(x) = \dfrac{1}{1+x^2}$，显然在 $(0,1)$ 内有定义，所以 $f(x) = \arctan x$ 在 $(0,1)$ 内可导，即 $f(x) = \arctan x$ 在区间 $[0,1]$ 上满足拉格朗日中值定理的条件．

令　　　　　　$f'(x) = \dfrac{1}{1+x^2} = \dfrac{\arctan 1 - \arctan 0}{1 - 0}$

解得 $x = \pm\sqrt{\dfrac{4}{\pi} - 1}$（负值舍去），从而 $x = \sqrt{\dfrac{4}{\pi} - 1} \in (0,1)$，即为所求的 ξ.

拉格朗日中值定理的应用很广泛，在本章和以后的章节都会进一步地介绍．现在通过一些例子来说明拉格朗日中值定理的初步应用．

【例 3.2】　证明：如果在开区间 (a,b) 内，恒有 $f'(x) = 0$，则 $f(x)$ 在 (a,b) 内恒为常数．

【证明】　设 x_1 和 x_2 是 (a,b) 内任意两点，不妨设 $x_1 < x_2$，在 $[x_1, x_2]$ 上应用拉格朗日中值定理（$f(x)$ 在 $[x_1, x_2]$ 上的连续性及在 (x_1, x_2) 内的可导性是显然的），即必有 $\xi \in (x_1, x_2)$，使得

$$f(x_2) - f(x_1) = f'(\xi)(x_2 - x_1)$$

而 $f'(\xi) = 0$，所以　$f(x_2) = f(x_1)$．由于这个等式对 (a,b) 内的任意 x_1 和 x_2 都成立，所以 $f(x)$ 在 (a,b) 内恒为常数．

我们还可以证明，如果函数 $f(x)$ 与 $g(x)$ 在 (a,b) 内有 $f'(x) = g'(x)$，则函数 $f(x)$ 与 $g(x)$ 在 (a,b) 内最多相差一个常数，即 $f(x) = g(x) + C$（C 为任意常数）．

【例 3.3】　证明恒等式 $\arcsin x + \arccos x = \dfrac{\pi}{2}$，$x \in [-1, 1]$.

【证明】　设 $f(x) = \arcsin x + \arccos x$，$x \in [-1, 1]$，则

$$f'(x) = \dfrac{1}{\sqrt{1-x^2}} - \dfrac{1}{\sqrt{1-x^2}} = 0, \quad x \in (-1, 1)$$

由此可知 $f(x)$ 在 $[-1, 1]$ 上恒为常数．设 $f(x) = \arcsin x + \arccos x = C$，该式对任意的 $x \in [-1, 1]$ 都成立．不妨令 $x = 1$，得

$$\arcsin 1 + \arccos 1 = C$$

所以 $C = \dfrac{\pi}{2}$，即

$$\arcsin x + \arccos x = \dfrac{\pi}{2}$$

【例 3.4】　证明方程 $5x^4 - 4x + 1 = 0$ 在 0 与 1 之间至少有一个实根．

【证明】　设方程左端的原函数为 $f(x)$，则 $f'(x) = 5x^4 - 4x + 1$，有 $f(x) = x^5 - 2x^2 + x$．

函数 $f(x) = x^5 - 2x^2 + x$ 在 $[0,1]$ 上连续，在 $(0,1)$ 内可导，且 $f(0) = f(1) = 0$，由罗尔定理可知，在 0 与 1 之间至少有一点，使 $f'(\xi) = 0$，即 $5\xi^4 - 4\xi + 1 = 0$．也就是，方程 $5x^4 - 4x + 1 = 0$ 在 0 与 1 之间至少有一个实根．

*柯西（Cauchy）中值定理

如果函数 $f(x)$ 与 $g(x)$ 满足下列两个条件：

①在闭区间 $[a,b]$ 上连续；

②在开区间 (a,b) 内可导，且 $g'(x) \ne 0$，$x \in (a,b)$，则在 (a,b) 内至少存在一点 ξ，使得

$$\frac{f(b) - f(a)}{g(b) - g(a)} = \frac{f'(\xi)}{g'(\xi)}$$

习题 3.1

1.下列函数在给定的区间上是否满足罗尔定理的条件，如果满足，求出定理中相应的 ξ 值.

（1） $f(x) = \ln \sin x$，$x \in [\frac{\pi}{6}, \frac{5\pi}{6}]$；   （2） $f(x) = \frac{3}{x^2+1}$，$x \in [-1,1]$.

2.下列函数在给定的区间上是否满足拉格朗日中值定理的条件，如果满足，求出定理中相应的 ξ 值.

（1） $f(x) = \sqrt{x}$，$x \in [1,4]$；   （2） $f(x) = \ln x$，$x \in [1,2]$.

3.2 洛必达（L'Hospital）法则

在极限的计算过程中，会经常遇到两个无穷小量之比（$\frac{0}{0}$ 型）或无穷大量之比（$\frac{\infty}{\infty}$ 型）的极限问题. $\frac{0}{0}$ 型或 $\frac{\infty}{\infty}$ 型式子通常称之为**未定式**. 这类极限可能存在，也可能不存在. 洛必达法则为我们提供了一种简单可行且具有一般性的求未定式极限的方法.

一、洛必达法则

【**定理 1**】（**洛必达法则**）设函数 $f(x)$ 和 $g(x)$ 满足条件：

(1) $f(x)$ 和 $g(x)$ 在点 x_0 的某空心邻域内可导，且 $g'(x) \neq 0$；

(2) $\lim\limits_{x \to x_0} f(x) = \lim\limits_{x \to x_0} g(x) = 0$；

(3) $\lim\limits_{x \to x_0} \frac{f'(x)}{g'(x)} = A$ （或 ∞），其中 A 为常数；

则有

$$\lim_{x \to x_0} \frac{f(x)}{g(x)} = \lim_{x \to x_0} \frac{f'(x)}{g'(x)} = A \quad （或 \infty）$$

注①定理中的 $x \to x_0$ 换为 $x \to \infty$，$x \to x_0^+$，$x \to x_0^-$，$x \to -\infty$，$x \to +\infty$ 等，定理仍然成立；

②对于 $\frac{\infty}{\infty}$ 型未定式，也有相应的洛必达法则；

③如果 $\lim \frac{f'(x)}{g'(x)}$ 仍然是 $\frac{0}{0}$ 型或 $\frac{\infty}{\infty}$ 型未定式时，可继续运用洛必达法则.

二、洛必达法则的应用

1. 求 $\dfrac{0}{0}$ 型或 $\dfrac{\infty}{\infty}$ 型未定式的极限

【例 3.5】　求下列极限.

(1) $\lim\limits_{x\to 0}\dfrac{1-\cos x}{x^2}$;　　　　　(2) $\lim\limits_{x\to 0}\dfrac{\ln(1+x)}{x^2}$.

【解】　(1) 这是 $\dfrac{0}{0}$ 型未定式, 由洛必达法则, 有

$$\lim_{x\to 0}\frac{1-\cos x}{x^2}=\lim_{x\to 0}\frac{\sin x}{2x}$$
$$=\frac{1}{2}\lim_{x\to 0}\frac{\sin x}{x}=\frac{1}{2}$$

(2) 这是 $\dfrac{0}{0}$ 型未定式, 由洛必达法则, 有

$$\lim_{x\to 0}\frac{\ln(1+x)}{x^2}=\lim_{x\to 0}\frac{\dfrac{1}{1+x}}{2x}$$
$$=\infty$$

【例 3.6】　求下列极限.

(1) $\lim\limits_{x\to 0^{+}}\dfrac{\ln x}{\ln\sin x}$;　　　　　(2) $\lim\limits_{x\to +\infty}\dfrac{\mathrm{e}^x}{x}$.

【解】　(1) 这是 $\dfrac{\infty}{\infty}$ 型未定式, 由洛必达法则, 有

$$\lim_{x\to 0^{+}}\frac{\ln x}{\ln\sin x}=\lim_{x\to 0^{+}}\frac{\dfrac{1}{x}}{\dfrac{\cos x}{\sin x}}$$
$$=\lim_{x\to 0^{+}}\frac{\sin x}{x}\cdot\frac{1}{\cos x}=1$$

(2) 这是 $\dfrac{\infty}{\infty}$ 型未定式, 由洛必达法则, 有

$$\lim_{x\to +\infty}\frac{\mathrm{e}^x}{x}=\lim_{x\to +\infty}\frac{(\mathrm{e}^x)'}{(x)'}$$
$$=\lim_{x\to +\infty}\mathrm{e}^x=+\infty$$

【例 3.7】　求 $\lim\limits_{x\to 0}\dfrac{x-\sin x}{x^3}$.

【解】　这是 "$\dfrac{0}{0}$" 型未定式, 由洛必达法则, 有

$$\lim_{x\to 0}\frac{x-\sin x}{x^3}=\lim_{x\to 0}\frac{(x-\sin x)'}{(x^3)'}$$

$$= \lim_{x \to 0} \frac{1 - \cos x}{3x^2} \quad (\text{还是 “}\frac{0}{0}\text{” 型})$$

$$= \lim_{x \to 0} \frac{(1 - \cos x)'}{(3x^2)'}$$

$$= \lim_{x \to 0} \frac{\sin x}{6x} = \frac{1}{6}$$

运用洛必达法则求解极限问题时，需注意洛必达法则只是极限存在的充分条件，非必要条件，当 $\lim \dfrac{f'(x)}{g'(x)}$ 不存在时，不能得出 $\lim \dfrac{f(x)}{g(x)}$ 也不存在的结论. 有的极限问题，虽属求未定式极限，但用洛必达法则可能无法解出，可以选择其他方法.

【例 3.8】 求 $\lim\limits_{x \to \infty} \dfrac{x - \sin x}{x + \sin x}$.

【解】 这是 $\dfrac{\infty}{\infty}$ 型未定式，由洛必达法则，有

$$\lim_{x \to \infty} \frac{x - \sin x}{x + \sin x} = \lim_{x \to \infty} \frac{1 - \cos x}{1 + \cos x}$$

此极限不存在.

但事实上，$\lim\limits_{x \to \infty} \dfrac{x - \sin x}{x + \sin x} = \lim\limits_{x \to \infty} \dfrac{1 - \dfrac{\sin x}{x}}{1 + \dfrac{\sin x}{x}} = 1$.

【例 3.9】 求 $\lim\limits_{x \to +\infty} \dfrac{e^x + e^{-x}}{e^x - e^{-x}}$.

【解】 运用洛必达法则，有

$$\lim_{x \to +\infty} \frac{e^x + e^{-x}}{e^x - e^{-x}} = \lim_{x \to +\infty} \frac{e^x - e^{-x}}{e^x + e^{-x}}$$

$$= \lim_{x \to +\infty} \frac{e^x + e^{-x}}{e^x - e^{-x}}$$

继续求解下去，势必陷入无限的循环，这是一个满足洛必达法则的三个条件，但无法直接利用洛必达法则计算的例子.

这个极限可求解如下：

$$\lim_{x \to +\infty} \frac{e^x + e^{-x}}{e^x - e^{-x}} = \lim_{x \to +\infty} \frac{1 + e^{-2x}}{1 - e^{-2x}} = 1$$

【例 3.10】 求 $\lim\limits_{x \to +\infty} \dfrac{\sqrt{1 + x^2}}{x}$.

【解】 这是 $\dfrac{\infty}{\infty}$ 型未定式，所以

$$\lim_{x \to +\infty} \frac{\sqrt{1 + x^2}}{x} = \lim_{x \to +\infty} \frac{1}{\dfrac{x}{\sqrt{1 + x^2}}}$$

$$= \lim_{x \to +\infty} \frac{\sqrt{1+x^2}}{x}$$

经过运用洛必达法则，又回到了原来的形式，这说明洛必达法则失效．其实此极限容易求得

$$\lim_{x \to +\infty} \frac{\sqrt{1+x^2}}{x} = \lim_{x \to +\infty} \sqrt{\frac{1}{x^2}+1} = 1$$

2. 求其他类型未定式的极限

$0 \cdot \infty, \infty - \infty, 0^0, 1^\infty, \infty^0$ 等未定式，总可以通过适当变换将它们转变为 "$\frac{0}{0}$" 型或 "$\frac{\infty}{\infty}$" 型未定式，然后应用洛必达法则．

【例 3.11】 求 $\lim\limits_{x \to 0^+} x\ln x$ ．

【解】 这是 "$0 \cdot \infty$" 型未定式，可先将其转变为分式形式，然后再求解．

$$\lim_{x \to 0^+} x\ln x = \lim_{x \to 0^+} \frac{\ln x}{\frac{1}{x}}$$

$$= \lim_{x \to 0^+} \frac{\frac{1}{x}}{-\frac{1}{x^2}} = \lim_{x \to 0^+} (-x) = 0$$

【例 3.12】 求 $\lim\limits_{x \to 1} \left(\frac{1}{x-1} - \frac{1}{\ln x} \right)$ ．

【解】 这是 "$\infty - \infty$" 型未定式，可先将其转变为分式形式，然后再求解．

$$\lim_{x \to 1} \left(\frac{1}{x-1} - \frac{1}{\ln x} \right) = \lim_{x \to 1} \frac{\ln x - x + 1}{(x-1)\ln x}$$

$$= \lim_{x \to 1} \frac{\frac{1}{x} - 1}{\ln x + 1 - \frac{1}{x}}$$

$$= \lim_{x \to 1} \frac{-\frac{1}{x^2}}{\frac{1}{x} + \frac{1}{x^2}} = -\frac{1}{2}$$

【例 3.13】 求 $\lim\limits_{x \to +\infty} \left(1 + \frac{1}{x} \right)^{\ln x}$ ．（1^∞ 型未定式）

【解】 令 $y = \left(1 + \frac{1}{x} \right)^{\ln x}$ ，两边取对数得 $\ln y = \ln x \cdot \ln \left(1 + \frac{1}{x} \right)$ ，再取极限得

$$\lim_{x \to +\infty} \ln y = \lim_{x \to +\infty} \frac{\ln \left(1 + \frac{1}{x} \right)}{\frac{1}{\ln x}}$$

$$= \lim_{x \to +\infty} \frac{\dfrac{1}{1+\dfrac{1}{x}} \cdot \left(-\dfrac{1}{x^2}\right)}{-\dfrac{1}{x\ln^2 x}}$$

$$= \lim_{x \to +\infty} \frac{\ln^2 x}{x+1} = \lim_{x \to +\infty} \frac{2\ln x \cdot \dfrac{1}{x}}{1}$$

$$= 2 \lim_{x \to +\infty} \frac{\ln x}{x} = 2 \lim_{x \to +\infty} \frac{1}{x} = 0$$

所以

$$\lim_{x \to +\infty} \left(1+\frac{1}{x}\right)^{\ln x} = \mathrm{e}^{\lim\limits_{x \to +\infty} \ln x \cdot \ln\left(1+\frac{1}{x}\right)}$$

$$= \mathrm{e}^0 = 1$$

【例 3.14】 求 $\lim\limits_{x \to 0^+} x^{\sin x}$. （0^0 型未定式）

【解】 设 $y = x^{\sin x}$ 　　　$\lim\limits_{x \to 0^+} \ln y = \lim\limits_{x \to 0^+} \sin x \ln x = \lim\limits_{x \to 0^+} \dfrac{\ln x}{\dfrac{1}{\sin x}}$

$$= \lim_{x \to 0^+} \frac{\dfrac{1}{x}}{-\dfrac{\cos x}{\sin^2 x}} = -\lim_{x \to 0^+} \frac{\sin^2 x}{x\cos x} = 0$$

所以

$$\lim_{x \to 0^+} x^{\sin x} = \mathrm{e}^{\lim\limits_{x \to 0^+} \sin x \ln x}$$

$$= \mathrm{e}^0 = 1$$

习题 3.2

求下列极限.

（1）$\lim\limits_{x \to a} \dfrac{x^m - a^m}{x^n - a^n}$ ($a \neq 0, m, n$ 为常数);

（2）$\lim\limits_{x \to 0} \dfrac{\mathrm{e}^x - \mathrm{e}^{-x}}{\sin x}$;

（3）$\lim\limits_{x \to 0} \dfrac{1 - \cos x^2}{x^2 \sin x^2}$;

（4）$\lim\limits_{x \to 0} \dfrac{\tan x - x}{x - \sin x}$;

（5）$\lim\limits_{x \to 1} \left(\dfrac{x}{x-1} - \dfrac{1}{\ln x}\right)$;

（6）$\lim\limits_{x \to 0} \left(\dfrac{1}{x} - \dfrac{1}{\mathrm{e}^x - 1}\right)$;

（7）$\lim\limits_{x \to +\infty} \dfrac{x^n}{\mathrm{e}^{\lambda x}}$ ($\lambda > 0$, n 为正整数);

（8）$\lim\limits_{x \to +\infty} \dfrac{(\ln x)^2}{x}$;

（9）$\lim\limits_{x \to 0} \dfrac{\mathrm{e}^{x^3} - 1 - x^3}{\sin^6 2x}$;

（10）$\lim\limits_{x \to 0} \dfrac{x(\mathrm{e}^x - 1)}{1 - \cos x}$;

（11）$\lim\limits_{t\to+\infty}\left(\cos\dfrac{x}{t}\right)^{t}$；

（12）$\lim\limits_{x\to0}\left(1+\sin x\right)^{\frac{1}{x}}$．

3.3　导数在几何上的应用

本节将利用导数这一工具，讨论函数有关的几何性质，从而了解该函数所表达的曲线的若干几何特性，如函数的单调性、最值及函数图像在某一部分的变化特征等．

一、函数的单调性

我们已经学习了函数单调性的概念及判别法，导数符号与函数的单调性有如下关系．

【定理1】　设函数 $f(x)$ 在区间 (a,b) 内可导，则

（1）若在 (a,b) 内 $f'(x)>0$，则 $f(x)$ 在区间 (a,b) 内是单调增加的；

（2）若在 (a,b) 内 $f'(x)<0$，则 $f(x)$ 在区间 (a,b) 内是单调减小的．

定理中的区间 (a,b)，换成其他各种区间（包括无穷区间），定理的结论仍是成立的．

【例3.15】　考察函数 $f(x)=2x^3+9x^2+12x$ 的单调性．

【解】　为了考察该函数的单调性，先来求该函数的导数

$$f'(x)=6x^2+18x+12$$
$$=6(x^2+3x+2)$$
$$=6(x+1)(x+2)$$

显然，当 $x>-1$ 时，$f'(x)>0$，即 $[-1,+\infty)$ 为 $f(x)$ 的单调增区间；

当 $-2<x<-1$ 时，$f'(x)<0$，即 $[-2,-1]$ 为 $f(x)$ 的单调减区间；

当 $x<-2$ 时，$f'(x)>0$，即 $(-\infty,-2]$ 为 $f(x)$ 的单调增区间．

在上例的求解过程中，可以看到，$x=-1$ 和 $x=-2$ 是两个很重要的点，它们把区间 $(-\infty,+\infty)$ 分成了三个单调区间，并且在 $x=-1$ 和 $x=-2$ 处均有 $f'(x)=0$．

一般地，使得函数 $f(x)$ 的导数 $f'(x)=0$ 的点，称为该函数的**驻点**．

在多数情况下，函数在单调增区间内的导数大于零，在单调减区间内的导数小于零，而在驻点处的导数等于零．因而，单调增和单调减区间通常以驻点为分界点，但实际上情形并非总是如此．

【例3.16】　考察 $f(x)=x^3$ 的单调性．

【解】　由于 $f'(x)=3x^2$，当 $x=0$ 时，$f'(x)=0$，即 $x=0$ 为 $f(x)$ 的驻点，但对于任何 $x\neq0$ 的点，均有 $f'(x)>0$，即 $f(x)$ 在 $(-\infty,+\infty)$ 上单调增加(见图3.4)．

虽然 $x=0$ 是函数 $f(x)=x^3$ 的驻点，但由于其左右两侧均为单调增区间，因此 $x=0$ 并没有成为增减区间的分界点．

若在 (a,b) 内 $f'(x)\geqslant0$（或 $f'(x)\leqslant0$），等号只在个别点处成立，则函数 $y=f(x)$ 仍

然在区间 (a,b) 内单调递增（或单调递减）.

【例 3.17】 考察函数 $f(x)=x^{\frac{2}{3}}$ 的单调性.

【解】 由于 $f'(x)=\frac{2}{3}x^{-\frac{1}{3}}=\frac{2}{3}\frac{1}{\sqrt[3]{x}}$，因此，当 $x>0$ 时，$f'(x)>0$，函数单调增加，当 $x<0$ 时,$f'(x)<0$,函数单调减小.

在上例中， $x=0$ 为函数 $f(x)=x^{\frac{2}{3}}$ 单调区间的分界点.但在 $x=0$ 处， $f'(x)$ 无意义,因而 $x=0$ 是一个非驻点的分界点（见图 3.5）.

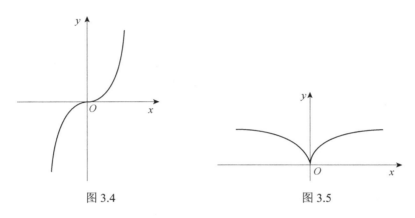

图 3.4 　　　　　　　　　　图 3.5

我们可按以下步骤来确定函数 $f(x)$ 的单调性：

①求函数 $f(x)$ 的定义域；

②求 $f'(x)$ （将其化为最简形式）；

③求出 $f'(x)=0$ 的点（驻点）和 $f'(x)$ 不存在的点（不可导点），由这些点将定义域分为若干子区间；

④列表考察 $f'(x)$ 在各子区间的符号，以此确定函数 $f(x)$ 的单调性.

【例 3.18】 判定函数 $y=(x-5)\cdot x^{\frac{2}{3}}$ 的单调性.

【解】 函数 $y=(x-5)\cdot x^{\frac{2}{3}}$ 的定义区间为 $(-\infty,+\infty)$；

$$y'=x^{\frac{2}{3}}+\frac{2}{3}x^{-\frac{1}{3}}\cdot(x-5)=\frac{5x-10}{3\sqrt[3]{x}}$$

令 $y'=0$ 得 $x=2$；当 $x=0$ 时 y' 不存在.

$x=0$ 和 $x=2$ 将定义区间分为三个区间 $(-\infty,0)$， $(0,2)$ 和 $(2,+\infty)$.

列表确定函数的单调性：

x	$(-\infty,0)$	0	$(0,2)$	2	$(2,+\infty)$
y'	+	不存在	−	0	+
y	↗		↘		↗

所以，函数 $f(x)$ 在 $(-\infty,0)\bigcup(2,+\infty)$ 内是单调递增的；在 $(0,2)$ 内是单调递减的.

二、函数的极值

1. 极值的概念

函数的极值也是我们已接触过的问题，定义如下.

【定义 1】　设函数 $y=f(x)$ 在点 x_0 的某个邻域内有定义，若对该邻域中异于 x_0 的 x，恒有 $f(x_0)<f(x)$（或 $f(x_0)>f(x)$），则称 $f(x_0)$ 是函数 $f(x)$ 的一个极小值（或极大值），点 x_0 称为函数 $f(x)$ 的极小值点（或极大值点）.

极大值和极小值统称为极值，极大值点和极小值点统称为极值点.

在图 3.6 所示的函数中，$f(x_1)$ 和 $f(x_4)$ 是极大值；$f(x_2)$ 和 $f(x_5)$ 是极小值；$f(x_3)$ 不是极值.

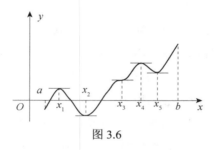

图 3.6

显然，函数极值是一个局部性的概念，它是与极值点邻近所有点的函数值比较而言的，并不意味着它是整个定义区间内的最大值和最小值；极值只能在区间的内部取得，不能在区间的端点处取得.

2. 极值的求法

根据极值点的定义，可以给出极值的第一种判别方法.

【定理 2】（极值判别法 I）设 x_0 是函数 $f(x)$ 的驻点或不可导点，

(1) 若当 $x<x_0$ 时 $f'(x)>0$，当 $x>x_0$ 时 $f'(x)<0$，则 $f(x_0)$ 为函数 $f(x)$ 的极大值；

(2) 若当 $x<x_0$ 时 $f'(x)<0$，当 $x>x_0$ 时 $f'(x)>0$，则 $f(x_0)$ 为函数 $f(x)$ 的极小值；

(3) 若当 $x<x_0$ 和 $x>x_0$ 时 $f'(x)$ 不变号，则 $f(x_0)$ 不是函数 $f(x)$ 的极值.

【例 3.19】　求函数 $f(x)=x^3-3x^2+7$ 的极值.

【解】　函数定义区间为 $(-\infty,+\infty)$

$$f'(x)=3x^2-6x=3x(x-2)$$

令 $y'=0$，得 $x_1=0$，$x_2=2$

$x_1=0$ 和 $x_2=2$ 将定义区间分为三个子区间 $(-\infty,0)$，$(0,2)$，$(2,+\infty)$.

列表确定函数的单调性：

x	$(-\infty,0)$	0	$(0,2)$	2	$(2,+\infty)$
y'	$+$	0	$-$	0	$+$
y	↗	7（极大值）	↘	3（极小值）	↗

由上表可以知：函数 $f(x)=x^3-3x^2+7$ 在 $x=0$ 处存在极大值 $f(0)=7$；在 $x=2$ 处存在极小值 $f(2)=3$．

若 $f(x)$ 在驻点 x_0 处二阶导数 $f''(x_0)$ 存在且不等于零，则可用如下方法判别 x_0 是极大值点还是极小值点．

【定理3】（极值判别法Ⅱ）设 $f(x)$ 在点 x_0 处具有二阶导数，且 $f'(x_0)=0$．

(1) 若 $f''(x_0)>0$，则 $f(x_0)$ 为函数 $f(x)$ 的极小值；

(2) 若 $f''(x_0)<0$，则 $f(x_0)$ 为函数 $f(x)$ 的极大值；

(3) 若 $f''(x_0)=0$，则此判别法失效．

【例3.20】 利用定理3求例3.19中 $f(x)=x^3-3x^2+7$ 的极值．

【解】 由于例3.19中 $f'(x)=3x^2-6x=3x(x-2)$，$x=0$，$x=2$ 为驻点，

而 $f''(x)=6x-6=6(x-1)$，从而 $f''(0)<0$，$f''(2)>0$

故 $f(0)=7$ 为极大值，$f(2)=3$ 为极小值．

对 $f'(x_0)=f''(x_0)=0$ 的点或不可导点 x_0，均不能用第二种极值判别法来判断 $f(x_0)$ 是否为极值，此时仍然要用第一种极值判别法来判断．例如函数 $f(x)=x^5$，其导函数为 $f'(x)=5x^4$，驻点为 $x=0$．二阶导数 $f''(x)=20x^3$，故 $f''(0)=0$，因此用第二种极值判别法无法判断．由于在 $x=0$ 左右两侧均有 $f'(x)=5x^4>0$，故 $x=0$ 不是极值点，原函数无极值点．

3. 极值的应用

当函数 $f(x)$ 在闭区间 $[a,b]$ 上连续时，必有最大值和最小值，并且函数的最大值和最小值显然只可能在极值点和区间的端点处取得．因此可求出函数 $f(x)$ 在所有驻点和不可导点处的函数值及在区间端点处的函数值，其中最大者就是函数 $f(x)$ 在 $[a,b]$ 上的最大值，最小者就是函数 $f(x)$ 在 $[a,b]$ 上的最小值．

【例3.21】 求函数 $f(x)=x^3-3x^2-9x+30$ 在 $[-2,2]$ 上的最大值和最小值．

【解】 $f'(x)=3x^2-6x-9=3(x-3)(x+1)$

令 $f'(x)=0$，得驻点 $x_1=-1$，$x_2=+3\notin(-2,2)$（舍去）

比较函数在驻点与端点处的函数值：$f(-1)=35$，$f(-2)=28$，$f(2)=8$．

所以函数 $f(x)$ 在 $[-2,2]$ 上的最大值为 $f(-1)=35$，最小值 $f(2)=8$．

对于最值问题，有如下结论：如果一个实际问题可以预先断定必存在最值，并且函数

在定义域内只有唯一临界点，则无须判别即可断定，该临界点的函数值必为所求最值．这个结论在实际问题中有着非常广泛的应用．

【例 3.22】 某房地产公司有 50 套公寓要出租，当租金定为每月 180 元时，公寓会全部租出去．当租金每月增加 10 元时，就有一套公寓租不出去，而租出去的房子每月需花费 20 元的整修维护费．试问房租定为多少可获得最大收入？

【解】 设房租为每月 x 元，租出去的房子有 $50-(\dfrac{x-180}{10})$ 套，每月总收入为

$$R(x)=(x-20)(50-\frac{x-180}{10})$$

$$=(x-20)(68-\frac{x}{10})$$

$$R'(x)=(68-\frac{x}{10})+(x-20)(-\frac{1}{10})$$

$$=70-\frac{x}{5}$$

令 $R'(x)=0$ ，得到： $x=350$ （唯一驻点）．

故每月每套租金为 350 元时收入最高．最大收入为

$$R(350)=(350-20)(68-\frac{350}{10})$$

$$=10890 （元）$$

【例 3.23】 要建造一个长方体无盖蓄水池，其容积为 $1000\mathrm{m}^3$ ，底面为正方形．设底面的单位造价是四壁单位造价的 2 倍，问底边和高各为多少时可使所用费用最省？

【解】 设底边长为 x ，高为 h ，四壁的单位造价为 a ，则总造价函数为

$$y=2ax^2+a\cdot 4xh=2a(x^2+2xh)$$

而 $x^2h=1000$ ，所以 $h=\dfrac{1000}{x^2}$ ，即总造价函数为

$$y=2a(x^2+2x\cdot\frac{1000}{x^2})=2a\left(x^2+\frac{2000}{x}\right)\quad （x>0）$$

由

$$y'=2a(2x-\frac{2000}{x^2})=4a\left(x-\frac{1000}{x^2}\right)$$

得唯一的驻点 $x=10$ ，此时 $h=10$ ．而该问题显然有最低的造价，所以当底边和高都为 10m 时，所用费用最省．

三、曲线的凹向与拐点

在经济学的讨论中，不仅关心经济变量的增减，同时还关心它增减的快慢程度及其快慢程度发生变化的转折点．这一现象反映在数学上，就是函数曲线的凹凸性与拐点．

1. 曲线凹凸性及拐点的概念

在图 3.7 中，虽然两条曲线弧从 A 到 B 都是上升的，但图形却有明显的不同，通常称曲线弧 $\overset{\frown}{ACB}$ 是凸的，曲线弧 $\overset{\frown}{ADB}$ 是凹的. 为了准确地刻画函数图形的这个特点，需要研究曲线的凹凸性及其判别法.

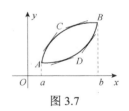

图 3.7

根据曲线与其上各点切线的位置关系，对于曲线的特性给出如下定义.

【定义 2】 在区间 (a,b) 内，如果曲线位于其任意一点处的切线的上方，那么曲线在 (a,b) 内是凹的；如果曲线位于其任意一点处的切线的下方，那么曲线在 (a,b) 内是凸的.

【定义 3】 连续曲线上的凹弧与凸弧的分界点称为曲线的拐点.

2. 曲线凹凸性的判断

我们将图 3.7 分解成两个图形，如图 3.8 所示.

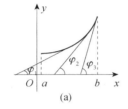

(a)   (b)

图 3.8

如图 3.8（a）所示，对于凹的曲线，切线斜率 $f'(x)$ 随 x 的增大而增大，故 $f'(x)$ 是单调递增的，因而 $f''(x) > 0$；如图 3.8（b）所示，对于凸的曲线，切线斜率 $f'(x)$ 随 x 的增大而减小，故 $f'(x)$ 是单调递减的，因而 $f''(x) < 0$. 这表明曲线的凹凸性可由 $f''(x)$ 的符号来确定.

【定理 4】 设函数 $f(x)$ 在开区间 (a,b) 内具有二阶导数.

(1) 若对 $\forall x \in (a,b)$ 有 $f''(x) > 0$，则 $f(x)$ 在 (a,b) 内的图形是凹的；

(2) 若对 $\forall x \in (a,b)$ 有 $f''(x) < 0$，则 $f(x)$ 在 (a,b) 内的图形是凸的.

由于拐点是曲线凹凸的分界点，所以拐点左右邻近的二阶导数符号必相反. 因此，在拐点 (x_0, y_0) 处有 $f''(x_0) = 0$ 或 $f''(x_0)$ 不存在.

我们可按以下步骤来确定函数 $f(x)$ 的凹凸性和拐点：

①求函数 $f(x)$ 的定义域；

②求 $f'(x)$，$f''(x)$（将其化为最简形式）；

③求出 $f''(x) = 0$ 的点和 $f''(x)$ 不存在点，由这些点将定义域分为若干子区间；

④列表考察 $f''(x)$ 在各子区间的符号，以此确定函数 $f(x)$ 的凹凸性；

⑤函数 $f(x)$ 凹凸性发生改变的点即为 $f(x)$ 的拐点.

【例3.24】　确定函数 $f(x) = 3x^4 - 4x^3 + 1$ 的凹凸区间及拐点.

【解】　函数 $f(x)$ 的定义域为 $(-\infty, +\infty)$.

$$f'(x) = 12x^3 - 12x^2, \quad f''(x) = 36x^2 - 24x = 12x(3x - 2)$$

令 $f''(x) = 0$，得 $x_1 = 0$，$x_2 = \dfrac{2}{3}$.

列表讨论如下（表中" $\frown$ "表示曲线是凸的，" $\smile$ "表示曲线是凹的）：

x	$(-\infty, 0)$	0	$(0, \frac{2}{3})$	$\frac{2}{3}$	$(\frac{2}{3}, +\infty)$
$f''(x)$	$+$	0	$-$	0	$+$
$f(x)$	$\smile$	拐点	$\frown$	拐点	$\smile$

由上表可知：曲线 $f(x)$ 在区间 $(0, \dfrac{2}{3})$ 上是凸的，在区间 $(-\infty, 0)$，$(\dfrac{2}{3}, +\infty)$ 上是凹的；拐点为 $(0, 1)$ 和 $(\dfrac{2}{3}, \dfrac{11}{27})$.

【例3.25】　判定曲线 $y = \dfrac{1}{x}$ 的凹凸性及拐点.

【解】　函数的定义域为 $(-\infty, 0) \bigcup (0, +\infty)$；$y' = -\dfrac{1}{x^2}$，$y'' = \dfrac{2}{x^3}$.

当 $x > 0$ 时，$y'' > 0$；当 $x < 0$ 时，$y'' < 0$. 所以曲线在 $(-\infty, 0)$ 内是凸的，在 $(0, +\infty)$ 内是凹的. 但由于函数 $y = \dfrac{1}{x}$ 在点 $x = 0$ 处无意义，故曲线无拐点.

四、渐近线和曲率

1. 渐近线

如图 3.9 所示，如果曲线上的一点沿着曲线趋于无穷远时，该点与某条直线的距离趋于零， 则称此直线为曲线的渐近线.根据图示，对于渐近线，给出如下定义。

【定义4】　如果存在直线 L：$y = kx + b$，使得当 $x \to \infty$（或 $x \to +\infty$，$x \to -\infty$）时，曲线 $y = f(x)$ 上的动点 $M(x, y)$ 到直线 L 的距离 $d(M, L) \to 0$，则称 L 为曲线 $y = f(x)$ 的渐近线。

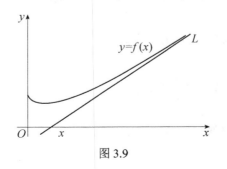

图3.9

渐近线分为水平渐近线、垂直渐近线和斜渐近线。

【定义 5】 设曲线 $y = f(x)$，如果 $\lim\limits_{x \to \infty} f(x) = c$，则称直线 $y = c$ 为曲线 $y = f(x)$ 的水平渐近线，其示例如图 3.10 所示.

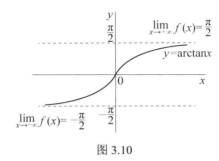

图 3.10

【定义 6】 如果曲线 $y = f(x)$ 在点 x_0 处间断，且 $\lim\limits_{x \to x_0} f(x) = \infty$，则称直线 $x = x_0$ 为曲线 $y = f(x)$ 的垂直渐近线，其示例如图 3.11 所示.

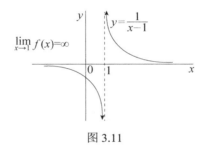

图 3.11

【定义 7】 曲线 $y = f(x)$，如果 $\lim\limits_{x \to \infty} \dfrac{f(x)}{x} = k$（$k \neq 0$），$\lim\limits_{x \to \infty} [f(x) - kx] = b$，则称直线 $y = kx + b$ 为曲线 $y = f(x)$ 的斜渐近线.

【例 3.26】 求曲线 $y = \dfrac{\ln x}{x}$ 的渐近线.

【解】 所给函数的定义域为 $(0, +\infty)$.

由于 $\lim\limits_{x \to +\infty} \dfrac{\ln x}{x} = \lim\limits_{x \to +\infty} \dfrac{\dfrac{1}{x}}{1} = 0$，可知 $y = 0$ 为所给曲线 $y = \dfrac{\ln x}{x}$ 的水平渐近线.

由于 $\lim\limits_{x \to 0^+} \dfrac{\ln x}{x} = -\infty$，可知，$x = 0$ 为曲线 $y = \dfrac{\ln x}{x}$ 的垂直渐近线.

【例 3.27】 求曲线 $y = \dfrac{x^2 - 2x + 2}{x - 1}$ 的渐近线

【解】 所给函数的定义域为 $(-\infty, 1), (1, +\infty)$.

由于 $\lim\limits_{x \to 1^-} f(x) = \lim\limits_{x \to 1^-} \dfrac{x^2 - 2x + 2}{x - 1} = -\infty$,　$\lim\limits_{x \to 1^+} f(x) = \lim\limits_{x \to 1^+} \dfrac{x^2 - 2x + 2}{x - 1} = +\infty$,

可知 $x = 1$ 为所给曲线的垂直渐近线（在 $x = 1$ 的两侧 $f(x)$ 的趋向不同）.

又　$\lim\limits_{x \to \infty} \dfrac{f(x)}{x} = \lim\limits_{x \to \infty} \dfrac{x^2 - 2x + 2}{x(x - 1)} = 1 = a$,

$\lim\limits_{x \to \infty} [f(x) - ax] = \lim\limits_{x \to \infty} \left[\dfrac{x^2 - 2x + 2}{x(x - 1)} - x \right] = \lim\limits_{x \to \infty} \dfrac{-x + 2}{x - 1} = -1 = b$,

所以 $y = x - 1$ 是曲线的一条斜渐近线.

2. 曲率

如图 3.12 所示，设曲线 C 是光滑的，曲线 C 上从点 M 到点 M' 的弧为 Δs ，切线的转角为 Δa .

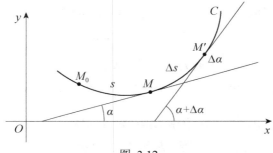

图 3.12

称 $\bar{K} = \left| \dfrac{\Delta \alpha}{\Delta s} \right|$ 为弧段 $\overset{\frown}{MM'}$ 的平均曲率.

称 $K = \lim\limits_{\Delta \alpha \to 0} \left| \dfrac{\Delta \alpha}{\Delta s} \right|$ 为曲线 C 在点 M 处的曲率。

在 $\lim\limits_{\Delta s \to 0} \left| \dfrac{\Delta \alpha}{\Delta s} \right| = \dfrac{\mathrm{d}\alpha}{\mathrm{d}s}$ 存在的条件下，　$K = \left| \dfrac{\mathrm{d}\alpha}{\mathrm{d}s} \right|$.

设曲线的直角坐标方程是 $y = f(x)$ ，且 $f(x)$ 具有二阶导数. 因为 $\tan a = y'$ ，所以

$$\sec^2 \alpha \, \frac{\mathrm{d}\alpha}{\mathrm{d}x} = y'' , \quad \frac{\mathrm{d}\alpha}{\mathrm{d}x} = \frac{y''}{1 + \tan^2 \alpha} = \frac{y''}{1 + y'^2} ,$$

$$\mathrm{d}\alpha = \frac{y''}{1 + y'^2} \mathrm{d}x . \quad \text{又知} \ \mathrm{d}s = \sqrt{1 + y'^2} \, \mathrm{d}x .$$

从而，有

$$K = \frac{|y''|}{(1 + y'^2)^{3/2}} .$$

【例 3.28】　计算等双曲线 $xy = 1$ 在点 $(1, 1)$ 处的曲率。

【解】　由 $y = \dfrac{1}{x}$ ，得

$$y' = -\frac{1}{x^2} , \quad y'' = \frac{2}{x^3}$$

因此，$y'|_{x=1} = -1$，$y''|_{x=1} = 2$

曲线 $xy = 1$ 在点 $(1,1)$ 处的曲率为

$$K = \frac{|y''|}{(1+y'^2)^{3/2}} = \frac{2}{(1+(-1)^2)^{3/2}} = \frac{1}{\sqrt{2}} = \frac{\sqrt{2}}{2} .$$

习题 3.3

1.求下列函数的单调区间.

（1）$y = 2 + x - x^2$；

（2）$y = \frac{2x}{1+x^2}$；

（3）$y = x - \ln(1+x)$；

（4）$y = e^x - x - 1$.

2.求下列函数极值.

（1）$y = 2x^3 - 6x^2 - 18x + 7$；

（2）$y = (x-5)^2 \cdot \sqrt[3]{(x+1)^2}$；

（3）$y = x^2 \ln x$；

（4）$y = x^2 e^{-x^2}$.

3.求下列函数在给定区间上的最大值与最小值.

（1）$y = 2 + x - x^2$，$x \in [0,5]$；

（2）$y = \frac{2}{3}x - \sqrt[3]{x^2}$，$x \in [-1,2]$.

4.要做一个容积为 $16\pi\,\mathrm{m^3}$ 的圆柱形密闭容器，问怎样设计其尺寸可使用料最省？

5.一窗户的形状是一半圆加一矩形（如图 3.13 所示），若要使窗户所围的面积为 $5\mathrm{m^2}$，问 AB 和 BC 的长各为多少时，能使做窗户所用材料最少？

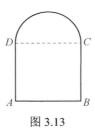

图 3.13

6.讨论下列函数的凹向性与拐点.

（1）$y = 3x - x^3$；

（2）$y = x^2 \ln x$.

综合练习 3

1.验证在区间 $[0,3]$ 上，函数 $y = x\sqrt{3-x}$ 满足罗尔定理的条件，并求出满足条件的 ξ.

2.求下列极限.

（1）$\lim\limits_{x \to 0} \frac{\ln(1+2x^2)}{x\sin x}$；

（2）$\lim\limits_{x \to \infty} x(e^{\frac{1}{x}} - 1)$；

（3）$\lim\limits_{x\to 0}\dfrac{x(e^x+1)-2(e^x-1)}{x\sin^2 x}$；　　（4）$\lim\limits_{x\to 0}\dfrac{\ln(1+3x)-\sin x}{x}$；

（5）$\lim\limits_{x\to 1}\dfrac{x^2-\cos(x-1)}{\ln x}$；　　（6）$\lim\limits_{x\to\infty}\dfrac{x^2-\cos^2 x-1}{(2x+\sin x)^2}$．

3.讨论下列函数的单调性，并指出单调区间．

（1）$f(x)=2x^3-3x^2$；　　（2）$f(x)=\sqrt{2x-x^2}$．

4.求下列函数的极值．

（1）$f(x)=x^{\frac{1}{3}}(1-x)^{\frac{2}{3}}$；　　（2）$f(x)=x-\ln(x+1)$．

5.某农场要围建一个面积为 512m^2 的矩形晒谷场，一边可以利用原来的石条沿，其他三边需要砌新的石条沿．问晒谷场的长及宽各为多少时用料最省？

6.求下列函数在给定闭区间上的最值．

（1）$f(x)=\sqrt{5-4x},x\in[-1,1]$；　　（2）$f(x)=3^{-x},x\in[0,3]$；

（3）$f(x)=x^2\sqrt{a^2-x^2},x\in[0,a]$；　　（4）$f(x)=\dfrac{x-1}{x+1},x\in[0,4]$．

7.求下列曲线的凹向区间及拐点．

（1）$y=x+x^{\frac{5}{3}}$；　　（2）$y=\sqrt{1+x^2}$；　　（3）$y=x^3-5x^2+3x-5$．

第4章　积分及其应用

学习目标

1. 掌握积分的概念与性质；

2. 能较熟练地运用第一类换元法求积分；

3. 能运用第二类换元法求积分；

4. 能运用分部积分法求积分；

5. 了解无穷区间上的广义积分及几何意义；

6. 掌握定积分的微元法，会用定积分的微元法求平面图形的面积和旋转体的体积；

7. 根据专业需要会用微元法求变力所做的功或用定积分解决经济上的相关问题.

4.1　定积分的概念及性质

一、定积分的概念

1. 曲边梯形的面积

设平面曲线 $y = f(x)$ 在闭区间 $[a,b]$ 上连续，且 $f(x) \geqslant 0$，则由平面曲线 $y = f(x)$ 与直线 $x = a$，$x = b$，$y = 0$ 所围成的平面图形称为曲边梯形，如图 4.1 所示.

由于图形不规则，用初等数学的方法难以准确地求出曲边梯形的面积. 考虑将区间 $[a,b]$ 分割成许多小区间，相应的曲边梯形被分割成许多小曲边梯形. 由于小曲边梯形很小，这样每个小区间上的小曲边梯形可以近似看成是很小的矩形，小矩形的底是小区间的长度，高是小区间上一点的函数值. 再用这些小矩形的面积近似代替小梯形的面积. 这样，所有小矩形面积之和就可以作为整个曲边梯形面积的一个近似值. 把区间 $[a,b]$ 无限细分下去，使每个小区间的长度都趋于零，这时所有小矩形面积之和的极限就是曲边梯形的面积（见图 4.2）.

于是求曲边梯形的面积 S 分为下面四步进行.

（1）分割. 在 $[a,b]$ 中任意插入若干个分点 $a = x_0 < x_1 < x_2 < \cdots < x_{n-1} < x_n = b$，可得 n 个首尾相连的小闭区间 $[x_0, x_1]$，$[x_1, x_2]$，$\cdots$，$[x_{i-1}, x_i]$，$\cdots$，$[x_{n-1}, x_n]$. 过 x_i $(i = 1, 2, \cdots, n-1)$ 作平行于 y 轴的直线，将曲边梯形分成 n 个小曲边梯形.

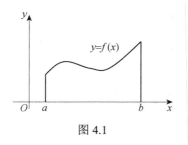

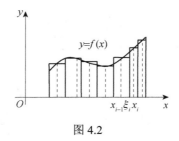

图 4.1   图 4.2

（2）近似代替．在每个小区间 $[x_{i-1}, x_i]$ $(i=1,2,\cdots,n)$ 上任取一点 ξ_i（ $x_{i-1} \leqslant \xi_i \leqslant x_i$ ），以 $f(\xi_i)$ 为高，以 $\Delta x_i = x_i - x_{i-1}$ 为底作小矩形．用小矩形面积 $f(\xi_i)\,\Delta x_i$ 近似代替相应的第 i 个小曲边梯形的面积 ΔS_i，即

$$\Delta S_i \approx f(\xi_i)\,\Delta x_i\ (i=1,2,\cdots,n)$$

（3）求和．将 n 个小矩形的面积加起来，得和式

$$f(\xi_1)\,\Delta x_1 + f(\xi_2)\,\Delta x_2 + \cdots + f(\xi_i)\,\Delta x_i + \cdots + f(\xi_n)\,\Delta x_n = \sum_{i=1}^{n} f(\xi_i)\Delta x_i$$

（4）取极限．记 $\lambda = \max\{\Delta x_1, \Delta x_2, \cdots, \Delta x_n\}$，当分点个数无限增大 $(n \to \infty)$，且所有小区间 $[x_{i-1}, x_i]$ $(i=1,2,\cdots,n)$ 中长度最大的值即 λ 趋于 0 时，和式的极限存在，这个极限值就是曲边梯形的面积，即

$$S = \lim_{\lambda \to 0} \sum_{i=1}^{n} f(\xi_i)\Delta x_i$$

2. 定积分的定义

【定义 1】 设 $f(x)$ 在区间 $[a,b]$ 上有界，仿照曲边梯形面积求法的四个步骤，若和式极限 $\lim\limits_{\lambda \to 0} \sum\limits_{i=1}^{n} f(\xi_i)\,\Delta x_i$ 存在，称函数 $f(x)$ 在 $[a,b]$ 上可积，此极限值称为函数 $f(x)$ 在区间 $[a,b]$ 上的定积分，记为 $\int_a^b f(x)\,\mathrm{d}x$，即

$$\int_a^b f(x)\mathrm{d}x = \lim_{\lambda \to 0} \sum_{i=1}^{n} f(\xi_i)\Delta x_i$$

其中，$f(x)$ 称为被积函数，$f(x)\mathrm{d}x$ 称为被积表达式，x 为积分变量，$[a,b]$ 为积分区间，a 为积分下限，b 为积分上限．

根据定积分的定义，上面讨论的曲边梯形的面积就是曲线 $y=f(x)$ 在区间 $[a,b]$ 上的定积分，即

$$S = \int_a^b f(x)\mathrm{d}x$$

3. 定积分的几何意义

在 $[a,b]$ 上，若 $f(x) \geqslant 0$，定积分 $\int_a^b f(x)\mathrm{d}x$ 表示由曲线 $y=f(x)$，直线 $x=a$，$x=b$ 与 x 轴所围成的曲边梯形的面积．

在 $[a,b]$ 上，若 $f(x) \le 0$，由曲线 $y=f(x)$，直线 $x=a$，$x=b$ 与 x 轴所围成的曲边梯形位于 x 轴的下方，定积分 $\int_a^b f(x)\mathrm{d}x$ 在几何上表示上述曲边梯形面积的负值，如图 4.3 所示.

在 $[a,b]$ 上，若 $f(x)$ 有正有负，在 x 轴上方部分的面积取正值，在 x 轴下方部分的面积取负值，则定积分 $\int_a^b f(x)\mathrm{d}x$ 的几何意义为由曲线 $y=f(x)$，直线 $x=a$，$x=b$ 与 x 轴所围成的图形各部分面积的代数和，如图 4.4 所示.

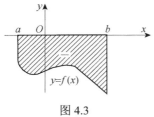

图 4.3

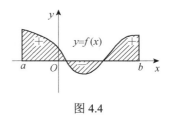

图 4.4

二、定积分的性质

为方便起见，先做出以下两点规定：

（1）当 $a=b$ 时，$\int_a^b f(x)\mathrm{d}x = 0$；

（2）当 $a>b$ 时，$\int_a^b f(x)\mathrm{d}x = -\int_b^a f(x)\mathrm{d}x$.

规定：（1）在某一点上积分对象是一条线段，线段没有面积，所以定积分为零；（2）若互换定积分的上下限，定积分结果是原来的相反数.

【性质1】 函数的代数和的定积分等于定积分的代数和，即若函数 $f(x)$ 和 $g(x)$ 在闭区间 $[a,b]$ 上都可积，有

$$\int_a^b [f(x) \pm g(x)]\mathrm{d}x = \int_a^b f(x)\mathrm{d}x \pm \int_a^b g(x)\mathrm{d}x$$

【性质2】 常数因子可以提到积分符号外面，即

$$\int_a^b kf(x)\mathrm{d}x = k\int_a^b f(x)\mathrm{d}x \quad (k \text{ 是常数})$$

【性质 3】 （定积分对区间的可加性）如果积分区间 $[a,b]$ 被 $c(a<c<b)$ 分成两个小区间 $[a,c]$ 及 $[c,b]$，则

$$\int_a^b f(x)\mathrm{d}x = \int_a^c f(x)\mathrm{d}x + \int_c^b f(x)\mathrm{d}x$$

【性质4】 如果在区间 $[a,b]$（$a<b$）上，$f(x) \ge 0$，则

$$\int_a^b f(x)\mathrm{d}x \ge 0$$

【性质5】 （定积分的比较性质）如果在区间 $[a,b]$（$a<b$）上，有 $f(x) \le g(x)$，则

$$\int_a^b f(x)\mathrm{d}x \le \int_a^b g(x)\mathrm{d}x$$

【性质6】 定积分与积分变量的符号无关，即有

$$\int_a^b f(x)\mathrm{d}x = \int_a^b f(t)\mathrm{d}t$$

注 性质 6 说明定积分的值只与被积函数及积分区间有关,而与积分变量的符号无关,改变积分变量的符号定积分的值不会改变.

【性质 7】（定积分的估值定理）设 M,m 分别是区间 $[a,b]$ 上连续函数 $f(x)$ 的最大值和最小值,则

$$m(b-a) \leqslant \int_a^b f(x)\mathrm{d}x \leqslant M(b-a)$$

【性质 8】（定积分中值定理）若函数 $f(x)$ 在区间 $[a,b]$ 上连续,则在积分区间 $[a,b]$ 上至少存在一个点 ξ,使

$$\int_a^b f(x)\mathrm{d}x = f(\xi)(b-a)$$

定积分中值定理的几何意义是:在区间 $[a,b]$ 上至少存在一点 ξ,使得以区间 $[a,b]$ 为底边、以曲线 $y=f(x)$ 为曲边的曲边梯形的面积等于同一底边而高为 $f(\xi)$ 的一个矩形的面积（见图 4.5）. 由 $\int_a^b f(x)\mathrm{d}x = f(\xi)(b-a)$,得

$$f(\xi) = \frac{1}{b-a}\int_a^b f(x)\mathrm{d}x$$

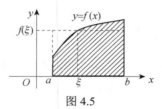

图 4.5

这个式子称为积分均值,它是连续函数 $f(x)$ 在区间 $[a,b]$ 上的平均值.

【例 4.1】 比较 $\int_0^1 x^3\mathrm{d}x$ 与 $\int_0^1 x^4\mathrm{d}x$ 的大小.

【解】 令 $f(x) = x^3 - x^4$,$x \in [0,1]$,则 $f(x) = x^3(1-x) \geqslant 0$,即 $x^3 \geqslant x^4$,由定积分性质 5,可知

$$\int_0^1 x^3\mathrm{d}x \geqslant \int_0^1 x^4\mathrm{d}x$$

【例 4.2】 估计定积分 $\int_{-2}^1 \mathrm{e}^{-x^2}\mathrm{d}x$ 的值.

【解】 先求被积函数 $f(x) = \mathrm{e}^{-x^2}$ 在积分区间 $[-2,1]$ 上的最大值和最小值. 由

$$f'(x) = -2x\mathrm{e}^{-x^2}$$

解方程 $f'(x) = 0$,得驻点 $x = 0$,比较驻点及区间端点的函数值.

$$f(0) = 1,\ f(-2) = \frac{1}{\mathrm{e}^4},\ f(1) = \frac{1}{\mathrm{e}}$$

得最大值 $M = 1$,最小值 $m = \dfrac{1}{\mathrm{e}^4}$.

由定积分性质 7 得

$$\frac{1}{e^4}[1-(-2)] \leqslant \int_{-2}^{1} e^{-x^2} dx \leqslant 1 \times [1-(-2)]$$

即

$$\frac{3}{e^4} \leqslant \int_{-2}^{1} e^{-x^2} dx \leqslant 3$$

习题 4.1

1．由定积分的几何意义，可知 $\int_0^a \sqrt{a^2-x^2}\,dx =$（　　）．

A．$2\pi a^2$　　　　　　B．πa^2　　　　　　C．$\dfrac{1}{2}\pi a^2$　　　　　　D．$\dfrac{1}{4}\pi a^2$

2．设 $f(x)$ 和 $f(t)$ 在 $(-\infty,+\infty)$ 内是连续的，求 $\int_2^3 f(x)dx + \int_3^2 f(t)dt + \int_1^1 dx$．

3．不计算，比较积分值 $\int_0^1 x^2 dx$ 与 $\int_0^1 x^3 dx$ 的大小．

4．估计定积分 $\int_{-1}^2 (x^2+1)\,dx$ 的值．

4.2　不定积分的概念及性质

在微分学中，求运动方程（位置函数）为 $s(t) = \dfrac{1}{2}at^2$（a 为常数）的质点在 t 时刻的瞬时速度 $v(t)$，可用 $v(t) = s'(t) = at$ 求出．若反过来，已知质点的瞬时速度函数 $v(t) = at$，要求它的运动方程呢？这就要用到不定积分的知识．

一、不定积分的概念

1. 原函数

【定义1】　如果在区间 I 上，可导函数 $F(x)$ 的导函数为 $f(x)$，即对任一 $x \in I$ 都有

$$F'(x) = f(x) \text{ 或 } dF(x) = f(x)dx$$

则称 $F(x)$ 为 $f(x)$ 在区间 I 上的原函数．

例如，因为 $(x^2)' = 2x$，所以 x^2 是 $2x$ 的原函数．

又由导数的基本运算，可得

$$(x^2+3)' = 2x, \quad (x^2-4)' = 2x$$
$$(x^2+C)' = 2x \quad （C \text{ 为任意常数}）$$

所以 x^2+3，x^2-4，x^2+C 都是 $2x$ 的原函数，可见原函数不是唯一的．

思考1　一个函数应具备什么条件，才能保证它的原函数一定存在呢？

【定理1】　（原函数存在定理）如果函数 $f(x)$ 在区间 I 上连续，那么在区间 I 上必存在可导函数 $F(x)$，使对任意 $x \in I$ 都有 $F'(x) = f(x)$．

上述定理说明了连续函数一定存在原函数.

思考 2　怎么理解形如 $x^2 + C$ 这种带有一个常数 C 的原函数？

注　如果一个函数存在原函数，那么它的原函数有无穷多个，并且任意两个原函数之间只相差一个常数.

2. 不定积分

【定义 2】　若 $F(x)$ 是 $f(x)$ 在区间 I 上的原函数，则原函数的一般表达式 $F(x) + C$（C 为任意常数）称为 $f(x)$ 在 I 上的不定积分，记为

$$\int f(x)\mathrm{d}x$$

即

$$\int f(x)\mathrm{d}x = F(x) + C$$

其中，$\int$ 称为积分符号，x 称为积分变量，$f(x)$ 称为被积函数，$f(x)\mathrm{d}x$ 称为被积表达式，C 称为积分常数.

由不定积分的定义可知，一个函数 $f(x)$ 的不定积分，等于它的一个原函数 $F(x)$ 加上任意常数 C. 例如 $\int 2x\mathrm{d}x = x^2 + C$.

求已知函数的所有原函数的方法称为不定积分法，它是微分运算的逆运算. 有

$$\left[\int f(x)\mathrm{d}x\right]' = f(x) \quad \text{或} \quad \mathrm{d}\left[\int f(x)\mathrm{d}x\right] = f(x)\mathrm{d}x$$

$$\int F'(x)\mathrm{d}x = F(x) + C \quad \text{或} \quad \int \mathrm{d}F(x) = F(x) + C$$

注　求一个函数的不定积分，只需求出它的一个原函数，再加上任意常数 C 即可.

【例 4.3】　求 $\int x\mathrm{d}x$.

【解】　因为 $(\frac{1}{2}x^2)' = x$，所以 $\frac{1}{2}x^2$ 是 x 的一个原函数，因此

$$\int x\mathrm{d}x = \frac{1}{2}x^2 + C$$

【例 4.4】　求 $\int \cos x\mathrm{d}x$.

【解】　因为 $(\sin x)' = \cos x$，所以 $\sin x$ 是 $\cos x$ 的一个原函数，因此

$$\int \cos x\mathrm{d}x = \sin x + C$$

【例 4.5】求经过点 $(1,3)$ 且曲线上任一点处切线斜率为这点横坐标 2 倍的曲线方程.

【解】　设所求曲线的方程为 $y = f(x)$，依题意，曲线在点 $(x, f(x))$ 处的斜率为

$$y' = f'(x) = 2x$$

即 $f(x)$ 是 $2x$ 的一个原函数，用不定积分法求解，得

$$y = \int 2x\mathrm{d}x = x^2 + C$$

因为所求的曲线过点 $(1,3)$，所以有 $3 = 1^2 + C$，即 $C = 2$. 所求的曲线方程为

$$y = x^2 + 2$$

3. 不定积分的几何意义

函数 $f(x)$ 的原函数的图像称为函数 $f(x)$ 的积分曲线，如例 4.5 中的 $y = x^2 + 2$ 就是 $y' = 2x$ 通过点 $(1,3)$ 的那条积分曲线. $f(x)$ 的不定积分 $F(x) + C$ 构成了 $f(x)$ 的积分曲线簇 （见图 4.6），它们可以由其中任何一条积分曲线沿着 y 轴方向平移得到. 这就是不定积分的几何意义.

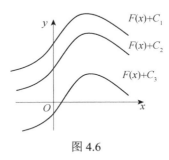

图 4.6

二、不定积分的性质

1. 不定积分的基本公式

从导数基本公式可以得到相应的不定积分公式.

例如由 $(\sin x)' = \cos x$，得 $\int \cos x \, dx = \sin x + C$，类似地可以得到其他不定积分公式. 下面列出这些不定积分的基本公式，是求不定积分的基础，必须熟练掌握.

（1） $\int k \, dx = kx + C$ （ k 为常数）；

（2） $\int x^{\mu} \, dx = \dfrac{1}{\mu + 1} x^{\mu+1} + C$ （ $\mu \neq -1$ ）；

（3） $\int \dfrac{1}{x} \, dx = \ln |x| + C$ ；

（4） $\int \dfrac{1}{1 + x^2} \, dx = \arctan x + C$ ；

（5） $\int \dfrac{1}{\sqrt{1 - x^2}} \, dx = \arcsin x + C$ ；

（6） $\int e^x \, dx = e^x + C$ ；

（7） $\int a^x \, dx = \dfrac{a^x}{\ln a} + C$ （ $a > 0$ 且 $a \neq 1$ ）；

（8） $\int \sin x \, dx = -\cos x + C$ ；

（9） $\int \cos x \, dx = \sin x + C$ ；

（10）$\int \dfrac{1}{\cos^2 x} dx = \int \sec^2 x dx = \tan x + C$；

（11）$\int \dfrac{1}{\sin^2 x} dx = \int \csc^2 x dx = -\cot x + C$；

（12）$\int \sec x \tan x dx = \sec x + C$；

（13）$\int \csc x \cot x dx = -\csc x + C$．

【例 4.6】 求 $\int \sqrt{x} dx$．

【解】 利用公式（2），得

$$\int \sqrt{x} dx = \int x^{\frac{1}{2}} dx = \frac{1}{\frac{1}{2}+1} x^{\frac{1}{2}+1} + C = \frac{2}{3} x^{\frac{3}{2}} + C$$

【例 4.7】 求 $\int \dfrac{1}{x\sqrt{x}} dx$．

【解】 被积函数实际上还是幂函数，利用公式（2），得

$$\int \frac{1}{x\sqrt{x}} dx = \int x^{-\frac{3}{2}} dx = \frac{1}{-\frac{3}{2}+1} x^{-\frac{3}{2}+1} + C = -2x^{-\frac{1}{2}} + C$$

上面的例子表明，幂函数可以用根式、分式来表示，它们都可以利用公式（2）来计算，即在计算不定积分时先把幂函数化为 x^μ 的形式．

注　在应用积分基本公式时注意要符合公式的形式才可以使用．

2. 不定积分的性质

由不定积分的定义及导数的运算性质可得不定积分的性质．

【性质 1】 求不定积分时，被积函数中不为零的常数因子可以提到积分符号外面，即

$$\int kf(x)dx = k\int f(x)dx \quad （k \text{ 为常数}, \ k \neq 0）$$

【性质 2】 函数和的不定积分等于各个函数不定积分的和，即

$$\int [f(x) \pm g(x)]dx = \int f(x)dx \pm \int g(x)dx$$

3. 直接积分法

利用不定积分的定义、基本公式及性质，可以直接求不定积分．

【例 4.8】 求 $\int (3e^x - 4\sin x)dx$．

【解】
$$\int (3e^x - 4\sin x)dx = \int 3e^x dx - \int 4\sin x dx$$
$$= 3\int e^x dx - 4\int \sin x dx$$
$$= 3e^x + 4\cos x + C$$

【例 4.9】 求 $\int \dfrac{x+5}{\sqrt{x}} \mathrm{d}x$.

【解】 $\displaystyle\int \dfrac{x+5}{\sqrt{x}} \mathrm{d}x = \int x^{\frac{1}{2}} \mathrm{d}x + 5 \int x^{-\frac{1}{2}} \mathrm{d}x$

$$= \dfrac{2}{3} x^{\frac{3}{2}} + 5 \cdot 2 x^{\frac{1}{2}} + C$$

$$= \dfrac{2}{3} x^{\frac{3}{2}} + 10 x^{\frac{1}{2}} + C$$

【例 4.10】 求 $\int \tan^2 x \mathrm{d}x$.

【解】 积分基本公式中没有直接给出求 $\tan^2 x$ 的公式，但给出了 $\sec^2 x$ 的公式，利用三角公式进行变形之后再利用基本公式.

$$\int \tan^2 x \mathrm{d}x = \int (\sec^2 x - 1) \mathrm{d}x = \int \sec^2 x \mathrm{d}x - \int \mathrm{d}x = \tan x - x + C$$

【例 4.11】 求 $\int \sin^2 \dfrac{x}{2} \mathrm{d}x$.

【解】 方法同例 4.10，解法如下：

$$\int \sin^2 \dfrac{x}{2} \mathrm{d}x = \int \dfrac{1 - \cos x}{2} \mathrm{d}x$$

$$= \dfrac{1}{2} x - \dfrac{1}{2} \sin x + C$$

习题 4.2

1. 单项选择题.

（1）设函数 $f(x)$ 在区间 I 上连续，则 $\int f(x) \mathrm{d}x$ 是 $f(x)$ 在区间 I 的（　　　）.

A. 导函数

B. 所有原函数

C. 某一个原函数

D. 唯一的一个原函数

（2）设 $F'(x) = f(x)$，则下列正确的表达式是（　　　）.

A. $\displaystyle\int \mathrm{d}F(x) = f(x) + C$

B. $\displaystyle\int f(x) \mathrm{d}x = F(x) + C$

C. $\dfrac{\mathrm{d}}{\mathrm{d}x} \displaystyle\int F(x) \mathrm{d}x = f(x) + C$

D. $\displaystyle\int F'(x) \mathrm{d}x = f(x) + C$

（3）如果在区间 I 上，$\int f(x) \mathrm{d}x = F(x) + C$，则（　　　）.

A. $f(x)$ 是 $F(x)$ 在区间 I 上的一个原函数

B. $F(x)$ 是 $f(x)$ 在区间 I 上的一个原函数

C. $f'(x) = F(x)$，$x \in I$

D. 以上均不对

（4）设 $\int f(x) \mathrm{d}x = \dfrac{\ln x}{x} + C$，则 $f(x) = （\qquad）$.

A. $\dfrac{\ln x-1}{x^2}$　　　　B. $\dfrac{1}{2}(\ln x)^2$　　　　C. $\ln\ln x$　　　　D. $\dfrac{1-\ln x}{x^2}$

（5）函数 $5e^{5x}$ 的一个原函数为（　　）.

A. e^{5x}　　　　B. $5e^{5x}$　　　　C. $\dfrac{1}{5}e^{5x}$　　　　D. $-e^{5x}$

（6）$\displaystyle\int\sin^2\dfrac{x}{2}dx=$（　　）.

A. $\dfrac{1}{2}x+\dfrac{1}{2}\sin x+C$　　B. $\cos^2\dfrac{x}{2}+C$　　C. $\dfrac{1}{2}x-\dfrac{1}{2}\sin x+C$　　D. $x-\sin x+C$

（7）$\displaystyle\int x^2\sqrt{x}\,dx=$（　　）.

A. $\dfrac{2}{9}x^{\frac{9}{2}}+C$　　　　B. $\dfrac{2}{7}x^{\frac{7}{2}}+C$　　　　C. $\dfrac{2}{9}x^{\frac{9}{2}}$　　　　D. $\dfrac{2}{7}x^{\frac{7}{2}}$

（8）$\displaystyle\int\dfrac{dx}{\sqrt{x}}=$（　　）.

A. $2\sqrt{x}+C$　　　　B. $2\sqrt{x}$　　　　C. $\dfrac{2}{3}x^{\frac{3}{2}}$　　　　D. $\dfrac{2}{3}x^{\frac{3}{2}}+C$

2. 求下列不定积分.

（1）$\displaystyle\int(5x^2-x+3)dx$；

（2）$\displaystyle\int\dfrac{x^2-1}{\sqrt{x}}dx$；

（3）$\displaystyle\int\dfrac{dx}{x\cdot\sqrt[3]{x}}$；

（4）$\displaystyle\int\dfrac{x^2}{1+x^2}dx$；

（5）$\displaystyle\int(2^x+e^x)\,dx$；

（6）$\displaystyle\int 3^x e^x dx$；

（7）$\displaystyle\int\dfrac{x^2-1}{\sqrt{x}+1}dx$；

（8）$\displaystyle\int\dfrac{dx}{x^2(1+x^2)}$；

（9）$\displaystyle\int\dfrac{(1-x)^2}{\sqrt{x}}dx$；

（10）$\displaystyle\int\dfrac{1}{1+\cos 2x}dx$.

3. 求经过点 $(1,2)$，且其切线斜率为 $2x$ 的曲线方程.

4. 求经过点 $(3,12)$，且其切线斜率为 x^2 的曲线方程.

4.3　积分计算

一、积分法

利用不定积分的定义、性质及基本公式和三角变换，只能计算一些较简单的不定积分，但对于较复杂的不定积分，还必须寻求其他方法. 本节介绍一些常用的方法：第一类换元法、第二类换元法和分部积分法.

1. 第一类换元法（凑微分法）

【例 4.12】 求 $\int \sin 3x \, dx$.

【分析】 由于 $(-\cos 3x)' = 3\sin 3x \neq \sin 3x$，因此不能用积分基本公式 $\int \sin x \, dx = -\cos x + C$ 来求，而 $\sin 3x$ 也难以通过三角函数公式转化为基本积分公式中的形式.

下面引入第一类换元法（也称凑微分法）来解决这个问题.

【定理 1】 设 $f(u)$ 有原函数 $F(u)$，$u = \phi(x)$ 可导，则

$$\int f[\phi(x)]\phi'(x)dx = \left[\int f(u)du\right]_{u=\phi(x)} = F[\phi(x)] + C$$

【证明】 $f(u)$ 有原函数 $F(u)$，$F'(u) = f(u)$，所以

$$\int f(u)du = F(u) + C$$

根据复合函数的求导法则，得

$$[F(\phi(x))]' = F'[\phi(x)]\phi'(x) = f[\phi(x)]\phi'(x)$$

即 $[F(\phi(x))$ 是 $f[\phi(x)]\phi'(x)$ 的一个原函数，由不定积分定义，可得

$$\int f[\phi(x)]\phi'(x)dx = F[\phi(x)] + C$$

综上有

$$\int f[\phi(x)]\phi'(x)dx = \left[\int f(u)du\right]_{u=\phi(x)}$$
$$= F[\phi(x)] + C$$

第一类换元法 如果所求积分能够转化为 $\int f[\phi(x)]\phi'(x)dx$ 的形式（或 $\int f[\phi(x)]d\phi(x)$），$\phi(x)$ 可导，$\phi'(x)$ 连续，令 $u = \phi(x)$，可转化为求 $\int f(u)du$，这就是第一类换元法，因 $\phi'(x)dx = d[\phi(x)]$，故又称凑微分法.

如上面的例 4.12，对被积函数 $\sin 3x$，可令 $u = 3x$，则 $du = d(3x) = 3dx$，得

$$\int \sin 3x \, dx = \frac{1}{3}\int \sin 3x \cdot 3dx = \frac{1}{3}\int \sin 3x \, d(3x)$$

$$\underline{\underline{\diamond u = 3x}} \ \frac{1}{3}\int \sin u \, du = -\frac{1}{3}\cos u + C \ \underline{\underline{\text{代回} u = 3x}} \ -\frac{1}{3}\cos 3x + C$$

【例 4.13】 求 $\int 2x e^{x^2} dx$.

【解】 将 $2x dx$ 凑成 dx^2，再令 $u = x^2$，则原式化为 $\int e^u du$，即

$$\int 2x e^{x^2} dx = \int e^{x^2}(2x dx) = \int e^{x^2}(x^2)' dx = \int e^{x^2} dx^2$$

$$\underline{\underline{\diamond u = x^2}} \int e^u du = e^u + C \ \underline{\underline{\text{代回} u = x^2}} \ e^{x^2} + C$$

注 凑微分法中最后的结果要将 $u = \phi(x)$ 代回.

【例 4.14】 求 $\int e^{2x} dx$.

【解】 $\int e^{2x} dx = \frac{1}{2}\int e^{2x} d2x$

$$\underline{\underline{\diamondsuit u = 2x}} \quad \frac{1}{2} \int e^u du = \frac{1}{2}e^u + C \quad \underline{\underline{\text{代回} u = 2x}} \quad \frac{1}{2}e^{2x} + C$$

【例 4. 15】 求 $\int \dfrac{1}{5x-6}dx$.

【解】 $\int \dfrac{1}{5x-6}dx = \dfrac{1}{5}\int \dfrac{1}{5x-6}d(5x-6)$

$$\underline{\underline{\diamondsuit u = 5x-6}} \quad \frac{1}{5}\int \frac{1}{u}du = \frac{1}{5}\ln|u| + C$$

$$\underline{\underline{\text{代回} u = 5x-6}} \quad \frac{1}{5}\ln|5x-6| + C$$

【例 4. 16】 求 $\int \tan x dx$.

【解】 $\int \tan x dx = \int \dfrac{\sin x}{\cos x}dx = -\int \dfrac{d\cos x}{\cos x} \underline{\underline{\diamondsuit u = \cos x}} -\int \dfrac{du}{u} = -\ln|u| + C$

$$\underline{\underline{\text{代回} u = \cos-x}} -\ln|\cos x| + C$$

【例 4. 17】 求 $\int \dfrac{1}{x^2}\sin\dfrac{1}{x}dx$.

【解】 $\int \dfrac{1}{x^2}\sin\dfrac{1}{x}dx = -\int \sin\dfrac{1}{x}(\dfrac{1}{x})'dx$

$$= -\int \sin\frac{1}{x}d\frac{1}{x} = \cos\frac{1}{x} + C$$

注 凑微分法比较熟练以后，也可以不用出现 $u = \phi(x)$ 而直接计算.

【例 4. 18】 求 $\int \dfrac{1}{a^2-x^2}dx$ （$a \neq 0$）.

【解】 $\int \dfrac{1}{a^2-x^2}dx = \int \dfrac{1}{(a+x)(a-x)}dx = \dfrac{1}{2a}\int(\dfrac{1}{a+x} + \dfrac{1}{a-x})dx$

$$= \frac{1}{2a}[\int \frac{1}{a+x}d(a+x) - \int \frac{1}{a-x}d(a-x)]$$

$$= \frac{1}{2a}(\ln|a+x| - \ln|a-x|) + C$$

$$= \frac{1}{2a}\ln|\frac{a+x}{a-x}| + C$$

【例 4. 19】 求 $\int \dfrac{1}{x^2-3x+2}dx$.

【解】 $\int \dfrac{1}{x^2-3x+2}dx = \int \dfrac{1}{(x-2)(x-1)}dx$

$$= \int(\frac{1}{x-2} - \frac{1}{x-1})dx$$

$$= \int \frac{1}{x-2}d(x-2) - \int \frac{1}{x-1}d(x-1)$$

$$= \ln|x-2| - \ln|x-1| + C$$

$$= \ln\left|\frac{x-2}{x-1}\right| + C$$

【例 4. 20】 求 $\int \sec x \mathrm{d}x$.

【解】 $\displaystyle \int \sec x \mathrm{d}x = \int \frac{1}{\cos x} \mathrm{d}x = \int \frac{\cos x}{\cos^2 x} \mathrm{d}x$

$$= \int \frac{\mathrm{d}\sin x}{1 - \sin^2 x} = \int \frac{\mathrm{d}\sin x}{(1 + \sin x)(1 - \sin x)}$$

$$= \frac{1}{2} \int \left(\frac{1}{1 + \sin x} + \frac{1}{1 - \sin x} \right) \mathrm{d}\sin x$$

$$= \frac{1}{2} \int \frac{1}{1 + \sin x} \mathrm{d}(1 + \sin x) - \frac{1}{2} \int \frac{1}{1 - \sin x} \mathrm{d}(1 - \sin x)$$

$$= \frac{1}{2} \ln\left|\frac{1 + \sin x}{1 - \sin x}\right| + C$$

下面再利用三角公式, 将结果化简.

$$\frac{1}{2} \ln\left|\frac{1 + \sin x}{1 - \sin x}\right| + C = \frac{1}{2} \ln\left|\frac{(1 + \sin x)^2}{1 - \sin^2 x}\right| + C$$

$$= \frac{1}{2} \ln\left|\frac{1 + \sin x}{\cos x}\right|^2 + C$$

$$= \frac{1}{2} \cdot 2 \ln\left|\frac{1 + \sin x}{\cos x}\right| + C$$

$$= \ln\left|\sec x + \tan x\right| + C$$

即

$$\int \sec x \mathrm{d}x = \ln\left|\sec x + \tan x\right| + C$$

类似地有

$$\int \csc x \mathrm{d}x = \ln|\csc x - \cot x| + C$$

常用的凑微分法有:

（1） $\displaystyle \int f(ax+b)\mathrm{d}x = \frac{1}{a} \int f(ax+b)\mathrm{d}(ax+b)$;

（2） $\displaystyle \int f(ax^k+b)x^{k-1}\mathrm{d}x = \frac{1}{ak} \int f(ax^k+b)\mathrm{d}(ax^k+b)$;

（3） $\displaystyle \int f(\sqrt{x})\frac{1}{\sqrt{x}}\mathrm{d}x = 2\int f(\sqrt{x})\mathrm{d}\sqrt{x}$;

（4） $\displaystyle \int f(\frac{1}{x})\frac{1}{x^2}\mathrm{d}x = -\int f(\frac{1}{x})\mathrm{d}(\frac{1}{x})$;

（5） $\displaystyle \int f(\mathrm{e}^x)\mathrm{e}^x\mathrm{d}x = \int f(\mathrm{e}^x)\mathrm{d}\mathrm{e}^x$;

（6） $\displaystyle \int f(\ln x)\cdot\frac{1}{x}\mathrm{d}x = \int f(\ln x)\mathrm{d}\ln x$;

（7）$\int f(\sin x)\cos x\mathrm{d}x = \int f(\sin x)\mathrm{d}\sin x$；

（8）$\int f(\cos x)\sin x\mathrm{d}x = -\int f(\cos x)\mathrm{d}\cos x$；

（9）$\int f(\tan x)\dfrac{1}{\cos^2 x}\mathrm{d}x = \int f(\tan x)\mathrm{d}\tan x$；

（10）$\int f(\arcsin x)\dfrac{1}{\sqrt{1-x^2}}\mathrm{d}x = \int f(\arcsin x)\mathrm{d}\arcsin x$；

（11）$\int f(\arctan x)\dfrac{1}{1+x^2}\mathrm{d}x = \int f(\arctan x)\mathrm{d}\arctan x$；

（12）$\int \dfrac{\varphi(x)}{\varphi(x)}\mathrm{d}x = \int \dfrac{\mathrm{d}\varphi(x)}{\varphi(x)} = \int \mathrm{d}\ln|\varphi(x)|$．

2. 第二类换元法

【例 4.21】　求 $\displaystyle\int \dfrac{x}{\sqrt{x+1}}\mathrm{d}x$．

【分析】不能直接利用积分基本公式，用第一类换元法也解不出，因为凑成 $\dfrac{1}{2}\displaystyle\int \dfrac{1}{\sqrt{x+1}}\mathrm{d}x^2$ 后下一步便无从下手了，这时可以考虑将根号消去．

【解】　令 $\sqrt{x+1}=t$，则 $x=t^2-1$，$\mathrm{d}x=2t\mathrm{d}t$，于是

$$
\begin{aligned}
\int \frac{x}{\sqrt{x+1}}\mathrm{d}x &= \int \frac{t^2-1}{t}\cdot 2t\mathrm{d}t \\
&= 2\int (t^2-1)\mathrm{d}t \\
&= 2\int t^2\mathrm{d}t - 2\int \mathrm{d}t \\
&= \frac{2}{3}t^3 - 2t + C \\
&= \frac{2}{3}(x+1)\sqrt{x+1} - 2\sqrt{x+1} + C
\end{aligned}
$$

上述做法不能直接利用积分基本公式和第一类换元法，被积函数又含有根式时，可以通过变量代换，将含有根式的被积函数转化为不含根式的被积函数，使得新积分变量的不定积分更加易于求解，这就是第二类换元法．

第二类换元法：如果在不定积分 $\displaystyle\int f(x)\mathrm{d}x$ 中，令 $x=\varphi(t)$，$\varphi(t)$ 有连续的导数，且 $\varphi'(t)\neq 0$，$x=\varphi(t)$ 存在反函数 $t=\varphi^{-1}(x)$，有

$$
\begin{aligned}
\int f(x)\mathrm{d}x &= \int f[\varphi(t)]\varphi'(t)\mathrm{d}t \\
&= F[\varphi^{-1}(x)] + C
\end{aligned}
$$

【例 4.22】　求 $\displaystyle\int x\sqrt{x+3}\mathrm{d}x$．

【解】　令 $\sqrt{x+3}=t$，则 $x=t^2-3$，$\mathrm{d}x=2t\mathrm{d}t$

$$\int x\sqrt{x+3}\,\mathrm{d}x = \int t(t^2-3)\cdot 2t\mathrm{d}t = 2\int (t^4-3t^2)\mathrm{d}t$$

$$= 2(\frac{1}{5}t^5-t^3)+C$$

$$= \frac{2}{5}(x+3)^2\sqrt{x+3}-2(x+3)\sqrt{x+3}+C$$

【例 4.23】 求 $\int \dfrac{1}{\sqrt[3]{x}+\sqrt{x}}\mathrm{d}x$.

【解】 令 $x=t^6$ ，则 $\mathrm{d}x=6t^5\mathrm{d}t$

$$\int \frac{1}{\sqrt[3]{x}+\sqrt{x}}\mathrm{d}x = \int \frac{6t^5}{t^3+t^2}\mathrm{d}t = 6\int \frac{t^5}{t^2(t+1)}\mathrm{d}t$$

$$= 6\int \frac{(t^3+1)-1}{t+1}\mathrm{d}t$$

$$= 6\int (t^2-t+1-\frac{1}{1+t})\mathrm{d}t$$

$$= 2t^3-3t^2+6t-6\ln|1+t|+C$$

$$= 2\sqrt{x}-3\sqrt[3]{x}+6\sqrt[6]{x}-6\ln|1+\sqrt[6]{x}|+C$$

【例 4.24】 求 $\int \dfrac{\mathrm{d}x}{\sqrt{x^2+a^2}}(a>0)$.

【解】 作辅助三角形（见图 4.7）.

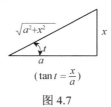

$$(\tan t=\frac{x}{a})$$

图 4.7

令 $x=a\tan t$ ，则 $\mathrm{d}x=a\sec^2 t\mathrm{d}t$ ，

于是

$$\int \frac{\mathrm{d}x}{\sqrt{x^2+a^2}} = \int \frac{1}{a\sec t}\cdot a\sec^2 t\mathrm{d}t$$

$$= \int \sec t\mathrm{d}t = \ln|\sec t+\tan t|+C_1$$

$$= \ln|\frac{x}{a}+\frac{\sqrt{a^2+x^2}}{a}|+C_1$$

$$= \ln|x+\sqrt{a^2+x^2}|+C_1-\ln a$$

$$= \ln|x+\sqrt{a^2+x^2}|+C$$

其中，$C=C_1-\ln a$.

注 这里常数先用 C_1 后用 C ，是因为计算 $C_1-\ln a$ 得到的还是一个常数，所以用 C 代替 $C_1-\ln a$ 可使得最后的结果比较简洁.

【例 4.25】　求 $\int \dfrac{\mathrm{d}x}{\sqrt{x^2-a^2}}\ (a>0)$.

【解】　作辅助三角形（见图 4.8）.

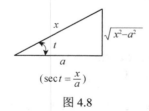

$$\left(\sec t=\frac{x}{a}\right)$$

图 4.8

令 $x=a\sec t$，则 $\mathrm{d}x=a\sec t\tan t\mathrm{d}t$

$$\int \frac{\mathrm{d}x}{\sqrt{x^2-a^2}}=\int \frac{a\sec t\cdot\tan t}{a\tan t}\mathrm{d}t=\int \sec t\mathrm{d}t$$

$$=\ln|\sec t+\tan t|+C_1$$

$$=\ln\left|\frac{x}{a}+\frac{\sqrt{x^2-a^2}}{a}\right|+C_1$$

$$=\ln|x+\sqrt{x^2-a^2}|+C$$

其中，$C=C_1-\ln a$.

　　一般地，如果被积函数含有二次根式时，如果用凑微分法难以计算，可以通过三角代换法来计算：

$$\sqrt{a^2-x^2}\,，\ 可令 x=a\sin t\,；$$

$$\sqrt{x^2+a^2}\,，\ 可令 x=a\tan t\,；$$

$$\sqrt{x^2-a^2}\,，\ 可令 x=a\sec t\,.$$

3. 分部积分法

　　对于有些不定积分，既不能直接利用积分基本公式，而且第一类积分法和第二类积分法都解决不了，这时可以用分部积分法.

　　设函数 $u=u(x)$，$v=v(x)$ 具有连续的导数，由函数乘积的求导公式可得

$$(uv)'=u'v+uv'$$

移项，得

$$uv'=(uv)'-u'v$$

对上式两边求不定积分，得

$$\int uv'\mathrm{d}x=uv-\int u'v\mathrm{d}x$$

这就是分部积分公式，也可写作

$$\int u\mathrm{d}v=uv-\int v\mathrm{d}u$$

它的作用是当 $\int u\mathrm{d}v$ 难求，而 $\int v\mathrm{d}u$ 容易求时，可转化为较容易的形式来求解.

【例4.26】 求 $\int x\sin x\mathrm{d}x$.

【解】 令 $u=x$ ，则 $v'=\sin x$ ， $\mathrm{d}v=-\mathrm{d}\cos x$ ，有

$$\int x\sin x\mathrm{d}x=-\int x\mathrm{d}\cos x=-x\cos x+\int \cos x\mathrm{d}x=-x\cos x+\sin x+C$$

【例4.27】 求 $\int \mathrm{e}^x\sin x\mathrm{d}x$.

【解法一】 令 $u=\mathrm{e}^x$ ，则 $v'=\sin x$ ， $\mathrm{d}v=-\mathrm{d}\cos x$

$$\int \mathrm{e}^x\sin x\mathrm{d}x=-\int \mathrm{e}^x\mathrm{d}\cos x=-\mathrm{e}^x\cos x+\int \cos x\mathrm{d}\mathrm{e}^x$$

$$=-\mathrm{e}^x\cos x+\int \cos x\cdot \mathrm{e}^x\mathrm{d}x$$

$$=-\mathrm{e}^x\cos x+\int \mathrm{e}^x\mathrm{d}\sin x$$

$$=-\mathrm{e}^x\cos x+\mathrm{e}^x\sin x-\int \sin x\mathrm{d}\mathrm{e}^x$$

$$=-\mathrm{e}^x\cos x+\mathrm{e}^x\sin x-\int \mathrm{e}^x\sin x\mathrm{d}x$$

移项后化简可得

$$\int \mathrm{e}^x\sin x\mathrm{d}x=\frac{\mathrm{e}^x(\sin x-\cos x)}{2}+C$$

【解法二】 令 $u=\sin x$ ，则 $v'=\mathrm{e}^x$

$$\int \mathrm{e}^x\sin x\mathrm{d}x=\int \sin x\mathrm{d}\mathrm{e}^x=\mathrm{e}^x\sin x-\int \mathrm{e}^x\mathrm{d}\sin x=\mathrm{e}^x\sin x-\int \mathrm{e}^x\cos x\mathrm{d}x$$

$$=\mathrm{e}^x\sin x-\mathrm{e}^x\cos x+\int \mathrm{e}^x\mathrm{d}\cos x$$

$$=\mathrm{e}^x(\sin x-\cos x)-\int \mathrm{e}^x\sin x\mathrm{d}x$$

移项后化简可得

$$\int \mathrm{e}^x\sin x\mathrm{d}x=\frac{\mathrm{e}^x(\sin x-\cos x)}{2}+C$$

【例4.28】 求 $\int x\mathrm{e}^x\mathrm{d}x$.

【解】 若运用分部积分法

$$\int x\mathrm{e}^x\mathrm{d}x=\int \mathrm{e}^x\mathrm{d}\frac{x^2}{2}$$

$$=\mathrm{e}^x\frac{x^2}{2}-\int \frac{x^2}{2}\mathrm{d}\mathrm{e}^x$$

$$=\mathrm{e}^x\frac{x^2}{2}-\int \frac{x^2}{2}\mathrm{e}^x\mathrm{d}x$$

显然 $\int \frac{x^2}{2}\mathrm{e}^x\mathrm{d}x$ 比 $\int x\mathrm{e}^x\mathrm{d}x$ 更难求，故此法不行.

令 $u=x$, $v'=\mathrm{e}^x$ ，由分部积分公式得

$$\int x\mathrm{e}^x\mathrm{d}x=\int x\mathrm{d}(\mathrm{e}^x)=x\mathrm{e}^x-\int \mathrm{e}^x\mathrm{d}x$$

$$=x\mathrm{e}^x-\mathrm{e}^x+C$$

注 使用分部积分法时要恰当选择 u 和 v ，让分部之后的积分越来越容易求解.

【例 4.29】 求 $\int \ln x \mathrm{d}x$.

【解】 令 $u = \ln x$ ， $v' = 1$ ， $\mathrm{d}v = \mathrm{d}x$ ，即 $v = x$

$$\int \ln x \mathrm{d}x = x \ln x - \int x \mathrm{d}\ln x = x \ln x - \int x \cdot \frac{1}{x} \mathrm{d}x = x \ln x - x + C$$

【例 4.30】 求 $\int x \ln x \mathrm{d}x$.

【解】 令 $u = \ln x$ ， $v' = x$ ， $\mathrm{d}v = \mathrm{d}(\frac{x^2}{2})$ ，即 $v = \frac{x^2}{2}$

$$\int x \ln x \mathrm{d}x = \int \ln x \mathrm{d}\frac{x^2}{2} = \frac{x^2}{2} \ln x - \int \frac{x^2}{2} \mathrm{d}(\ln x)$$

$$= \frac{x^2}{2} \ln x - \frac{1}{2} \int x \mathrm{d}x = \frac{x^2}{2} \ln x - \frac{1}{4} x^2 + C$$

【例 4.31】 求 $\int \mathrm{e}^{\sqrt{x}} \mathrm{d}x$.

【解】 令 $\sqrt{x} = t$ ，则 $x = t^2$ ， $\mathrm{d}x = 2t\mathrm{d}t$

于是

$$\int \mathrm{e}^{\sqrt{x}} \mathrm{d}x = 2 \int t \mathrm{e}^{t} \mathrm{d}t$$

利用例 4.28 的结果，可得

$$2 \int t \mathrm{e}^{t} \mathrm{d}t = 2(t-1)\mathrm{e}^{t} + C$$

$$= 2(\sqrt{x} - 1)\mathrm{e}^{\sqrt{x}} + C$$

例 4.31 利用了换元法和分部积分法，有时会将几个方法结合起来使用.

二、微积分基本原理

设函数 $f(x)$ 在区间 $[a,b]$ 上连续， x 为区间 $[a,b]$ 内一点，则 $f(x)$ 在区间 $[a,x]$ 上的定积分为

$$\int_a^x f(x)\mathrm{d}x$$

这时 x 既表示积分上限，又表示积分变量. 为了避免混乱，根据定积分与积分变量的符号无关，把积分变量 x 改用 t 表示，则上式就可以写成

$$\int_a^x f(t)\mathrm{d}t$$

对于上限 x 在区间 $[a,b]$ 上的任意一个值，定积分 $\int_a^x f(t)\mathrm{d}t$ 都有一个对应值，则它在区间 $[a,b]$ 上定义了一个函数关系，称为积分上限函数，记为

$$\Phi(x) = \int_a^x f(t)\mathrm{d}t \quad (a \leqslant x \leqslant b)$$

积分上限函数 $\Phi(x)$ 有下面重要的定理.

【定理 2】（微积分第一基本原理）如果函数 $f(x)$ 在区间 $[a,b]$ 上连续，则积分上限函

数 $\Phi(x) = \int_a^x f(t)\mathrm{d}t$ 在区间 $[a,b]$ 上可导，它的导数为

$$\Phi'(x) = \frac{\mathrm{d}}{\mathrm{d}x}\int_a^x f(t)\,\mathrm{d}t = f(x) \quad (a \leqslant x \leqslant b)$$

【证明】（选讲）根据导数的定义，即要证明 $\Phi'(x) = \lim\limits_{\Delta x \to 0} \frac{\Delta \Phi}{\Delta x} = f(x)$.

对任意 $x \in [a,b]$，设 Δx 足够小，使得 $x + \Delta x \in [a,b]$. 函数 $\Phi(x)$ 在 $x + \Delta x$ 处的函数值为 $\Phi(x + \Delta x) = \int_a^{x+\Delta x} f(t)\mathrm{d}t$，由此可得函数的增量为

$$\begin{aligned}
\Delta \Phi &= \Phi(x + \Delta x) - \Phi(x) = \int_a^{x+\Delta x} f(t)\mathrm{d}t - \int_a^x f(t)\mathrm{d}t \\
&= \int_a^x f(t)\mathrm{d}t + \int_x^{x+\Delta x} f(t)\mathrm{d}t - \int_a^x f(t)\mathrm{d}t \\
&= \int_x^{x+\Delta x} f(t)\mathrm{d}t
\end{aligned}$$

根据积分中值定理，在 x 与 $x + \Delta x$ 之间至少存在一点 ξ，使得

$$\Delta \Phi = \int_x^{x+\Delta x} f(t)\mathrm{d}t = f(\xi)\Delta x$$

故

$$\frac{\Delta \Phi}{\Delta x} = f(\xi)$$

当 Δx 趋于 0 时，ξ 趋于 x，并由于 $f(x)$ 在区间 $[a,b]$ 上连续，所以

$$\Phi'(x) = \lim_{\Delta x \to 0} \frac{\Delta \Phi}{\Delta x} = \lim_{\xi \to x} f(\xi) = f(x)$$

由定理 2 可得出一个重要结论，连续函数 $f(x)$ 取变上限 x 的定积分然后再求导，其结果还是 $f(x)$ 本身. 同时，根据原函数的定义，还可知积分上限函数是连续函数 $f(x)$ 在区间 $[a,b]$ 上的一个原函数.

【推论】 如果函数 $f(x)$ 在区间 $[a,b]$ 上连续，则函数

$$\Phi(x) = \int_a^x f(t)\mathrm{d}t$$

就是 $f(x)$ 在 $[a,b]$ 上的一个原函数.

【例 4.32】 设 $F(x) = \int_0^x \frac{\mathrm{e}^{-t^2}}{t+1}\mathrm{d}t$ $(x > 0)$，求 $F'(x)$ 及 $F'(0)$.

【解】 $F'(x) = \dfrac{\mathrm{e}^{-x^2}}{x+1}$；$F'(0) = 1$.

【例 4.33】 设 $G(x) = \int_1^{2x} \sin \mathrm{e}^t \mathrm{d}t$，求 $G'(x)$.

【解】 $G(x) = \int_1^{2x} \sin \mathrm{e}^t \mathrm{d}t$ 是复合函数，所以要根据复合函数的求导法则来求解

$$\begin{aligned}
G'(x) &= \frac{\mathrm{d}}{\mathrm{d}x}\int_1^{2x} \sin \mathrm{e}^t \mathrm{d}t \cdot (2x)' \\
&= \sin \mathrm{e}^{2x} \cdot 2 = 2\sin \mathrm{e}^{2x}
\end{aligned}$$

【例 4.34】 求极限 $\lim\limits_{x \to 0} \dfrac{\int_0^{x^2} \sin t \, \mathrm{d}t}{x^4}$.

【解】 这个极限属于"$\dfrac{0}{0}$"型，要用洛必达法则计算，有

$$\lim_{x \to 0} \frac{\int_0^{x^2} \sin t \, \mathrm{d}t}{x^4} = \lim_{x \to 0} \frac{\left(\int_0^{x^2} \sin t \, \mathrm{d}t\right)'}{(x^4)'} = \lim_{x \to 0} \frac{\sin x^2 \cdot 2x}{4x^3}$$

$$= \frac{1}{2} \lim_{x \to 0} \frac{\sin x^2}{x^2} = \frac{1}{2}$$

由定积分的定义计算定积分，需要转化为求和式的极限，过程比较烦琐. 本节介绍牛顿-莱布尼茨公式，使定积分的计算转化为求不定积分来实现.

【定理 3】 （微积分第二基本原理、牛顿-莱布尼茨（Newton-Leibniz）公式）

如果函数 $F(x)$ 是连续函数 $f(x)$ 在区间 $[a,b]$ 上的一个原函数，则

$$\int_a^b f(x)\mathrm{d}x = F(x) \bigg|_a^b = F(b) - F(a)$$

上式将定积分的计算问题转化为求原函数，大大简化了定积分的计算过程，也将不定积分与定积分联系起来.

虽然被积函数 $f(x)$ 的原函数有无穷多个，但是任意选取一个都不会影响所求定积分的值，若函数 $F(x)$ 是 $f(x)$ 的一个原函数，$F(x)+C$（C 为常数）也是 $f(x)$ 的原函数，因为

$$[F(b)+C] - [F(a)+C] = F(b) - F(a)$$

所以，一样有

$$\int_a^b f(x)\mathrm{d}x = [F(x)+C] \bigg|_a^b = F(b) - F(a)$$

注1 以后在利用不定积分计算定积分时直接用不带常数 C 的原函数即可.

通常也把牛顿-莱布尼茨公式称为微积分基本公式.

【例 4.35】 求 $\int_0^1 x^2 \mathrm{d}x$.

【解】 $\int_0^1 x^2 \mathrm{d}x = \dfrac{x^3}{3} \bigg|_0^1 = \dfrac{1}{3}$

【例 4.36】 求 $\int_1^{\mathrm{e}} \dfrac{1}{x} \mathrm{d}x$.

【解】 $\int_1^{\mathrm{e}} \dfrac{1}{x} \mathrm{d}x = \ln x \bigg|_1^{\mathrm{e}} = \ln \mathrm{e} - \ln 1 = 1$

【例 4.37】 求 $\int_0^3 |x-1| \mathrm{d}x$.

【解】 $\int_0^3 |x-1| \mathrm{d}x = \int_0^1 (1-x)\mathrm{d}x + \int_1^3 (x-1)\mathrm{d}x$

$$= \left(x - \frac{x^2}{2}\right) \bigg|_0^1 + \left(\frac{x^2}{2} - x\right) \bigg|_1^3 = \frac{1}{2} + 1 = 1\frac{1}{2}$$

注2 若被积函数中带有绝对值，可根据积分性质，先去掉绝对值再进行计算.

三、定积分的换元法及分部积分法（选讲）

1. 定积分的换元法

【定理 4】 如果 $f(x)$ 在区间 $[a,b]$ 上连续，函数 $x=\varphi(t)$ 在区间 $[\alpha,\beta]$ 上单调有连续的导数 $\varphi'(t)$，且有 $\varphi(\alpha)=a$，$\varphi(\beta)=b$．当 t 从 α 变化到 β 时，$x=\varphi(t)$ 在 $[a,b]$ 上变化，即 $\varphi(t)$ 的值域不超出 $[a,b]$，则有

$$\int_a^b f(x)\mathrm{d}x = \int_\alpha^\beta f[\varphi(t)]\varphi'(t)\mathrm{d}t$$

这就是定积分的换元公式，因为换元的同时还要换上下限，所以也简称为"换元同时换限"．

【例 4.38】 求 $\int_1^4 \dfrac{1}{x+\sqrt{x}}\mathrm{d}x$．

【解】 令 $\sqrt{x}=t$，则 $x=t^2$，$\mathrm{d}x=2t\mathrm{d}t$

当 $x=1$ 时，$t=1$；当 $x=4$ 时，$t=2$．也可作下表进行换限：

x	1	4
t	1	2

$$\int_1^4 \frac{1}{x+\sqrt{x}}\mathrm{d}x = \int_1^2 \frac{2t}{t^2+t}\mathrm{d}t = 2\int_1^2 \frac{1}{t+1}\mathrm{d}t$$
$$= 2\ln(t+1)\Big|_1^2 = 2(\ln 3 - \ln 2) = 2\ln\frac{3}{2}$$

【例 4.39】 求 $\int_0^{\frac{\pi}{2}} \cos^3 x \sin x\mathrm{d}x$．

【解】 令 $\cos x = t$，则 $\mathrm{d}t = -\sin x\mathrm{d}x$，作下表进行换限：

x	0	$\frac{\pi}{2}$
t	1	0

于是

$$\int_0^{\frac{\pi}{2}} \cos^3 x \sin x\mathrm{d}x = -\int_1^0 t^3\mathrm{d}t = \int_0^1 t^3\mathrm{d}t = \frac{t^4}{4}\Big|_0^1 = \frac{1}{4}$$

【例 4.40】 证明：

（1）若 $f(x)$ 在闭区间 $[-a,a]$（$a>0$）上连续且为偶函数，则

$$\int_{-a}^a f(x)\mathrm{d}x = 2\int_0^a f(x)\mathrm{d}x$$

（2）若 $f(x)$ 在闭区间 $[-a,a]$（$a>0$）上连续且为奇函数，则

$$\int_{-a}^a f(x)\mathrm{d}x = 0$$

【证明】 因为 $\int_{-a}^a f(x)\mathrm{d}x = \int_{-a}^0 f(x)\mathrm{d}x + \int_0^a f(x)\mathrm{d}x$

对积分 $\int_{-a}^0 f(x)\mathrm{d}x$ 作变量代换 $x=-t$，可得

$$\int_{-a}^{0} f(x)dx = -\int_{a}^{0} f(-t)dt = \int_{0}^{a} f(-t)dt = \int_{0}^{a} f(-x)dx$$

于是

$$\int_{-a}^{a} f(x)dx = \int_{0}^{a} f(-x)dx + \int_{0}^{a} f(x)dx$$

$$= \int_{0}^{a} [f(x) + f(-x)]dx$$

（1）若 $f(x)$ 为偶函数，则

$$f(x) + f(-x) = f(x) + f(x) = 2f(x)$$

从而

$$\int_{-a}^{a} f(x)dx = 2\int_{0}^{a} f(x)dx$$

（2）若 $f(x)$ 为奇函数，则

$$f(x) + f(-x) = f(x) - f(x) = 0$$

从而

$$\int_{-a}^{a} f(x)dx = 0$$

注 例 4.40 的结论可以用来简化偶函数、奇函数在对称于原点的区间上的定积分计算．

2. 定积分的分部积分法

【定理 5】 设函数 $u = u(x)$ ， $v = v(x)$ 在区间 $[a,b]$ 上有连续导数 $u'(x)$ 和 $v'(x)$ ，则有

$$\int_{a}^{b} uv'dx = \int_{a}^{b} udv = uv \Big|_{a}^{b} - \int_{a}^{b} vdu$$

【例 4.41】 求 $\int_{1}^{e^2} \ln xdx$ ．

【解】 $\int_{1}^{e^2} \ln xdx = x\ln x \Big|_{1}^{e^2} - \int_{1}^{e^2} x \cdot d(\ln x)$

$$= 2e^2 - \int_{1}^{e^2} x \cdot \frac{1}{x}dx$$

$$= 2e^2 - x \Big|_{1}^{e^2}$$

$$= 2e^2 - (e^2 - 1) = e^2 + 1$$

【例 4.42】 求 $\int_{0}^{1} e^{\sqrt{x}}dx$ ．

【解】 先用换元法．令 $\sqrt{x} = t$ ，则 $x = t^2$ ， $dx = 2tdt$ ，作下表进行换限：

x	0	1
t	0	1

得

$$\int_{0}^{1} e^{\sqrt{x}}dx = 2\int_{0}^{1} te^t dt$$

再用分部积分法

$$2\int_0^1 te^t dt = 2\int_0^1 t de^t = 2[te^t \Big|_0^1 - \int_0^1 e^t dt]$$

$$= 2(e - e^t \Big|_0^1) = 2(e - e + 1) = 2$$

即

$$\int_0^1 e^{\sqrt{x}} dx = 2$$

习题 4.3

1. 单项选择题.

（1）设 $F(x)$ 是 $f(x)$ 的一个原函数，则 $\int f(1-2x)dx = $（ ）.

A. $F(1-2x)+C$ 　　　　　　　　B. $\dfrac{1}{2}F(1-2x)+C$

C. $-F(1-2x)+C$ 　　　　　　　D. $-\dfrac{1}{2}F(1-2x)+C$

（2）$\int(3+2x)^8 dx = $（ ）.

A. $\dfrac{1}{18}(3+2x)^9+C$ 　　　　　B. $\dfrac{1}{9}(3+2x)^9+C$

C. $6(3+2x)^7+C$ 　　　　　　　D. $\dfrac{1}{2}(3+2x)^9+C$

（3）$\int \sin 3x dx = $（ ）.

A. $\dfrac{1}{3}\cos 3x+C$ 　　B. $-\dfrac{1}{3}\cos 3x+C$ 　　C. $-\cos 3x+C$ 　　D. $\cos 3x+C$

（4）$\int(1-\dfrac{1}{x^2})e^{x+\frac{1}{x}}dx = $（ ）.

A. $e^x+e^{\frac{1}{x}}$ 　　B. $e^x+e^{\frac{1}{x}}+C$ 　　C. $e^{x+\frac{1}{x}}+C$ 　　D. $e^{x+\frac{1}{x}}$

（5）$\int \dfrac{x}{\sqrt{1+x^2}}dx = $（ ）.

A. $-\sqrt{1+x^2}+C$ 　　B. $\sqrt{1+x^2}+C$ 　　C. $\ln(1+x^2)+C$ 　　D. $(1+x^2)^{\frac{3}{2}}+C$

（6）$\int \cos^3 x \sin x dx = $（ ）.

A. $\dfrac{1}{4}\cos^4 x+C$ 　　B. $\dfrac{1}{4}\cos^4 x$ 　　C. $-\dfrac{1}{4}\cos^4 x+C$ 　　D. $-\dfrac{1}{4}\cos^4 x$

（7）$\int \dfrac{\ln x}{x}dx = $（ ）.

A. $\ln\ln x+C$ 　　B. $\ln\ln x$ 　　C. $\dfrac{1}{2}(\ln x)^2+C$ 　　D. $\dfrac{1}{2}(\ln x)^2$

（8）$\int \dfrac{e^x}{e^{2x}+1}dx = $（ ）.

A．$\ln(e^{2x}+1)+C$　　B．$\arctan(e^x)+C$　　C．$\arctan x+C$　　D．$\tan e^x+C$

（9）$\int\dfrac{1}{3+2x}dx=$（　　）．

A．$\dfrac{1}{2}\ln|3+2x|+C$　　B．$\ln|3+2x|+C$　　C．$-\dfrac{1}{(3+2x)^2}$　　D．$-\dfrac{2}{(3+2x)^2}$

（10）$\int\dfrac{x}{\sqrt{2-x^2}}dx=$（　　）．

A．$\sqrt{2-x^2}$　　B．$\sqrt{2-x^2}+C$　　C．$-\sqrt{2-x^2}+C$　　D．$-\sqrt{2-x^2}$

2．计算下列不定积分．

（1）$\int e^{2x+3}dx$；

（2）$\int\dfrac{1}{(3x+5)^2}dx$；

（3）$\int\sqrt{1+2x}dx$；

（4）$\int\dfrac{x}{\sqrt{x^2-4}}dx$；

（5）$\int\dfrac{dx}{e^{-x}+e^x}$；

（6）$\int(e^{3x}+e^{2x}+1)e^xdx$；

（7）$\int\dfrac{dx}{x^2+9}$；

（8）$\int\dfrac{1}{4-x^2}dx$；

（9）$\int\sin^3 x\cos^3 xdx$；

（10）$\int e^x\sin e^xdx$；

（11）$\int\sin^3 xdx$；

（12）$\int\dfrac{x^3}{1+x^2}dx$；

（13）$\int\dfrac{x}{\sqrt{x+1}}dx$；

（14）$\int\dfrac{dx}{1+\sqrt{x+2}}$；

（15）$\int\dfrac{dx}{(1+\sqrt[3]{x})\cdot\sqrt{x}}$；

（16）$\int\dfrac{1}{\sqrt{9+x^2}}dx$；

（17）$\int x^2e^xdx$；

（18）$\int x^2\cos xdx$；

（19）$\int x^2\ln xdx$；

（20）$\int x\ln xdx$．

3．计算下列定积分．

（1）$\int_{-1}^{2}\dfrac{x}{x+3}dx$；

（2）$\int_{4}^{9}\dfrac{\sqrt{x}}{\sqrt{x}-1}dx$；

（3）$\int_{0}^{1}\dfrac{dx}{4-3x}$；

（4）$\int_{0}^{1}\cos(\dfrac{\pi}{2}x)dx$；

（5）$\int_{0}^{4}\dfrac{dx}{1+\sqrt{x}}$；

（6）$\int_{0}^{\frac{\pi}{4}}\tan^2\theta d\theta$；

（7）$\int_{\frac{\sqrt{2}}{2}}^{1}\dfrac{\sqrt{1-x^2}}{x^2}dx$；

（8）$\int_{3}^{8}\dfrac{dx}{\sqrt{x+1}-\sqrt{(x+1)^3}}$；

（9）$\int_{1}^{2}x(\ln x)^2dx$；

（10）$\int_{0}^{\pi}(1-\sin^3x)dx$；

（11）$\int_{0}^{a}x^2\sqrt{a^2-x^2}dx,(a>0)$；

（12）$\int_{1}^{\sqrt{2}}\sqrt{2-x^2}dx$；

（13）$\int_1^4 \dfrac{\mathrm{d}x}{1+\sqrt{x}}$ ；

（14）$\int_1^{\mathrm{e}^2} \dfrac{1}{x\sqrt{1+\ln x}}\mathrm{d}x$ ；

（15）$\int_0^{\frac{\pi}{2}} x\sin x\mathrm{d}x$ ；

（16）$\int_1^{\mathrm{e}} x\ln x\mathrm{d}x$ ；

（17）$\int_1^{\mathrm{e}} (\ln x)^3\mathrm{d}x$ ；

（18）$\int_0^{\frac{\pi}{2}} \mathrm{e}^x\sin x\mathrm{d}x$ ；

（19）$\int_{\frac{\pi}{4}}^{\frac{\pi}{2}} x\csc^2 x\mathrm{d}x$ ；

（20）$\int_0^{\ln 2} x\mathrm{e}^{-x}\mathrm{d}x$.

4．求导数．

（1）设 $\Phi(x)=\int_0^{2x} f(t)\mathrm{d}t$ ，求 $\Phi'(x)$ ；

（2）设 $\Phi(x)=\int_0^{x} t\mathrm{e}^{-t^2}\mathrm{d}t$ ，求 $\Phi'(x)$ ；

（3）设 $\Phi(x)=\int_{\sin x}^{2} \dfrac{1}{1+t^2}\mathrm{d}t$ ，求 $\Phi'(x)$ ；

（4）设 $\Phi(x)=\int_0^{x^2} \mathrm{e}^t\mathrm{d}t$ ，求 $\Phi'(x)$ ；

（5）设 $\Phi(x)=\int_x^{1} \sin t\mathrm{d}t$ ，求 $\Phi'(x)$.

5．求极限．

（1）$\lim\limits_{x\to 0} \dfrac{\int_0^{x}\cos t^2\mathrm{d}t}{x}$ ；

（2）$\lim\limits_{x\to 0} \dfrac{\int_0^{x}\sin t\mathrm{d}t}{x^2}$.

6．求定积分．

（1）$\int_{-\pi}^{\pi} \dfrac{\sin^3 x}{1+2\cos x}\mathrm{d}x$ ；

（2）$\int_{-\frac{\pi}{2}}^{\frac{\pi}{2}} x\cos^3 x\mathrm{d}x$ ；

（3）$\int_{-\pi}^{\pi} \sin x\mathrm{d}x$ ；

（4）$\int_{-\frac{\pi}{2}}^{\frac{\pi}{2}} \cos^3 x\mathrm{d}x$.

4.4　定积分的应用

一、定积分在几何上的应用

1.直角坐标系下平面图形的面积

①若 $f(x)\geqslant 0$ ，如图 4.9 所示，则平面图形面积为

$$S=\int_a^b f(x)\mathrm{d}x$$

②若 $f(x)<0$ ，如图 4.10 所示，则平面图形面积为

$$S=\left|\int_a^b f(x)\mathrm{d}x\right|=-\int_a^b f(x)\mathrm{d}x$$

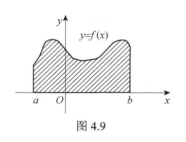

图 4.9

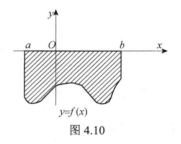

图 4.10

③若 $f(x)$ 在 $[a,b]$ 内既有 $f(x) \geq 0$，又有 $f(x) < 0$，如图 4.11 所示，则平面图形的面积为

$$S = \int_a^{c_1} f(x)\mathrm{d}x + \left| \int_{c_1}^{c_2} f(x)\mathrm{d}x \right| + \int_{c_2}^b f(x)\mathrm{d}x$$

④在 $[a,b]$ 内，若 $f(x) \geq g(x)$，如图 4.12 所示，则平面图形的面积为

$$S = \int_a^b [f(x) - g(x)]\mathrm{d}x$$

【例 4.43】 求由 $y = \dfrac{1}{x}$ 与直线 $x = 1$，$x = 2$ 及 x 轴所围成的平面图形面积．

【解】 （1）作出图形，如图 4.13 所示；

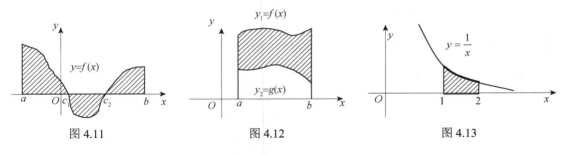

图 4.11 图 4.12 图 4.13

（2）被积函数是 $y = \dfrac{1}{x}$，积分下限是 1，上限是 2；

（3）计算 $S = \int_1^2 \dfrac{1}{x}\mathrm{d}x = \ln|x| \Big|_1^2 = \ln 2$．

【例 4.44】 求由抛物线 $y = x^2$ 与直线 $y = -x + 2$ 所围成的平面图形的面积．

【解】①先解方程组

$$\begin{cases} y = x^2 \\ y = -x + 2 \end{cases}$$

得到交点坐标为 $A(-2,4)$ 和 $B(1,1)$．

②作出图形，如图 4.14 所示．

③确定被积函数 $f(x) = y_1(x) - y_2(x) = [(-x+2) - x^2]$ 的上下限，由交点 $A(-2,4)$，$B(1,1)$，可知积分下限为 -2，上限为 1．

④计算．

$$S = \int_{-2}^{1} [(-x+2) - x^2] \mathrm{d}x = \int_{-2}^{1} (2-x-x^2) \mathrm{d}x$$

$$= (2x - \frac{1}{2}x^2 - \frac{1}{3}x^3) \Big|_{-2}^{1} = \frac{9}{2}$$

【例 4.45】 求抛物线 $y^2 = 2x$ 与直线 $y = x - 4$ 所围成的图形的面积.

【解】 ①先解方程组 $\begin{cases} y^2 = 2x \\ y = x - 4 \end{cases}$

得交点坐标 $A(8,4)$，$B(2,-2)$.

②作出图形，如图 4.15 所示.

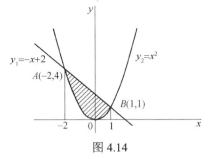

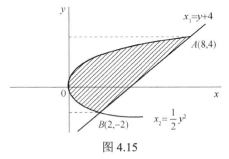

图 4.14   图 4.15

③确定被积函数和积分上下限. 根据图形的特点，本题选取对 y 进行积分，被积函数为 $x_1(y) - x_2(y) = (y+4) - \frac{1}{2}y^2$，即 $S = \int_{c}^{d} [x_1(y) - x_2(y)] \mathrm{d}y$，由交点 $A(8,4)$，$B(2,-2)$ 可知积分下限为 -2，上限为 4.

④计算.

$$S = \int_{-2}^{4} [(y+4) - \frac{1}{2}y^2] \mathrm{d}y$$

$$= (\frac{1}{2}y^2 + 4y - \frac{1}{6}y^3) \Big|_{-2}^{4} = 18$$

2. 旋转体的体积

旋转体是指由一个平面图形（示例见图 4.16）绕该平面内一条直线旋转一周所得的立体（示例见图 4.17）.

计算旋转体的体积的思路与求曲边梯形面积的思路一致，通过分割、近似计算、求和、取极限四步可得旋转体的体积计算公式. 这种思路也称微元法.

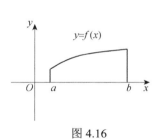

图 4.16   图 4.17

设立体是由连续曲线 $x = \phi(y)$，直线 $y = c$，$y = d$ 及 y 轴所围成的平面图形（如图 4.18 所示）绕 y 轴旋转一周所生成的旋转体（如图 4.19 所示），所求体积为 $V = \pi\displaystyle\int_c^d \phi^2(y)\,\mathrm{d}y$．

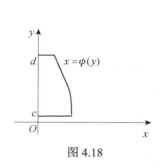

图 4.18

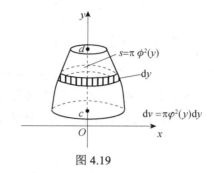

图 4.19

【例 4.46】　求由 $y = \sqrt{x}$，$x = 4$ 及 x 轴所围成的平面图形（见图 4.20）绕 x 轴旋转一周所生成的旋转体的体积．

【解】①作出图形，如图 4.21 所示；

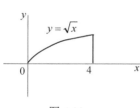

图 4.20

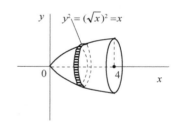

图 4.21

②被积函数为 $y^2 = f^2(x) = (\sqrt{x})^2 = x$，积分下限为 0，上限为 4；

③计算 $V = \pi\displaystyle\int_0^4 (\sqrt{x})^2\mathrm{d}x = \pi\int_0^4 x\mathrm{d}x = \pi\cdot\dfrac{x^2}{2}\ \Big|_0^4 = 8\pi$．

【例 4.47】　求由 $y = x^3$，$y = 8$ 及 y 轴所围成的图形绕 y 轴旋转一周所生成的旋转体的体积．

【解】①作出图形，如图 4.22 及图 4.23 所示；

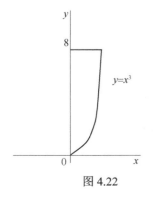

图 4.22

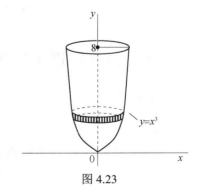

图 4.23

②被积函数为 $x^2 = (\sqrt[3]{y})^2 = y^{\frac{2}{3}}$，积分下限为 0，上限为 8；

③计算 $V = \pi\int_0^8 x^2\mathrm{d}y = \pi\int_0^8 y^{\frac{2}{3}}\mathrm{d}y = \pi\times\dfrac{3}{5}\times y^{\frac{5}{3}}\ \Big|_0^8 = 19\dfrac{1}{5}\pi$.

3. 直角坐标系下平面曲线的弧长

设曲线弧由直角坐标方程 $y = f(x)$（$a \leqslant x \leqslant b$）给出，其中 $f(x)$ 在 $[a,b]$ 上具有一阶连续导数. 取 x 为积分变量，在它的变化区间 $[a,b]$ 内任取子区间 $[x, x+\mathrm{d}x]$，相应的小段弧 MN 的长度 Δl 可用曲线在点 $M(x, f(x))$ 处切线的一小段直线段 MT 的长度来近似代替，如图 4.24 所示，即

$$\Delta l \approx |MT| = \sqrt{(\mathrm{d}x)^2 + (\mathrm{d}y)^2} = \sqrt{1 + (y')^2}\,\mathrm{d}x$$

于是所求弧长为

$$l = \int_a^b \sqrt{1 + (y')^2}\,\mathrm{d}x$$

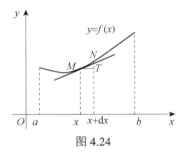

图 4.24

【例 4.48】 计算曲线 $y = \dfrac{2}{3}x^{\frac{3}{2}}$ 上 x 从 0 到 8 的一段弧的长度.

【解】 $y' = x^{\frac{1}{2}}$，于是所求弧长为

$$l = \int_0^8 \sqrt{1 + (x^{\frac{1}{2}})^2}\,\mathrm{d}x = \int_0^8 \sqrt{1+x}\,\mathrm{d}x = \dfrac{2}{3}(1+x)^{\frac{3}{2}}\ \Big|_0^8$$

$$= \dfrac{2}{3}\times(1+8)^{\frac{3}{2}} - \dfrac{2}{3} = 17\dfrac{1}{3}$$

二、定积分在物理上的应用

1. 变力做功

如果物体沿 Ox 轴方向运动时，受到的是变力 $F(x)$（力的方向为 x 轴的正向）. 那么物体从 $x = a$ 移动到 $x = b$ 时，变力 $F(x)$ 所做的功为

$$W = \int_a^b F(x)\mathrm{d}x$$

2. 液体的侧压力

一面积为 A 的平板铅直地置于 $1\mathrm{m}^3$、质量为 γ 的液体中，平板的曲边为 $y = f(x)$ $(a \leqslant x \leqslant b)$．则平板所受的压力为

$$P = \gamma \int_a^b x f(x) \mathrm{d}x$$

【例 4.49】 一梯形闸门一条边的方程为 $f(x) = -\dfrac{x}{2} + 8 \ (4 \leqslant x \leqslant 8)$，置于 $\gamma = 9800$ $(\mathrm{N}/\mathrm{m}^3)$ 的水下 $4\,\mathrm{m}$ 到 $8\,\mathrm{m}$ 处，求闸门一侧所受的压力．

【解】 所受的压力为

$$P = \gamma \int_4^8 x f(x) \mathrm{d}x = 9800 \int_4^8 x(-\frac{x}{2} + 8) \mathrm{d}x$$

$$= 9800 \int_4^8 (-\frac{x^2}{2} + 8x) \mathrm{d}x$$

$$= 9800 \left. (-\frac{x^3}{6} + 4x^2) \right|_4^8$$

$$= \frac{352}{3} \times 9800 \approx 1.15 \times 10^6 (\mathrm{N})$$

三、经济应用问题举例

定积分在经济活动中具有广泛的应用，主要是在已知某经济函数的边际函数的条件下，求原经济函数的改变量时，就可以用定积分来解决．

【定义 1】边际产量 $Q'(x)$ 为时间 t 的函数，则在时间变动区间 $[t_1, t_2]$ 上总产量的增量 ΔQ 为

$$\Delta Q = Q(t_2) - Q(t_1) = \int_{t_1}^{t_2} Q'(x) \mathrm{d}x$$

【定义 2】 边际成本函数为 $C'(x)$，固定成本为 $C(0)$，则产量 x 的总成本函数为

$$C(x) = \int C'(x) \mathrm{d}x$$

其中，积分常数为 $C(0)$．

【定义 3】 边际成本函数 $C'(x)$ 在产量 x 的变动区间 $[a, b]$ 的改变量（增量）ΔC 等于它在区间 $[a, b]$ 上的定积分．

$$\Delta C = C(b) - C(a) = \int_a^b C'(x) \mathrm{d}x$$

同理可做如下定义．

【定义 4】 边际收入函数 $R'(x)$ 在产量 x 的变动区间 $[a, b]$ 的改变量（增量）ΔR 等于它在区间 $[a, b]$ 上的定积分．

$$\Delta R = R(b) - R(a) = \int_a^b R'(x) \mathrm{d}x$$

【定义 5】 边际利润函数 $L'(x)$ 在产量 x 的变动区间 $[a,b]$ 的改变量（增量）ΔL 等于它在区间 $[a,b]$ 上的定积分.

$$\Delta L = L(b) - L(a) = \int_a^b L'(x)\mathrm{d}x$$

其中，利润函数为 $L(x) = R(x) - C(x)$，边际利润为 $L'(x) = R'(x) - C'(x)$.

【例 4.50】 设某产品每月生产 x 件时的总成本 $C(x)$ 的变化率为 $C'(x) = 0.2x + 100$（元/件），求产量从 1000 件到 2000 件时所增加的总成本.

【解】
$$\int_{1000}^{2000} C'(x)\mathrm{d}x = \int_{1000}^{2000} (0.2x + 100)\mathrm{d}x = (0.1x^2 + 100x)\Big|_{1000}^{2000}$$
$$= (0.1 \times 2000^2 + 100 \times 2000) - (0.1 \times 1000^2 + 100 \times 1000)$$
$$= 600000 - 200000 = 400000(元)$$

【例 4.51】 生产某产品，边际产量为时间 t 的函数，已知边际产量函数为 $f(t) = 300 + 16t - 0.6t^2$（千件/小时），求从 $t=1$ 到 $t=6$ 这 5 个小时的总产量.

【解】 因为总产量 $Q(t)$ 是边际产量 $f(t)$ 的原函数. 因此，从 $t=1$ 到 $t=6$ 这 5 个小时的总产量是

$$\int_1^6 f(t)\mathrm{d}t = \int_1^6 (300 + 16t - 0.6t^2)\mathrm{d}t$$
$$= (300t + 8t^2 - 0.2t^3)\Big|_1^6$$
$$= (300 \times 6 + 8 \times 6^2 - 0.2 \times 6^3) - (300 \times 1 + 8 \times 1^2 - 0.2 \times 1^3)$$
$$= 2044.8 - 307.8 = 1737(千件)$$

【例 4.52】 已知生产某产品 x 件的边际收入是 $r(x) = 200 - \dfrac{x}{100}$（元/件），求生产 2000 件到 3000 件时所增加的收入.

【解】 设总收入函数为 $R(x)$，产量从 2000 件到 3000 件所增加的收入为

$$R(3000) - R(2000) = \int_{2000}^{3000} r(x)\mathrm{d}x$$
$$= \int_{2000}^{3000} \left(200 - \frac{x}{100}\right)\mathrm{d}x$$
$$= \left(200x - \frac{x^2}{200}\right)\Big|_{2000}^{3000}$$
$$= \left(200 \times 3000 - \frac{3000^2}{200}\right) - \left(200 \times 2000 - \frac{2000^2}{200}\right)$$
$$= 555000 - 380000 = 175000(元)$$

习题 4.4

1. 求抛物线 $y = 3 - x^2$ 与直线 $y = 2x$ 所围图形的面积.

2．求由曲线 $y=\dfrac{1}{x}$，直线 $y=x,x=2$ 所围成的图形的面积．

3．求曲线 $y=\sin x$ 和 $y=\cos x$ 与 x 轴在区间 $\left[0,\dfrac{\pi}{2}\right]$ 内所围平面图形的面积 A，以及该平面图形绕 x 轴一周所得之旋转体的体积 V_x．

4．求由 $y=x^2$ 和 $y^2=8x$ 所围成图形分别绕 x 轴和 y 轴旋转所得旋转体的体积．

5．一个曲边梯形由 $y=x^2-1$，x 轴和直线 $x=-1$，$x=\dfrac{1}{2}$ 所围成，求此曲边梯形的面积．

6．由曲线 $y=\mathrm{e}^x$，y 轴与直线 $y=\mathrm{e}^x$ 所围成的图形绕 x 轴旋转，计算所得旋转体的体积．

7．计算抛物线 $y^2=2x$ 与直线 $y=x-4$ 所围成的图形的面积．

8．求由 $y=\sqrt{x}$，$y=0$，$x=4$ 围成的平面图形绕 y 轴旋转而成的旋转体的体积．

9．求曲线 $y=\dfrac{1}{x}$ 与直线 $x=1$，$x=2$ 及 $y=0$ 所围成的平面图形绕 x 轴旋转而成的旋转体的体积．

10．设生产某种产品 x（百台）时的边际成本 $C'(x)=4+\dfrac{x}{4}$（万元/百台），边际收益 $R'(x)=8-x$（万元/百台），求产量由 1 百台增加到 5 百台时的总成本与总收益各增加多少？

4.5　无限区间上的广义积分

前文所介绍的定积分，函数 $f(x)$ 是定义在闭区间 $[a,b]$ 上的有界连续函数，这类积分也称为常义积分．除这类积分，我们还需研究函数在无限区间上的积分，或在有限区间内不连续且无界的函数的积分，称为广义积分．

一、无限区间上的广义积分

【定义 1】 如果 $f(x)$ 在区间 $[a,+\infty)$ 内连续，取 $b>a$，则称
$$\lim_{b\to+\infty}\int_a^b f(x)\mathrm{d}x$$
为 $f(x)$ 在区间 $[a,+\infty)$ 内的广义积分，记为
$$\int_a^{+\infty} f(x)\mathrm{d}x=\lim_{b\to+\infty}\int_a^b f(x)\mathrm{d}x$$

如果上述极限存在，则称广义积分 $\int_a^{+\infty} f(x)\mathrm{d}x$ 收敛，否则称其为发散．同理可以定义如下广义积分．
$$\int_{-\infty}^b f(x)\mathrm{d}x=\lim_{a\to-\infty}\int_a^b f(x)\mathrm{d}x\quad(a<b)$$

$$\int_{-\infty}^{+\infty} f(x)\mathrm{d}x = \lim_{a \to -\infty} \int_a^c f(x)\mathrm{d}x + \lim_{b \to +\infty} \int_c^b f(x)\mathrm{d}x \quad (a < c < b)$$

【例4.53】 求 $\int_0^{+\infty} \mathrm{e}^{-x}\mathrm{d}x$.

【解】 $\int_0^{+\infty} \mathrm{e}^{-x}\mathrm{d}x = \lim_{b \to +\infty} \int_0^b \mathrm{e}^{-x}\mathrm{d}x$

$$= \lim_{b \to +\infty} (-\mathrm{e}^{-x}) \Big|_0^b$$

$$= \lim_{b \to +\infty} (-\mathrm{e}^{-b} + 1) = 1$$

故 $\int_0^{+\infty} \mathrm{e}^{-x}\mathrm{d}x$ 收敛于 1 .

【例4.54】 求 $\int_1^{+\infty} \dfrac{1}{x}\mathrm{d}x$.

【解】 $\int_1^{+\infty} \dfrac{1}{x}\mathrm{d}x = \lim_{b \to +\infty} \int_1^b \dfrac{1}{x}\mathrm{d}x$

$$= \lim_{b \to +\infty} \ln x \Big|_1^b = \infty$$

故 $\int_1^{+\infty} \dfrac{1}{x}\mathrm{d}x$ 发散.

【例4.55】 求 $\int_{-\infty}^{+\infty} \dfrac{1}{1+x^2}\mathrm{d}x$.

【解】 $\int_{-\infty}^{+\infty} \dfrac{1}{1+x^2}\mathrm{d}x = \int_{-\infty}^0 \dfrac{1}{1+x^2}\mathrm{d}x + \int_0^{+\infty} \dfrac{1}{1+x^2}\mathrm{d}x$

$$= \lim_{a \to -\infty} \int_a^0 \dfrac{1}{1+x^2}\mathrm{d}x + \lim_{b \to +\infty} \int_0^b \dfrac{1}{1+x^2}\mathrm{d}x$$

$$= \lim_{a \to -\infty} \left(\arctan x \Big|_a^0\right) + \lim_{b \to +\infty} \left(\arctan x \Big|_0^b\right)$$

$$= -\lim_{a \to -\infty} \arctan a + \lim_{b \to +\infty} \arctan b$$

$$= -(-\dfrac{\pi}{2}) + \dfrac{\pi}{2} = \pi$$

二、无界函数的广义积分

【定义2】 如果函数 $f(x)$ 在区间 $(a,b]$ 内连续，且 $\lim\limits_{x \to a^+} f(x) = \infty$ ，取 $\varepsilon > 0$ ，则称

$$\lim_{\varepsilon \to 0} \int_{a+\varepsilon}^b f(x)\mathrm{d}x$$

为 $f(x)$ 在区间 $(a,b]$ 内的广义积分，即

$$\int_a^b f(x)\mathrm{d}x = \lim_{\varepsilon \to 0} \int_{a+\varepsilon}^b f(x)\mathrm{d}x$$

若上述极限存在，则称广义积分收敛，否则发散。 $x = a$ 点称为瑕点。

同理，若 $x=b$ 为瑕点，则可定义 $f(x)$ 在 $[a,b)$ 内的广义积分

$$\int_a^b f(x)\mathrm{d}x = \lim_{\varepsilon \to 0}\int_a^{b-\varepsilon} f(x)\mathrm{d}x$$

若 $c \in [a,b]$，且 $x=c$ 为瑕点，可定义 $f(x)$ 在 $[a,b]$ 上的广义积分

$$\int_a^b f(x)\mathrm{d}x = \lim_{\varepsilon \to 0}\int_a^{c-\varepsilon} f(x)\mathrm{d}x + \lim_{\varepsilon \to 0}\int_{c+\varepsilon}^b f(x)\mathrm{d}x$$

【例 4.56】　求 $\int_0^1 \dfrac{1}{\sqrt{x}}\mathrm{d}x$．

【解】　因为 $\lim\limits_{x \to 0}\dfrac{1}{\sqrt{x}} = \infty$，所以 $x=0$ 为瑕点，于是

$$\int_0^1 \frac{1}{\sqrt{x}}\mathrm{d}x = \lim_{\varepsilon \to 0}\int_{0+\varepsilon}^1 \frac{1}{\sqrt{x}}\mathrm{d}x = \lim_{\varepsilon \to 0} 2\sqrt{x}\,\Big|_\varepsilon^1$$
$$= 2\lim_{\varepsilon \to 0}(1 - \sqrt{\varepsilon}) = 2$$

【例 4.57】　求 $\int_0^1 \dfrac{1}{1-x}\mathrm{d}x$．

【解】　因为 $\lim\limits_{x \to 1}\dfrac{1}{1-x} = \infty$，所以 $x=1$ 为瑕点，于是

$$\int_0^1 \frac{1}{1-x}\mathrm{d}x = \lim_{\varepsilon \to 0}\int_0^{1-\varepsilon} \frac{-1}{1-x}\mathrm{d}(1-x)$$
$$= -\lim_{\varepsilon \to 0}(\ln|1-x|)\,\Big|_0^{1-\varepsilon} = -\lim_{\varepsilon \to 0}\ln \varepsilon = +\infty$$

故 $\int_0^1 \dfrac{1}{1-x}\mathrm{d}x$ 发散．

【例 4.58】　求 $\int_{-1}^1 \dfrac{1}{x^2}\mathrm{d}x$．

【解】　因为 $\lim\limits_{x \to 0}\dfrac{1}{x^2} = \infty$，所以 $x=0$ 为瑕点，于是

$$\int_{-1}^1 \frac{1}{x^2}\mathrm{d}x = \int_{-1}^0 \frac{1}{x^2}\mathrm{d}x + \int_0^1 \frac{1}{x^2}\mathrm{d}x$$

而

$$\int_0^1 \frac{1}{x^2}\mathrm{d}x = \lim_{\varepsilon \to 0}\int_{0+\varepsilon}^1 \frac{1}{x^2}\mathrm{d}x = -\lim_{\varepsilon \to 0}\frac{1}{x}\,\Big|_\varepsilon^1$$
$$= -\lim_{\varepsilon \to 0}\left(1 - \frac{1}{\varepsilon}\right) = +\infty$$

同理

$$\int_{-1}^0 \frac{1}{x^2}\mathrm{d}x = +\infty$$

故 $\int_{-1}^1 \dfrac{1}{x^2}\mathrm{d}x$ 发散．

习题 4.5

1. 单项选择题.

(1) 广义积分 $\int_1^{+\infty} \dfrac{\mathrm{d}x}{\sqrt{x}}$ （　　）.

A. 发散　　　　　B. 收敛　　　　　C. 收敛于 2　　　　　D. 敛散性不能确定

(2) 广义积分 $\int_0^1 \dfrac{\mathrm{d}x}{x^p}$ 当（　　）.

A. $p > 1$ 时收敛，$p \leqslant 1$ 时发散　　　　B. $p \geqslant 1$ 时收敛，$p < 1$ 时发散

C. $p < 1$ 时收敛，$p \geqslant 1$ 时发散　　　　D. $p \leqslant 1$ 时收敛，$p > 1$ 时发散

(3) 下列广义积分收敛的是（　　）.

A. $\int_1^{+\infty} \dfrac{\mathrm{d}x}{\sqrt{x}}$　　　B. $\int_0^2 \dfrac{\mathrm{d}x}{(1-x)^2}$　　　C. $\int_1^{+\infty} \dfrac{1}{1+x}\mathrm{d}x$　　　D. $\int_0^a \dfrac{\mathrm{d}x}{\sqrt{a^2-x^2}}$ $(a>0)$

(4) 广义积分 $\int_{-\infty}^{+\infty} \dfrac{2x}{1+x^2}\mathrm{d}x$ （　　）.

A. 发散　　　　　B. 收敛　　　　　C. 收敛于 π　　　　　D. 收敛于 $\dfrac{\pi}{2}$

(5) 下列广义积分中发散的是（　　）.

A. $\int_0^{+\infty} \mathrm{e}^{-x}\mathrm{d}x$　　　　　　　B. $\int_0^{+\infty} \dfrac{1}{1+x^2}\mathrm{d}x$

C. $\int_1^{+\infty} \dfrac{1}{\sqrt{x}}\mathrm{d}x$　　　　　　　D. $\int_0^1 \dfrac{1}{\sqrt{x}}\mathrm{d}x$

(6) 广义积分 $\int_1^{+\infty} x\mathrm{e}^{-x^2}\mathrm{d}x = $ （　　）.

A. $\dfrac{1}{2e}$　　　　　B. $-\dfrac{1}{2e}$　　　　　C. e　　　　　D. $+\infty$

(7) 广义积分 $\int_2^{+\infty} \dfrac{\mathrm{d}x}{x(\ln x)^2}$ （　　）.

A. 发散　　　　　B. 收敛于 1　　　　　C. 收敛于 $\dfrac{1}{\ln 2}$　　　　　D. 敛散性不能判定

(8) 广义积分 $\int_{-1}^1 \dfrac{1}{x^2}\mathrm{d}x$ （　　）.

A. 收敛于 -2　　　B. 收敛于 2　　　C. 发散　　　D. 敛散性不能确定

(9) 广义积分 $\int_2^{+\infty} \dfrac{1}{x(\ln x)^k}\mathrm{d}x$ （k 为常数）收敛，则 k 满足（　　）.

A. $k < 1$　　　B. $k \leqslant 1$　　　C. $k > 1$　　　D. $k \geqslant 1$

(10) 广义积分 $\int_1^{+\infty} \dfrac{1}{x^2}\mathrm{d}x$ （　　）.

A. 收敛于 1　　　B. 发散　　　C. 敛散性不能确定　　　D. 收敛于 2

2．求下列广义积分．

（1）$\displaystyle\int_{-\infty}^{-1}\frac{1}{x^2}\mathrm{d}x$；

（2）$\displaystyle\int_{1}^{+\infty}\frac{1}{\sqrt{x}}\mathrm{d}x$；

（3）$\displaystyle\int_{0}^{+\infty}x\mathrm{e}^{-x^2}\mathrm{d}x$；

（4）$\displaystyle\int_{0}^{1}\ln x\mathrm{d}x$；

（5）$\displaystyle\int_{0}^{1}\frac{1}{\sqrt{1-x}}\mathrm{d}x$；

（6）$\displaystyle\int_{-1}^{1}\frac{\mathrm{d}x}{\sqrt{1-x^2}}$；

（7）$\displaystyle\int_{1}^{+\infty}\frac{1}{1+x^2}\mathrm{d}x$．

综合练习 4

一、填空题

1．$\displaystyle\int f(x)\mathrm{d}x=3\mathrm{e}^{\frac{x}{3}}+C$，则 $f(x)=$ _____．

2．$\displaystyle\int\frac{\mathrm{d}x}{\sqrt{1-2x}}=$ _____．

3．设 $k\neq 0$ 为常数，则 $\displaystyle\int k\mathrm{d}x=$ _____．

4．设 $\displaystyle\int f(x)\mathrm{d}x=\ln[\sin(3x+1)]+C$，则 $f(x)=$ _____．

5．$\displaystyle\int\frac{1}{x^2}\cos\frac{2}{x}\mathrm{d}x=$ _____．

6．若 $\displaystyle\int f(x)\mathrm{d}x=F(x)+C$，则 $\displaystyle\int\mathrm{e}^{-x}f(\mathrm{e}^{-x})\mathrm{d}x=$ _____．

7．$\displaystyle\int\frac{1+\cos x}{x+\sin x}\mathrm{d}x=$ _____．

8．$\displaystyle\int\left(\frac{1}{1+x^2}-\frac{1}{\sqrt{1-x^2}}\right)\mathrm{d}x=$ _____．

9．设 $F(x)$ 是 $f(x)$ 的一个原函数，则 $\displaystyle\int f(1-2x)\mathrm{d}x=$ _____．

10．设 $f(x)=\ln x$，则 $\displaystyle\int\frac{1}{x^2}f'\left(\frac{1}{x}\right)\mathrm{d}x=$ _____．

11．如果 $\displaystyle\int f(x)\mathrm{d}x=x\ln x+C$，则 $f(x)=$ _____．

12．$\displaystyle\int\mathrm{e}^{x}\mathrm{d}\mathrm{e}^{-\frac{x}{2}}=$ _____．

13．$\displaystyle\int\mathrm{d}(1-\cos x)=$ _____．

14．$\displaystyle\int\frac{x^2}{1+x^6}\mathrm{d}x=$ _____．

15．$\displaystyle\int_{-1}^{0}|x|\mathrm{d}x=$ _____．

16．$\displaystyle\int_{-a}^{a}x[f(x)+f(-x)]\mathrm{d}x=$ _____．

17．设 $f(x)=\displaystyle\int_{0}^{x}\sqrt{\sin t}\mathrm{d}t$，则 $f'(x)=$ _____．

18. $\dfrac{\mathrm{d}}{\mathrm{d}x}\displaystyle\int_0^x \sin\sqrt{2}\,\mathrm{d}t =$ _____.

二、选择题

1. $\displaystyle\int 2^{3x}\,\mathrm{d}x =$ （　　　）.

A. $\dfrac{1}{3}\dfrac{2^{3x}}{\ln 2}+C$
B. $\dfrac{1}{3}(\ln 2)2^{3x}+C$
C. $\dfrac{1}{3}2^{3x}+C$
D. $\dfrac{2^{3x}}{\ln 2}+C$

2. $\displaystyle\int \mathrm{d}F'(x) =$ （　　　）.

A. $F(x)$
B. $F(x)+C$
C. $F'(x)$
D. $F'(x)+C$

3. $\displaystyle\int \dfrac{\mathrm{d}y}{(2y-3)^2} =$ （　　　）.

A. $-\dfrac{1}{6(2y-3)^3}+C$
B. $\dfrac{1}{6(2y-3)^3}+C$

C. $\dfrac{1}{2y-3}+C$
D. $-\dfrac{1}{2(2y-3)}+C$

4. 设 $a>0$，则 $\displaystyle\int \dfrac{1}{\sqrt{a^2-x^2}}\,\mathrm{d}x =$ （　　　）.

A. $\arctan x +1$
B. $\arctan x +C$
C. $\arcsin\dfrac{x}{a}+1$
D. $\arcsin\dfrac{x}{a}+C$

5. $\displaystyle\int (x+\dfrac{1}{x})^2\,\mathrm{d}x =$ （　　　）.

A. $\dfrac{1}{3}(x+\dfrac{1}{x})^3+C$
B. $\dfrac{x^3}{3}-\dfrac{1}{x}+C$
C. $\dfrac{1}{3}x^3+2x-\dfrac{1}{x}+C$
D. $(\dfrac{x^2}{2}+\ln x)^2+C$

6. 设 $\displaystyle\int f(x)\,\mathrm{d}x = \sec x +C$，则 $f(x) =$ （　　　）.

A. $\tan x$
B. $\tan^2 x$
C. $\sec x\cdot\tan x$
D. $\sec x\cdot\tan^2 x$

7. 设 $f(x)$ 的一个原函数是 x^2，则 $\displaystyle\int xf(x)\,\mathrm{d}x =$ （　　　）.

A. $\dfrac{x^3}{3}+C$
B. x^5+C
C. $\dfrac{2}{3}x^3+C$
D. $\dfrac{x^5}{15}+C$

8. $\displaystyle\int_1^2 3^x\,\mathrm{d}x - \int_0^1 3^x\,\mathrm{d}x =$ （　　　）.

A. >0
B. <0
C. $=0$
D. 不能确定

9. 若 $\displaystyle\int_0^1 (3x^2+k)\,\mathrm{d}x = 2$，则 $k=$ （　　　）.

A. 0
B. -1
C. 1
D. 2

10. 下列广义积分中发散的是（　　　）.

A. $\displaystyle\int_0^{+\infty} e^{-x}\,\mathrm{d}x$
B. $\displaystyle\int_1^{+\infty} \dfrac{1}{x^2}\,\mathrm{d}x$
C. $\displaystyle\int_e^{+\infty} \dfrac{1}{x\ln x}\,\mathrm{d}x$
D. $\displaystyle\int_0^{+\infty} \dfrac{1}{1+x^2}\,\mathrm{d}x$

11. 下列广义积分收敛的是（　　　）.

A. $\displaystyle\int_0^{+\infty} 2^x\,\mathrm{d}x$
B. $\displaystyle\int_0^{+\infty} e^x\,\mathrm{d}x$
C. $\displaystyle\int_0^{+\infty} x\,\mathrm{d}x$
D. $\displaystyle\int_0^{+\infty} \dfrac{1}{1+x^2}\,\mathrm{d}x$

12. 设 $I_1 = \int_0^1 x^2 \mathrm{d}x, I_2 = \int_0^1 x^3 \mathrm{d}x$ ，则（ 　　 ）．

A．$I_1 = I_2$ 　　　　　 B．$I_1 > I_2$ 　　　　　 C．$I_1 < I_2$ 　　　　　 D．$I_2 = 2I_1$

三、计算题

1．求下列不定积分．

（1）$\int \dfrac{\mathrm{d}x}{x^2\sqrt{x^2-9}}$ ；　　　　　　　　（2）$\int \dfrac{\ln(1+x)}{\sqrt{x}}\mathrm{d}x$ ；

（3）$\int x^2 \ln(x+1)\mathrm{d}x$ ；　　　　　　　（4）$\int \dfrac{(1-2x)^2}{x(1+4x^2)}\mathrm{d}x$ ；

（5）$\int \dfrac{\sin 2x}{\cos^2 x}\mathrm{d}x$ ；　　　　　　　　　（6）$\int x \sin x \cos x \mathrm{d}x$ ；

（7）$\int \dfrac{\cos 2x}{1+\sin x \cos x}\mathrm{d}x$ ；　　　　　　（8）$\int x^3 \mathrm{e}^{-x^2}\mathrm{d}x$ ；

（9）$\int \mathrm{e}^{\sqrt{2x-1}}\mathrm{d}x$ ；　　　　　　　　　（10）$\int \dfrac{\sqrt{2-x^2}}{x^2}\mathrm{d}x$ ；

（11）$\int \dfrac{\sec^2(\ln x)}{x}\mathrm{d}x$ ；　　　　　　　（12）$\int \dfrac{1}{(1+x)(2+x)}\mathrm{d}x$ ；

（13）$\int (\cos x - \sin x)^2 \mathrm{d}x$ ；　　　　　（14）$\int x\sqrt{3x+2}\mathrm{d}x$ ；

（15）$\int \dfrac{\mathrm{e}^{2x}}{1+\mathrm{e}^x}\mathrm{d}x$ ；　　　　　　　　　（16）$\int \sec x(\sec x - \tan x)\mathrm{d}x$ ；

（17）$\int \csc x(\csc x - \cot x)\mathrm{d}x$ ；　　　　（18）$\int \dfrac{\sec^2 x}{4+\tan^2 x}\mathrm{d}x$ ．

2．求极限．

（1）$\lim\limits_{x\to 0^+} \dfrac{\int_0^x \ln(t+\mathrm{e}^t)\mathrm{d}t}{1-\cos x}$ ；　　　　　（2）$\lim\limits_{x\to 0} \dfrac{\int_0^x t\cos t \mathrm{d}t}{x^2}$ ．

3．计算下列定积分．

（1）$\int_0^{\frac{\pi}{2}} \sqrt{\cos x - \cos^3 x}\,\mathrm{d}x$ ；　　　　（2）$\int_1^{\sqrt{3}} \dfrac{\mathrm{d}x}{x^2\sqrt{1+x^2}}$ ；

（3）$\int_0^{\pi} x^2 \cos 2x \mathrm{d}x$ ；　　　　　　（4）$\int_1^2 x \ln \sqrt{x}\,\mathrm{d}x$ ；

（5）$\int_0^2 \dfrac{\mathrm{d}x}{\sqrt{x+1}+\sqrt{(x+1)^3}}$ ；　　　（6）$\int_0^{2\pi} \mathrm{e}^{2x}\cos x \mathrm{d}x$ ；

（7）$\int_1^4 \dfrac{\mathrm{d}x}{x(1+\sqrt{x})}$ ；　　　　　　（8）$\int_0^1 \dfrac{\sqrt{x}}{1+\sqrt{x}}\mathrm{d}x$ ；

（9）$\int_0^{\frac{\pi}{2}} \cos^5 x \sin x \mathrm{d}x$ ；　　　　　（10）$\int_0^1 \mathrm{e}^{-2x^2+\ln x}\mathrm{d}x$ ；

（11）$\int_1^2 \dfrac{1}{x^2+x}\mathrm{d}x$ ；　　　　　　　（12）$\int_1^{\mathrm{e}} \dfrac{1}{x}\sqrt{1+\ln x}\,\mathrm{d}x$ ；

（13）$\int_{-1}^{1}(x+\sqrt{1-x^2})^2\mathrm{d}x$；　　　　（14）$\int_{-2}^{2}\dfrac{x+|x|}{2+x^2}\mathrm{d}x$；

（15）$\int_{-1}^{0}\dfrac{3x^4+3x^2+1}{x^2+1}\mathrm{d}x$；　　　　（16）$\int_{0}^{\pi}\sqrt{\sin^3 x-\sin^5 x}\,\mathrm{d}x$．

四、证明题

1．证明：函数 $y_1=(\mathrm{e}^x+\mathrm{e}^{-x})^2$ 和 $y_2=(\mathrm{e}^x-\mathrm{e}^{-x})^2$ 都是同一个函数的原函数．

2．证明：$\displaystyle\int_{0}^{1}x^m(1-x)^n\mathrm{d}x=\int_{0}^{1}x^n(1-x)^m\mathrm{d}x$．

3．证明：$\dfrac{\mathrm{d}}{\mathrm{d}x}\displaystyle\int_{a}^{x}(x-t)f'(t)\mathrm{d}t=f(x)-f(a)$．

4．证明：$\displaystyle\int_{0}^{\frac{\pi}{2}}\sin^n x\mathrm{d}x=\int_{0}^{\frac{\pi}{2}}\cos^n x\mathrm{d}x$，其中 n 为正整数．

五、应用题

1．求由曲线 $y=\sqrt{x}$，直线 $x+y=6$ 和 x 轴所围成的平面图形的面积．

2．设 D 是由曲线 $y=\dfrac{1}{x}$，直线 $x=-\mathrm{e},x=-1$ 和 x 轴所围成的平面区域，试求：

（1）D 的面积；

（2）D 绕 x 轴旋转所成的旋转体的体积．

3．求抛物线 $y^2=4x$ 与直线 $x=1$ 所围成的平面图形分别绕 x 轴和 y 轴旋转一周所得旋转体的体积 V_x 和 V_y．

4．求由曲线 $y=\dfrac{1}{x}$，直线 $y=4x$ 及 $x=2$ 所围成的平面图形的面积．

5．求由曲线 $xy=1$ 与直线 $y=2$，$x=3$ 所围成的平面图形的面积．

6．设平面图形由 $y=\mathrm{e}^x$，$y=\mathrm{e}$，$x=0$ 所围成，求此平面图形的面积．

7．设某商店售出 x 台数码相机时的边际利润为 $L'(x)=12.5-\dfrac{x}{80}$ $(x\geqslant 0)$，求销售量从 30 台增加到 60 台时所增加的利润．

8．设某产品总产量的变化率是 t 的函数 $\dfrac{\mathrm{d}Q}{\mathrm{d}t}=3t^2+6t$ （件/天），求从第 3 天到第 7 天的产量．

第5章 矩阵及其应用

学习目标

1. 熟悉几种特殊矩阵；

2. 掌握矩阵的运算：线性运算、乘法、转置及其运算规律，方阵的幂，对称矩阵、逆矩阵的概念及运算性质，矩阵方程及其解法，矩阵的初等变换等；

3. 掌握行列式的定义、性质、运算；

4. 掌握克莱姆法则；

5. 掌握齐次线性方程组解的结构、非齐次线性方程组解的结构、线性方程组的应用.

  矩阵是一个非常重要的数学工具. 在自然科学、工程技术及生产实际中有大量问题与矩阵有关，可通过对矩阵的研究获得解决. 本章介绍矩阵的有关知识。

5.1 矩阵

一、矩阵的概念

【引例】 张三和李四到附近一家小吃店去吃早饭，张三要了 2 个包子、1 个面包和 1 杯牛奶，李四要了 4 个包子和 2 杯牛奶，已知包子的价格是 5 角，面包的价格是 2 元，牛奶的价格是 1 元. 请问，他们各自应付多少钱？

简单列成表格，即为

	包子	面包	牛奶
张三	2	1	1
李四	4	0	2

名称	包子	面包	牛奶
单价/元	0.5	2	1

上述两个表可以写成 A(二行三列)、B(三行一列)数表的形式，如下：

$$A = \begin{pmatrix} 2 & 1 & 1 \\ 4 & 0 & 2 \end{pmatrix}, \quad B = \begin{bmatrix} 0.5 \\ 2 \\ 1 \end{bmatrix}$$

像上述数表一样，给出如下的矩阵定义.

【**定义1**】 由 $m \times n$ 个数 a_{ij} ($i = 1, 2, \cdots, m, j = 1, 2, \cdots, n$)排成一个 m 行 n 列的矩形数表

$$\begin{pmatrix} a_{11} & a_{12} & \cdots & a_{1n} \\ a_{21} & a_{22} & \cdots & a_{2n} \\ \vdots & \vdots & & \vdots \\ a_{m1} & a_{m2} & \cdots & a_{mn} \end{pmatrix} \text{或} \begin{bmatrix} a_{11} & a_{12} & \cdots & a_{1n} \\ a_{21} & a_{22} & \cdots & a_{2n} \\ \vdots & \vdots & & \vdots \\ a_{m1} & a_{m2} & \cdots & a_{mn} \end{bmatrix}$$

称为 m 行 n 列矩阵，简称 $m \times n$ 矩阵，其中 a_{ij} 叫作矩阵的第 i 行第 j 列的元素. i 称为元素 a_{ij} 的行标， j 称为元素 a_{ij} 的列标. 通常用大写字母 $\boldsymbol{A}, \boldsymbol{B}, \boldsymbol{C}, \cdots$ 或 $(a_{ij}) \cdots$ 表示矩阵. 例如上述矩阵可以记作 $\boldsymbol{A}$ 或 $\boldsymbol{A}_{m \times n}$，有时也记作 $\boldsymbol{A} = (a_{ij})_{m \times n}$.

几种特殊的矩阵.

①方阵：矩阵 $\boldsymbol{A}$ 的行数与列数相等，即 $m = n$ 时，矩阵 $\boldsymbol{A}$ 称为 n 阶方阵，记作 $\boldsymbol{A}_n$，左上角到右下角的连线称为主对角线，主对角线上的元素 $a_{11}, a_{22}, \cdots, a_{nn}$ 称为主对角线元素.

②行矩阵：只有一行，即 $m = 1$ 的矩阵 $\boldsymbol{A} = \begin{pmatrix} a_{11} & a_{12} & \cdots & a_{1n} \end{pmatrix}$ 称为行矩阵.

③列矩阵：只有一列，即 $n = 1$ 的矩阵 $\boldsymbol{A} = \begin{pmatrix} a_{11} \\ a_{21} \\ \vdots \\ a_{m1} \end{pmatrix}$ 称为列矩阵.

④零矩阵：所有元素全为零的矩阵称为零矩阵，记作 $\boldsymbol{O}_{m \times n}$ 或 $\boldsymbol{O}$.

⑤对角矩阵：除主对角线外，其他元素全为零的方阵称为对角矩阵.为了方便，采用如下记号.

$$\boldsymbol{A} = \begin{pmatrix} a_{11} & & & \\ & a_{22} & & \\ & & \ddots & \\ & & & a_{nn} \end{pmatrix}$$

⑥单位矩阵：主对角线上的元素全为1的对角矩阵称为单位矩阵，记作 $\boldsymbol{E}_n$ 或 $\boldsymbol{E}$.

⑦三角矩阵：主对角线以下（上）的元素全为零的方阵称为上（下）三角矩阵.

$$\boldsymbol{A} = \begin{pmatrix} a_{11} & a_{12} & \cdots & a_{1n} \\ & a_{22} & \cdots & a_{2n} \\ & & \ddots & \cdots \\ & & & a_{nn} \end{pmatrix} \text{为上三角矩阵.}$$

$$\boldsymbol{A} = \begin{pmatrix} a_{11} & & & \\ a_{21} & a_{22} & & \\ \vdots & \vdots & \ddots & \\ a_{n1} & a_{n2} & \cdots & a_{nn} \end{pmatrix} \text{为下三角矩阵.}$$

⑧数量矩阵：主对角线上元素都是非零常数 a，其余元素全都是零的 n 阶方阵，称为 n 阶数量矩阵.

⑨负矩阵：在矩阵 $A = (a_{ij})_{m \times n}$ 中的各个元素的前面都添加上负号（即取相反数）得到的矩阵，称为 A 的负矩阵，记为 $-A$，即 $-A = (-a_{ij})_{m \times n}$．

二、矩阵的运算

如果只有一个个孤立的矩阵，其作用不会很大，充其量起着表格的作用，引进矩阵的目的是为了探讨它们之间的相互关系，就是代数运算．

1. 矩阵的相等

如果两个矩阵 A, B 的行数和列数分别相同，且它们对应位置上的元素也相等，即 $a_{ij} = b_{ij}$，$(i = 1, 2, \cdots, m$；$j = 1, 2, \cdots, n)$，则称矩阵 A, B 相等，记作 $A = B$．

注 两个零矩阵 $\begin{pmatrix} 0 & 0 \\ 0 & 0 \end{pmatrix}$，$\begin{pmatrix} 0 & 0 & 0 \\ 0 & 0 & 0 \end{pmatrix}$ 不相等．

2. 矩阵的加（减）法

设 $A = (a_{ij})_{m \times n}$，$B = (b_{ij})_{m \times n}$ 是两个 $m \times n$ 矩阵，规定：

$$A + B = (a_{ij})_{m \times n} + (b_{ij})_{m \times n} = (a_{ij} + b_{ij})_{m \times n}$$

称矩阵 $A + B$ 为 A 与 B 的和．

如果 $A = (a_{ij})_{m \times n}$，$B = (b_{ij})_{m \times n}$，由矩阵加法运算和负矩阵的概念，规定：

$A - B = A + (-B) = (a_{ij})_{m \times n} + (-b_{ij})_{m \times n} = (a_{ij} - b_{ij})_{m \times n}$，称矩阵 $A - B$ 为 A 与 B 的差．

3. 矩阵的数乘

设 k 是一任意实数，A 是一个 $m \times n$ 矩阵，k 与 A 的乘积为

$$kA = (ka_{ij})_{m \times n} = \begin{pmatrix} ka_{11} & ka_{12} & \cdots & ka_{1n} \\ ka_{21} & ka_{22} & \cdots & ka_{2n} \\ \vdots & \vdots & & \vdots \\ ka_{m1} & ka_{m2} & \cdots & ka_{mn} \end{pmatrix}$$

矩阵的加（减）法与矩阵的数乘叫作矩阵的线性运算．

设 A, B, C, O 都是 $m \times n$ 矩阵，不难验证，矩阵的线性运算满足下列运算规律：

交换律 $\qquad\qquad\qquad A + B = B + A$；

结合律 $\qquad\qquad A + (B + C) = (A + B) + C$；

分配律 $\qquad\qquad\quad k(A + B) = kA + kB$，

$\qquad\qquad\qquad (k + l)A = kA + lA \quad (k, l \in \mathbf{R})$；

数乘矩阵的结合律 $\qquad k(lA) = (kl)A$．

【例5.1】 设 $A = \begin{pmatrix} 2 & 5 \\ -1 & 3 \\ 2 & 0 \end{pmatrix}$，$B = \begin{pmatrix} -3 & 4 \\ -2 & 0 \\ 2 & 5 \end{pmatrix}$，求 $2A - 3B$.

【解】 $2A - 3B = 2\begin{pmatrix} 2 & 5 \\ -1 & 3 \\ 2 & 0 \end{pmatrix} - 3\begin{pmatrix} -3 & 4 \\ -2 & 0 \\ 2 & 5 \end{pmatrix}$

$$= \begin{pmatrix} 4 & 10 \\ -2 & 6 \\ 4 & 0 \end{pmatrix} - \begin{pmatrix} -9 & 12 \\ -6 & 0 \\ 6 & 15 \end{pmatrix} = \begin{pmatrix} 13 & -2 \\ 4 & 6 \\ -2 & -15 \end{pmatrix}$$

4. 矩阵的乘法

【例5.2】 在本章开始的引例中，张三和李四各自要付的钱可列成右表，它也可表示为：

	价格/元
张三	$2 \times 0.5 + 1 \times 2 + 1 \times 1 = 4$
李四	$4 \times 0.5 + 0 \times 2 + 2 \times 1 = 4$

$$AB = \begin{pmatrix} 2 & 1 & 1 \\ 4 & 0 & 2 \end{pmatrix}\begin{pmatrix} 0.5 \\ 2 \\ 1 \end{pmatrix} = \begin{pmatrix} 2 \times 0.5 + 1 \times 2 + 1 \times 1 \\ 4 \times 0.5 + 0 \times 2 + 2 \times 1 \end{pmatrix} = \begin{pmatrix} 4 \\ 4 \end{pmatrix} = C$$

矩阵 C 中第一行第一列的元素等于矩阵 A 第一行元素与矩阵 B 的第一列对应元素乘积之和. 同理，矩阵 C 中第 i 行第 j 列的元素等于矩阵 A 第 i 行元素与矩阵 B 的第 j 列对应元素乘积之和.

【定义2】 设 A 是一个 $m \times s$ 矩阵，B 是一个 $s \times n$ 矩阵，则由元素
$$c_{ij} = a_{i1}b_{1j} + a_{i2}b_{2j} + \cdots + a_{is}b_{sj} \quad (i = 1,2,\cdots,m; j = 1,2,\cdots,n)$$
构成的 $m \times n$ 矩阵 $C = \left(c_{ij}\right)_{m \times n}$，称为矩阵 A 与矩阵 B 的乘积，记作 $C = AB$.

【例5.3】 设矩阵 $A = \begin{pmatrix} 2 & -1 \\ -4 & 0 \\ 3 & 5 \end{pmatrix}$，$B = \begin{pmatrix} 9 & -8 \\ -7 & 10 \end{pmatrix}$，求 AB.

【解】 $AB = \begin{pmatrix} 2 & -1 \\ -4 & 0 \\ 3 & 5 \end{pmatrix}\begin{pmatrix} 9 & -8 \\ -7 & 10 \end{pmatrix}$

$$= \begin{pmatrix} 2 \times 9 + (-1) \times (-7) & 2 \times (-8) + (-1) \times 10 \\ -4 \times 9 + 0 \times (-7) & -4 \times (-8) + 0 \times 10 \\ 3 \times 9 + 5 \times (-7) & 3 \times (-8) + 5 \times 10 \end{pmatrix}$$

$$= \begin{pmatrix} 25 & -26 \\ -36 & 32 \\ -8 & 26 \end{pmatrix}$$

【例 5.4】 设矩阵 $A = \begin{pmatrix} 6 & 3 \\ 2 & 1 \end{pmatrix}$，$B = \begin{pmatrix} -2 & 6 \\ 1 & -3 \end{pmatrix}$，$C = \begin{pmatrix} -1 & 5 \\ -1 & -1 \end{pmatrix}$，求 AB 和 AC.

【解】 $AB = \begin{pmatrix} 6 & 3 \\ 2 & 1 \end{pmatrix}\begin{pmatrix} -2 & 6 \\ 1 & -3 \end{pmatrix} = \begin{pmatrix} -9 & 27 \\ -3 & 9 \end{pmatrix}$

$BA = \begin{pmatrix} -2 & 6 \\ 1 & -3 \end{pmatrix}\begin{pmatrix} 6 & 3 \\ 2 & 1 \end{pmatrix} = \begin{pmatrix} 0 & 0 \\ 0 & 0 \end{pmatrix}$

$AC = \begin{pmatrix} 6 & 3 \\ 2 & 1 \end{pmatrix}\begin{pmatrix} -1 & 5 \\ -1 & -1 \end{pmatrix} = \begin{pmatrix} -9 & 27 \\ -3 & 9 \end{pmatrix}$

注 ①矩阵乘法一般不满足交换律，因此，矩阵相乘时必须注意顺序，AB 叫作（用）A 左乘 B，BA 叫作（用）A 右乘 B，一般 $AB \neq BA$.

②两个非零矩阵的乘积可能是零矩阵.

③矩阵乘法不满足消去律. 即当乘积矩阵 $AB = AC$ 且 $A \neq O$ 时，不能消去矩阵 A，得到 $B = C$.

④若 A 是一个 n 阶方阵，则 $A^m = \underbrace{AA\cdots A}_{m \uparrow A}$ 称为 A 的 m 次幂.

不难验证，矩阵乘法满足下列运算规律：

结合律 $\qquad\qquad\qquad (AB)C = A(BC)$；

分配律 $\qquad\qquad\qquad A(B+C) = AB + AC$，

$\qquad\qquad\qquad\qquad\quad (A+B)C = AC + BC$；

数乘矩阵的结合律 $\qquad\quad (kA)B = A(kB) = k(AB)$.

5. 矩阵的转置

【定义 3】 将 $m \times n$ 型矩阵 $A = (a_{ij})_{m \times n}$ 的行与列互换得到的 $n \times m$ 型矩阵，称为矩阵 A 的转置矩阵，记为 A^T. 即如果

$$A = \begin{pmatrix} a_{11} & a_{12} & \cdots & a_{1n} \\ a_{21} & a_{22} & \cdots & a_{2n} \\ \vdots & \vdots & & \vdots \\ a_{m1} & a_{m2} & \cdots & a_{mn} \end{pmatrix}, \quad \text{则 } A^T = \begin{pmatrix} a_{11} & a_{21} & \cdots & a_{m1} \\ a_{12} & a_{22} & \cdots & a_{m2} \\ \vdots & \vdots & & \vdots \\ a_{1n} & a_{2n} & \cdots & a_{mn} \end{pmatrix}$$

矩阵的转置适合下列法则：

（1） $(A^T)^T = A$；$\qquad\qquad\qquad$ （2） $(kA)^T = kA^T$；

（3） $(A+B)^T = A^T + B^T$；$\qquad$ （4） $(AB)^T = B^T A^T$.

特别地，当 A 为方阵时：

（5） 若 $A^T = A$，则称 A 为对称矩阵.

（6） 若 $A^T = -A$，则称 A 为反对称矩阵.

对称矩阵的特点是，以主对角线元素为对称轴的各个元素均相等；反对称矩阵的特点是，主对角线元素全为零，以主对角线元素为对称轴的各个元素互为相反数.

【例5.5】 若 $A = \begin{pmatrix} 1 & -1 & 3 \\ 2 & 0 & 1 \end{pmatrix}$, $C = \begin{pmatrix} -1 & 3 \\ 2 & 1 \\ 0 & 2 \end{pmatrix}$. 求 A^{T}, C^{T} 及 $(AC)^{\mathrm{T}}$.

【解】 由转置矩阵的定义，有 $A^{\mathrm{T}} = \begin{pmatrix} 1 & 2 \\ -1 & 0 \\ 3 & 1 \end{pmatrix}$, $C^{\mathrm{T}} = \begin{pmatrix} -1 & 2 & 0 \\ 3 & 1 & 2 \end{pmatrix}$.

解法一： $(AC)^{\mathrm{T}} = \left(\begin{pmatrix} 1 & -1 & 3 \\ 2 & 0 & 1 \end{pmatrix} \begin{pmatrix} -1 & 3 \\ 2 & 1 \\ 0 & 2 \end{pmatrix} \right)^{\mathrm{T}} = \begin{pmatrix} -3 & -2 \\ 8 & 8 \end{pmatrix}$

解法二： $(AC)^{\mathrm{T}} = C^{\mathrm{T}} \cdot A^{\mathrm{T}} = \begin{pmatrix} -1 & 2 & 0 \\ 3 & 1 & 2 \end{pmatrix} \begin{pmatrix} 1 & 2 \\ -1 & 0 \\ 3 & 1 \end{pmatrix} = \begin{pmatrix} -3 & -2 \\ 8 & 8 \end{pmatrix}$

【例5.6】 矩阵

$A = \begin{pmatrix} 1 & 0 & -1 \\ 0 & 2 & \sqrt{2} \\ -1 & \sqrt{2} & -3 \end{pmatrix}$ $B = \begin{pmatrix} 0 & -2 & -1 \\ -2 & 2 & 7 \\ -1 & 7 & 8 \end{pmatrix}$ 均为对称矩阵.

$C = \begin{pmatrix} 0 & -7 & 1 \\ 7 & 0 & \sqrt{2} \\ -1 & -\sqrt{2} & 0 \end{pmatrix}$ $D = \begin{pmatrix} 0 & -11 & 1 \\ 11 & 0 & -4 \\ -1 & 4 & 0 \end{pmatrix}$ 均为反对称矩阵.

三、矩阵的初等变换

矩阵的初等变换是重要的概念，线性代数的许多问题都可经过矩阵的初等变换来解决.

【定义4】 对矩阵进行下列三种变换，称为矩阵的初等行变换：

（1）对换矩阵两行的位置；

（2）用一个非零的数 k 遍乘矩阵的某一行元素；

（3）将矩阵某一行的 k 倍数加到另一行.

在定义中，若把对矩阵施行的三种"行"变换，改为"列"变换，我们就能得到对矩阵的三种列变换，并将其称为矩阵的初等列变换. 矩阵的初等行变换和初等列变换统称为矩阵的初等变换. 初等变换是将一个矩阵 A 变换成另一个矩阵 B，因此这两个矩阵之间只能用 "$\rightarrow$" 连接，不能用"$=$"连接，即用 $A \rightarrow B$ 表示矩阵 A 变换成矩阵 B.

为了方便，引入下列记号.

① $r_i \leftrightarrow r_j$：表示把第 i 行与第 j 行交换位置；

② $kr_i(k \neq 0)$：表示把第 i 行乘以非零数 k；

③ $r_i + r_j \cdot k$：表示在第 i 行加上第 j 行对应元素的 k 倍.

注 本书中只用到初等行变换.

【定义 5】 满足下列条件的矩阵称为行阶梯形矩阵.

（1）矩阵若有零行（元素全部为零的行），零行全部在下方；

（2）各非零行的第一个不为零的元素（称为首非零元素）的列标随着行标的递增而严格增大.

如果行阶梯形矩阵还满足下面两个条件，则称为行简化阶梯形矩阵：

①各非零行的首非零元素都是 1；

②每个首非零元素所在的列的其余元素都是零.

例如下列矩阵中，

$$A = \begin{pmatrix} 1 & 1 & 1 & -1 \\ 0 & -1 & 2 & 3 \\ 0 & 0 & 5 & 1 \end{pmatrix}, \quad B = \begin{pmatrix} 1 & 1 & 2 & 0 \\ 0 & 0 & 1 & 2 \\ 0 & 0 & 0 & 1 \end{pmatrix}, \quad C = \begin{pmatrix} 1 & 7 & 0 & -1 \\ 0 & 0 & 5 & 2 \\ 0 & 0 & 0 & 0 \end{pmatrix}$$

$$D = \begin{pmatrix} 3 & 1 & 1 & -1 \\ 0 & 0 & 3 & 2 \\ 0 & 2 & 0 & 1 \end{pmatrix}, \quad E = \begin{pmatrix} 3 & 1 & 1 & -1 \\ 0 & 0 & 0 & 0 \\ 0 & 2 & 0 & 1 \end{pmatrix}, \quad F = \begin{pmatrix} 1 & 0 & 2 & 0 & 2 \\ 0 & 1 & 1 & 0 & 4 \\ 0 & 0 & 0 & 1 & 2 \end{pmatrix}$$

A, B, C, F 是行阶梯形矩阵，D, E 则不是，而 F 同时又是行简化阶梯形矩阵。

【定理 1】 任意一个矩阵都可通过有限次初等行变换化为行阶梯形矩阵，并可进一步化为行简化阶梯形矩阵。

【例 5.7】 用初等行变换将下面矩阵化为行简化阶梯形矩阵.

$$\begin{pmatrix} 2 & 0 & -1 & 3 \\ 1 & 2 & -2 & 4 \\ 0 & 1 & 3 & -1 \end{pmatrix}$$

【解】

$$A = \begin{pmatrix} 2 & 0 & -1 & 3 \\ 1 & 2 & -2 & 4 \\ 0 & 1 & 3 & -1 \end{pmatrix} \xrightarrow{r_1 \leftrightarrow r_2} \begin{pmatrix} 1 & 2 & -2 & 4 \\ 2 & 0 & -1 & 3 \\ 0 & 1 & 3 & -1 \end{pmatrix} \xrightarrow{r_2 + r_1(-2)} \begin{pmatrix} 1 & 2 & -2 & 4 \\ 0 & -4 & 3 & -5 \\ 0 & 1 & 3 & -1 \end{pmatrix}$$

$$\xrightarrow{r_2 \leftrightarrow r_3} \begin{pmatrix} 1 & 2 & -2 & 4 \\ 0 & 1 & 3 & -1 \\ 0 & -4 & 3 & -5 \end{pmatrix} \xrightarrow{r_3 + 4r_2} \begin{pmatrix} 1 & 2 & -2 & 4 \\ 0 & 1 & 3 & -1 \\ 0 & 0 & 15 & -9 \end{pmatrix} \xrightarrow{r_3 \times \frac{1}{15}} \begin{pmatrix} 1 & 2 & -2 & 4 \\ 0 & 1 & 3 & -1 \\ 0 & 0 & 1 & -\frac{3}{5} \end{pmatrix}$$

$$\xrightarrow[r_2 + r_3 \times (-3)]{r_1 + r_3 \times 2} \begin{pmatrix} 1 & 2 & 0 & \frac{14}{5} \\ 0 & 1 & 0 & \frac{4}{5} \\ 0 & 0 & 1 & -\frac{3}{5} \end{pmatrix} \xrightarrow{r_1 + r_2(-2)} \begin{pmatrix} 1 & 0 & 0 & \frac{6}{5} \\ 0 & 1 & 0 & \frac{4}{5} \\ 0 & 0 & 1 & -\frac{3}{5} \end{pmatrix}$$

一个矩阵对应的行阶梯形矩阵不是唯一的，例 5.7 计算过程中的后 4 个矩阵，都可作为矩阵 A 对应的行阶梯形矩阵，但其对应的行阶梯形矩阵的非零行的行数是确定的，并且由初等行变换得到的行简化阶梯形矩阵是唯一的.

【例5.8】 将矩阵 $A = \begin{pmatrix} 1 & 2 & 3 & 5 \\ -1 & 0 & 1 & 1 \\ 2 & 1 & 0 & 1 \end{pmatrix}$ 转化为行简化阶梯形矩阵.

【解】 $A = \begin{pmatrix} 1 & 2 & 3 & 5 \\ -1 & 0 & 1 & 1 \\ 2 & 1 & 0 & 1 \end{pmatrix} \xrightarrow[r_3 + r_1 \times (-2)]{r_2 + r_1} \begin{pmatrix} 1 & 2 & 3 & 5 \\ 0 & 2 & 4 & 6 \\ 0 & -3 & -6 & -9 \end{pmatrix}$

$\xrightarrow[\frac{1}{3}r_3]{\frac{1}{2}r_2} \begin{pmatrix} 1 & 2 & 3 & 5 \\ 0 & 1 & 2 & 3 \\ 0 & -1 & -2 & -3 \end{pmatrix} \xrightarrow[r_1 + r_2 \times (-2)]{r_3 + r_2} \begin{pmatrix} 1 & 0 & -1 & -1 \\ 0 & 1 & 2 & 3 \\ 0 & 0 & 0 & 0 \end{pmatrix}$

四、逆矩阵

前面讨论了矩阵的加、减、数乘和乘法等运算，那么矩阵有没有"除"的运算呢？

关于数的除法运算可以转化为乘法运算，如设 a 和 b 两个数，且 $b \neq 0$，则 $a \div b = a / b = ab^{-1}$，其中 $b^{-1} = 1 / b$ 是 b 的逆元，显然 $b^{-1}b = bb^{-1} = 1$.

这种思想运用到矩阵理论中，就有了逆矩阵的概念。

【定义6】 设 A 是 n 阶方阵，如果存在一个 n 阶方阵 B，使

$$AB = BA = E_n \quad （E_n \text{ 为 } n \text{ 阶单位矩阵}）$$

则称矩阵 A 是可逆矩阵，简称 A 可逆，并把方阵 B 称为 A 的逆矩阵，记为 A^{-1}，即 $B = A^{-1}$.

例如， $A = \begin{pmatrix} 2 & 2 & 3 \\ 1 & -1 & 0 \\ -1 & 2 & 1 \end{pmatrix}, \quad B = \begin{pmatrix} 1 & -4 & -3 \\ 1 & -5 & -3 \\ -1 & 6 & 4 \end{pmatrix}$

因为 $AB = \begin{pmatrix} 2 & 2 & 3 \\ 1 & -1 & 0 \\ -1 & 2 & 1 \end{pmatrix}\begin{pmatrix} 1 & -4 & -3 \\ 1 & -5 & -3 \\ -1 & 6 & 4 \end{pmatrix} = \begin{pmatrix} 1 & 0 & 0 \\ 0 & 1 & 0 \\ 0 & 0 & 1 \end{pmatrix}$

$BA = \begin{pmatrix} 1 & -4 & -3 \\ 1 & -5 & -3 \\ -1 & 6 & 4 \end{pmatrix}\begin{pmatrix} 2 & 2 & 3 \\ 1 & -1 & 0 \\ -1 & 2 & 1 \end{pmatrix} = \begin{pmatrix} 1 & 0 & 0 \\ 0 & 1 & 0 \\ 0 & 0 & 1 \end{pmatrix}$

即 A, B 满足 $AB = BA = E$，所以矩阵 A 可逆，其逆矩阵 $A^{-1} = B$.

注 （1）单位矩阵 E (有时书写为 I)的逆矩阵就是它本身，因为 $EE = E$.

（2）任何 n 阶零矩阵都不可逆，因为对任何与 n 阶零矩阵同阶的方阵 B，都有 $BO = OB = O$.

【命题】 任何可逆矩阵 A 的逆矩阵是唯一的.

事实上，设 B, C 都是 A 的逆矩阵，则

$$AB = BA = I, \quad AC = CA = I$$

于是

$$B = BI = B(AC) = (BA)C = IC = C$$

逆矩阵的运算适合下列法则：

①A 的逆矩阵的逆矩阵是 A，即 $(A^{-1})^{-1} = A$.

②如果 n 阶矩阵 A, B 的逆矩阵都存在，那么，它们乘积的逆矩阵也存在，并且

$$(AB)^{-1} = B^{-1}A^{-1}$$

同理，若 $A_1, A_2, \cdots, A_m$ 是 m 个同阶可逆矩阵，则 $A_1 A_2 \cdots A_m$ 也是可逆矩阵，且

$$(A_1 A_2 \cdots A_m)^{-1} = A_m^{-1} A_{m-1}^{-1} \cdots A_1^{-1}$$

③若矩阵 A 可逆，数 $k \neq 0$，则 kA 也是可逆矩阵，且 $(kA)^{-1} = \dfrac{1}{k} A^{-1}$;

④若矩阵 A 可逆，则其转置矩阵 A^{T} 亦可逆，且 $(A^{\mathrm{T}})^{-1} = (A^{-1})^{\mathrm{T}}$.

【例 5.9】　设有线性方程组

$$\begin{cases} a_{11}x_1 + a_{12}x_2 + \cdots + a_{1n}x_n = b_1 \\ a_{21}x_1 + a_{22}x_2 + \cdots + a_{2n}x_n = b_2 \\ \quad\vdots \\ a_{m1}x_1 + a_{m2}x_2 + \cdots + a_{mn}x_n = b_m \end{cases} \tag{5-1}$$

令

$$A = \begin{pmatrix} a_{11} & a_{12} & \cdots & a_{1n} \\ a_{21} & a_{22} & \cdots & a_{2n} \\ \vdots & \vdots & & \vdots \\ a_{m1} & a_{m2} & \cdots & a_{mn} \end{pmatrix}, \quad X = \begin{pmatrix} x_1 \\ x_2 \\ \vdots \\ x_n \end{pmatrix}, \quad B = \begin{pmatrix} b_1 \\ b_2 \\ \vdots \\ b_m \end{pmatrix}$$

分别为方程组（5-1）的系数矩阵、未知数矩阵和常数项列矩阵，则方程组可以用矩阵表示为

$$AX = B \tag{5-2}$$

当矩阵 A 是可逆矩阵时，用 A^{-1} 左乘式（5-2），得

$$A^{-1}AX = A^{-1}B$$

即

$$X = A^{-1}B$$

用初等变换求可逆矩阵的逆矩阵是一种非常简便和行之有效的方法，其具体做法是：

首先在 n 阶可逆矩阵 A 的右边写上同阶的单位矩阵 I，构成一个 $n \times 2n$ 矩阵 $(A \vdots I)$，然后对该矩阵施以一系列的初等行变换，当 A 转化为单位矩阵 I 时，虚线右边的 I 就变成了 A^{-1}，即

$$\left(A \vdots I\right) \xrightarrow{\text{初等行变换}} \left(I \vdots A^{-1}\right)$$

【例 5.10】 求矩阵 $A = \begin{pmatrix} 1 & 2 & 3 \\ 2 & 0 & 1 \\ -1 & 1 & 0 \end{pmatrix}$ 的逆矩阵 A^{-1}.

【解】 $(A \vdots I) = \begin{pmatrix} 1 & 2 & 3 & \vdots & 1 & 0 & 0 \\ 2 & 0 & 1 & \vdots & 0 & 1 & 0 \\ -1 & 1 & 0 & \vdots & 0 & 0 & 1 \end{pmatrix} \xrightarrow[r_3 + r_1]{r_2 - 2r_1} \begin{pmatrix} 1 & 2 & 3 & \vdots & 1 & 0 & 0 \\ 0 & -4 & -5 & \vdots & -2 & 1 & 0 \\ 0 & 3 & 3 & \vdots & 1 & 0 & 1 \end{pmatrix}$

$\xrightarrow[r_3 + \frac{3}{4} r_2]{r_1 + \frac{1}{2} r_2} \begin{pmatrix} 1 & 0 & \frac{1}{2} & \vdots & 0 & \frac{1}{2} & 0 \\ 0 & -4 & -5 & \vdots & -2 & 1 & 0 \\ 0 & 0 & -\frac{3}{4} & \vdots & -\frac{1}{2} & \frac{3}{4} & 1 \end{pmatrix} \xrightarrow[-\frac{4}{3} r_3]{-\frac{1}{4} r_2}$

$\begin{pmatrix} 1 & 0 & \frac{1}{2} & \vdots & 0 & \frac{1}{2} & 0 \\ 0 & 1 & \frac{5}{4} & \vdots & \frac{1}{2} & -\frac{1}{4} & 0 \\ 0 & 0 & 1 & \vdots & \frac{2}{3} & -1 & -\frac{4}{3} \end{pmatrix} \xrightarrow[r_2 - \frac{5}{4} r_3]{r_1 - \frac{1}{2} r_3} \begin{pmatrix} 1 & 0 & 0 & \vdots & -\frac{1}{3} & 1 & \frac{2}{3} \\ 0 & 1 & 0 & \vdots & -\frac{1}{3} & 1 & \frac{5}{3} \\ 0 & 0 & 1 & \vdots & \frac{2}{3} & -1 & -\frac{4}{3} \end{pmatrix}$

于是

$$A^{-1} = \begin{pmatrix} -\frac{1}{3} & 1 & \frac{2}{3} \\ -\frac{1}{3} & 1 & \frac{5}{3} \\ \frac{2}{3} & -1 & -\frac{4}{3} \end{pmatrix}$$

矩阵的一个很重要的应用是解矩阵方程。设 A 是 n 阶可逆矩阵

（1）若 $AX = B$，用 A^{-1} 左乘方程两边，得 $X = A^{-1}B$；

（2）若 $XA = B$，用 A^{-1} 右乘方程两边，得 $X = BA^{-1}$.

【例 5.11】 设

$$A = \begin{pmatrix} 1 & 2 & 3 \\ 2 & 0 & 1 \\ -1 & 1 & 0 \end{pmatrix}, \quad B = \begin{pmatrix} 1 \\ 2 \\ 3 \end{pmatrix}$$

求 X 使 $AX = B$.

【解】 由例 5.10 可知 $A^{-1} = \begin{pmatrix} -\frac{1}{3} & 1 & \frac{2}{3} \\ -\frac{1}{3} & 1 & \frac{5}{3} \\ \frac{2}{3} & -1 & -\frac{4}{3} \end{pmatrix}$，由于 $AX = B$，

故

$$X = A^{-1}B = \begin{pmatrix} -\dfrac{1}{3} & 1 & \dfrac{2}{3} \\ -\dfrac{1}{3} & 1 & \dfrac{5}{3} \\ \dfrac{2}{3} & -1 & -\dfrac{4}{3} \end{pmatrix} \begin{pmatrix} 1 \\ 2 \\ 3 \end{pmatrix} = \begin{pmatrix} \dfrac{11}{3} \\ \dfrac{20}{3} \\ -\dfrac{16}{3} \end{pmatrix}$$

习题 5.1

1.设 $A = \begin{pmatrix} 1 & -2 \\ 3 & 0 \\ -4 & 2 \\ 5 & 6 \end{pmatrix}$, $B = \begin{pmatrix} 0 & -1 & 3 & 4 \\ 2 & 5 & -6 & -2 \end{pmatrix}$，计算 $A^T + B, 2A - B^T, BA, AB, A^T B^T$.

2.计算下列各题.

（1）$\begin{pmatrix} -2 & 1 \\ 5 & 3 \end{pmatrix}\begin{pmatrix} 0 & 1 \\ 1 & 0 \end{pmatrix}$；

（2）$\begin{pmatrix} 0 & 2 \\ 0 & -3 \end{pmatrix}\begin{pmatrix} 1 & 1 \\ 0 & 0 \end{pmatrix}$；

（3）$(-1 \quad 2 \quad 5 \quad 4)\begin{pmatrix} 3 \\ 0 \\ -1 \\ 2 \end{pmatrix}$；

（4）$\begin{pmatrix} 1 & 2 & 3 \\ -1 & 2 & 2 \\ 1 & -3 & 2 \end{pmatrix}\begin{pmatrix} -1 & 2 & 4 \\ 1 & 4 & 3 \\ 2 & 3 & -1 \end{pmatrix} - \begin{pmatrix} 2 & 4 & 5 \\ 6 & 1 & 0 \\ 3 & -2 & 7 \end{pmatrix}$；

（5）$(2 \quad 0 \quad -3)\begin{pmatrix} 4 & -1 & 3 \\ -2 & 0 & 5 \\ 5 & 6 & -7 \end{pmatrix}$；

（6）$\begin{pmatrix} 1 & 2 & -1 \\ 0 & -2 & 1 \\ 0 & 0 & 1 \end{pmatrix}\begin{pmatrix} 2 & -2 \\ 3 & 0 \\ 1 & 4 \end{pmatrix}$.

3.（1）若 $\begin{pmatrix} 1 & a & b \\ 0 & 2 & 5 \\ 3 & c & 4 \end{pmatrix}$, $\begin{pmatrix} -1 & -2 & -4 \\ e & 0 & f \\ d & 9 & 1 \end{pmatrix}$ 均为对称矩阵，求 a,b,c,d,e,f；

（2）若 $\begin{pmatrix} x & y & 4 \\ 1 & 0 & 5 \\ z & -5 & 0 \end{pmatrix}$, $\begin{pmatrix} 0 & -2 & -4 \\ u & 0 & w \\ 4 & 9 & v \end{pmatrix}$ 均为反对称矩阵，求 x,y,z,u,v,w.

4. 求下列方阵的逆矩阵.

（1）$\begin{pmatrix} 1 & 2 & -3 \\ 0 & 1 & 2 \\ 0 & 1 & 1 \end{pmatrix}$；

（2）$\begin{pmatrix} 1 & -3 & 2 \\ -3 & 0 & 1 \\ 1 & 1 & -1 \end{pmatrix}$.

5. 解下列矩阵方程.

（1）$\begin{pmatrix} 0 & -1 \\ 1 & 0 \end{pmatrix}X = \begin{pmatrix} 2 & 2 \\ 1 & 1 \end{pmatrix}$；

（2）$\begin{pmatrix} 3 & 1 \\ 2 & 1 \end{pmatrix}X = \begin{pmatrix} 2 & 1 & 0 \\ 3 & 0 & -1 \end{pmatrix}$.

6. 将下列矩阵转化为阶梯形矩阵.

$$(1) \begin{pmatrix} 1 & -1 & 2 \\ 3 & 2 & 1 \\ 1 & -2 & 0 \end{pmatrix};$$

$$(2) \begin{pmatrix} -3 & 0 & 1 & 5 \\ 2 & -1 & 4 & 7 \\ 1 & 3 & 0 & 6 \\ 2 & 0 & -4 & 5 \end{pmatrix}.$$

5.2　向量及其线性关系

高中阶段我们学习了向量的概念、表示方法及运算，现在将向量的概念推广到 n 维向量.

一、n 维向量及其运算

【定义1】　由 n 个数组成的一个有序数组 $\boldsymbol{\alpha} = (a_1, a_2, \cdots, a_n)$ 称为一个 n 维向量，则 $\boldsymbol{\alpha} = (a_1, a_2, \cdots, a_n)$ 称为行向量，其中 $a_1, a_2, \cdots, a_n$ 称为向量 $\boldsymbol{\alpha}$ 的分量.

根据讨论问题的需要，向量 $\boldsymbol{\alpha}$ 也可以竖起来写成 $\boldsymbol{\alpha} = \begin{pmatrix} a_1 \\ a_2 \\ \vdots \\ a_n \end{pmatrix}$，$\boldsymbol{\alpha} = \begin{pmatrix} a_1 \\ a_2 \\ \vdots \\ a_n \end{pmatrix}$ 也称为列向量.

向量一般用小写希腊字母 $\boldsymbol{\alpha}, \boldsymbol{\beta}, \boldsymbol{\gamma}$ 等表示.

一个 3×4 矩阵

$$A = \begin{pmatrix} 1 & 2 & 1 & 3 \\ 1 & 3 & -4 & 4 \\ 2 & 5 & -3 & 7 \end{pmatrix}$$

中的每一行都是由四个有序数组成的，因此都可以看作四维向量. 把这三个四维向量
$$(1, 2, 1, 3), \quad (1, 3, -4, 4), \quad (2, 5, -3, 7)$$
称为矩阵 A 的行向量. 同样，A 中的每一列都是由三个有序数组成的，因此亦都可以看作三维向量. 把这四个三维向量

$$\begin{pmatrix} 1 \\ 1 \\ 2 \end{pmatrix}, \quad \begin{pmatrix} 2 \\ 3 \\ 5 \end{pmatrix}, \quad \begin{pmatrix} 1 \\ -4 \\ -3 \end{pmatrix}, \quad \begin{pmatrix} 3 \\ 4 \\ 7 \end{pmatrix}$$

称为矩阵 A 的列向量.

分量全为零的向量，称为零向量，记作 $\boldsymbol{0}$，即 $\boldsymbol{0} = (0, 0, \cdots, 0)$.

由此可知，n 维向量和 $1 \times n$ 矩阵（即行矩阵）是本质相同的两个概念. 所以，在 n 维向量之间，规定 n 维向量相等、相加、数乘与行矩阵之间的相等、相加、数乘都是对应相同的. 由向量 $\boldsymbol{\alpha} = (a_1, a_2, \cdots, a_n)$ 的各分量的相反数所组成的向量，称为 $\boldsymbol{\alpha}$ 的负向量，记作 $-\boldsymbol{\alpha}$，即 $-\boldsymbol{\alpha} = (-a_1, -a_2, \cdots, -a_n)$.

如果 $\boldsymbol{\alpha} = (a_1, a_2, \cdots, a_n)$，$\boldsymbol{\beta} = (b_1, b_2, \cdots, b_n)$，当 $a_i = b_i\ (i = 1, 2, \cdots, n)$ 时，则称这两个向量相等，记作 $\boldsymbol{\alpha} = \boldsymbol{\beta}$．

设 $\boldsymbol{\alpha} = (a_1, a_2, \cdots, a_n)$，$\boldsymbol{\beta} = (b_1, b_2, \cdots, b_n)$，$k$ 为任意实数，则向量 $(ka_1, ka_2, \cdots, ka_n)$ 称为向量 $\boldsymbol{\alpha}$ 与数 k 的数乘，记作 $k\boldsymbol{\alpha}$，即 $k\boldsymbol{\alpha} = (ka_1, ka_2, \cdots, ka_n)$．

向量 $(a_1 + b_1, a_2 + b_2, \cdots, a_n + b_n)$ 称为向量 $\boldsymbol{\alpha}$ 与 $\boldsymbol{\beta}$ 之和，记作 $\boldsymbol{\alpha} + \boldsymbol{\beta}$，即
$$\boldsymbol{\alpha} + \boldsymbol{\beta} = (a_1 + b_1, a_2 + b_2, \cdots, a_n + b_n).$$

向量的加法和数乘运算统称为向量的线性运算．

n 维向量的加法和数乘运算满足下列基本性质：

① $\boldsymbol{\alpha} + \boldsymbol{\beta} = \boldsymbol{\beta} + \boldsymbol{\alpha}$；

② $(\boldsymbol{\alpha} + \boldsymbol{\beta}) + \boldsymbol{\gamma} = \boldsymbol{\alpha} + (\boldsymbol{\beta} + \boldsymbol{\gamma})$；

③ $\boldsymbol{\alpha} + \boldsymbol{0} = \boldsymbol{\alpha}$；

④ $\boldsymbol{\alpha} + (-\boldsymbol{\alpha}) = \boldsymbol{0}$；

⑤ $k(\boldsymbol{\alpha} + \boldsymbol{\beta}) = k\boldsymbol{\alpha} + k\boldsymbol{\beta}$；

⑥ $(k + l)\boldsymbol{\alpha} = k\boldsymbol{\alpha} + l\boldsymbol{\alpha}$；

⑦ $(kl)\boldsymbol{\alpha} = k(l\boldsymbol{\alpha})$；

⑧ $1 \cdot \boldsymbol{\alpha} = \boldsymbol{\alpha}$．

【例 5.12】 设 $\boldsymbol{\alpha} = (7, 2, 0, -8)$，$\boldsymbol{\beta} = (2, 1, -4, 3)$，求 $3\boldsymbol{\alpha} + 7\boldsymbol{\beta}$．

【解】 $3\boldsymbol{\alpha} + 7\boldsymbol{\beta} = 3(7, 2, 0, -8) + 7(2, 1, -4, 3) = (21, 6, 0, -24) + (14, 7, -28, 21)$
$$= (35, 13, -28, -3).$$

【例 5.13】 将线性方程组改写成向量形式．
$$\begin{cases} a_{11}x_1 + a_{12}x_2 + \cdots + a_{1n}x_n = b_1 \\ a_{21}x_1 + a_{22}x_2 + \cdots + a_{2n}x_n = b_2 \\ \vdots \qquad \vdots \quad \cdots \quad \vdots \qquad \vdots \\ a_{m1}x_1 + a_{m2}x_2 + \cdots + a_{mn}x_n = b_m \end{cases} \tag{5-3}$$

【解】 根据向量的运算法则，方程组（5-3）可表示为
$$\begin{pmatrix} a_{11} \\ a_{21} \\ \vdots \\ a_{m1} \end{pmatrix} x_1 + \begin{pmatrix} a_{12} \\ a_{22} \\ \vdots \\ a_{m2} \end{pmatrix} x_2 + \cdots + \begin{pmatrix} a_{1n} \\ a_{2n} \\ \vdots \\ a_{mn} \end{pmatrix} x_n = \begin{pmatrix} b_1 \\ b_2 \\ \vdots \\ b_m \end{pmatrix}$$

若记
$$\boldsymbol{\alpha}_1 = \begin{pmatrix} a_{11} \\ a_{21} \\ \vdots \\ a_{m1} \end{pmatrix}, \ \boldsymbol{\alpha}_2 = \begin{pmatrix} a_{12} \\ a_{22} \\ \vdots \\ a_{m2} \end{pmatrix}, \ \cdots, \boldsymbol{\alpha}_n = \begin{pmatrix} a_{1n} \\ a_{2n} \\ \vdots \\ a_{mn} \end{pmatrix}, \ \boldsymbol{\beta} = \begin{pmatrix} b_1 \\ b_2 \\ \vdots \\ b_m \end{pmatrix}$$

则方程组（5-3）的向量形式为

$$\alpha_1 x_1 + \alpha_2 x_2 + \cdots + \alpha_n x_n = \beta$$

二、向量的线性相关性

考察下述三个向量的关系：$\alpha_1 = (2, 3, 1, 0)$，$\alpha_2 = (1, 2, -1, 0)$，$\alpha_3 = (4, 7, -1, 0)$，不难发现，第一个向量加上第二个向量的 2 倍等于第三个向量，即

$$\alpha_3 = \alpha_1 + 2\alpha_2$$

也就是 α_3 可由 α_1，α_2 经线性运算而得到，这时称 α_3 是 α_1，α_2 的线性组合. 一般地有如下定义.

【定义 2】 设 $\alpha_1, \alpha_2, \cdots, \alpha_m$ 为 m 个 n 维向量，$k_1, k_2, \cdots, k_m$ 为任意 m 个实数，若向量 $\beta = k_1\alpha_1 + k_2\alpha_2 + \cdots + k_m\alpha_m$，则称 β 为 $\alpha_1, \alpha_2, \cdots, \alpha_m$ 的一个线性组合，或称 β 可由 $\alpha_1, \alpha_2, \cdots, \alpha_m$ 线性表示（或线性表出）.

由例 5.13 可知，如果存在一组数 $x_1, x_2, \cdots, x_m$ 是线性方程组（5-3）的解，则线性方程组（5-3）的常数列构成的向量 β 就可由方程组的系数构成的向量 $\alpha_1, \alpha_2, \cdots, \alpha_n$ 线性表出. 反之，若线性方程组（5-3）的常数列构成的向量 β 可由向量组 $\alpha_1, \alpha_2, \cdots, \alpha_n$ 线性表出，即

$$\beta = \alpha_1 x_1 + \alpha_2 x_2 + \cdots + \alpha_n x_n$$

则数组 $x_1, x_2, \cdots, x_n$ 必是线性方程组（5-3）的解. 这就是说，线性方程组解的存在性问题，可以归结为向量的线性组合问题.

【例 5.14】 证明向量 $\alpha_4 = (1, 1, -1)$ 可由向量 $\alpha_1 = (1, 1, 1)$，$\alpha_2 = (1, 2, 5)$，$\alpha_3 = (0, 3, 6)$ 线性表示，并具体将 α_4 用 $\alpha_1, \alpha_2, \alpha_3$ 表示出来.

【解】 设 $\alpha_4 = k_1\alpha_1 + k_2\alpha_2 + k_3\alpha_3$，即

$$(1, 1, -1) = (k_1 + k_2, k_1 + 2k_2 + 3k_3, k_1 + 5k_2 + 6k_3)$$

由向量相等，可得

$$\begin{cases} k_1 + k_2 = 1 \\ k_1 + 2k_2 + 3k_3 = 1 \\ k_1 + 5k_2 + 6k_3 = -1 \end{cases}$$

解此方程组得

$$k_1 = 2, \quad k_2 = -1, \quad k_3 = \frac{1}{3}.$$

于是 α_4 能由 $\alpha_1, \alpha_2, \alpha_3$ 线性表示，且

$$\alpha_4 = 2\alpha_1 - \alpha_2 + \frac{1}{3}\alpha_3$$

上式也可以表示为

$$2\alpha_1 - \alpha_2 + \frac{1}{3}\alpha_3 - \alpha_4 = 0$$

即这 4 个向量的线性组合等于 0，这时称这 4 个向量是线性相关的.

【定义 3】　设 $a_1, a_2, \cdots, a_m$ 是 m 个 n 维向量, 若存在一组不全为 0 的实数 $k_1, k_2, \cdots, k_m$, 使 $k_1 a_1 + k_2 a_2 + \cdots + k_m a_m = \boldsymbol{0}$, 则称 $a_1, a_2, \cdots, a_m$ 线性相关; 如果仅当 $k_1 = k_2 = \cdots = k_m = 0$ 时, 上式才成立, 则称 $a_1, a_2, \cdots, a_m$ 线性无关.

【例 5.15】　证明下列 3 个向量 $a_1 = (3, -6, 9)$, $a_2 = (1, -2, 3)$, $a_3 = (-2, 4, -6)$ 线性相关.

【解】　因为 $a_1 = 3a_2$, 若取 $k_1 = 1$, $k_2 = -3$, $k_3 = 0$, 它们不全为 0, 且有

$$1a_1 - 3a_2 + 0a_3 = \boldsymbol{0}$$

所以 a_1, a_2, a_3 线性相关.

下面给出一些向量组线性相关性判定方法:

（1）两个向量线性相关的充要条件是这两个向量的对应分量成比例.

（2）向量组中, 一部分向量线性相关时, 该向量组线性相关; 向量组线性无关, 它的一部分向量构成的向量组线性无关.

（3）向量组 $a_1, a_2, \cdots, a_m$ 线性相关（线性无关）的充要条件是齐次线性方程组有非零解（只有零解）.

（4）n 个 n 维基本单位向量 $e_1, e_2, \cdots, e_n$ 组成的向量组必线性无关.

设基本单位向量 $e_1 = \begin{pmatrix} 1 \\ 0 \\ \vdots \\ 0 \end{pmatrix}$, $e_2 = \begin{pmatrix} 0 \\ 1 \\ \vdots \\ 0 \end{pmatrix}$, $\cdots$, $e_n = \begin{pmatrix} 0 \\ 0 \\ \vdots \\ 1 \end{pmatrix}$

又设 $k_1, k_2, \cdots, k_n$ 使 $k_1 e_1 + k_2 e_2 + \cdots + k_n e_n = 0$, 即

$$k_1 \begin{pmatrix} 1 \\ 0 \\ \vdots \\ 0 \end{pmatrix} + k_2 \begin{pmatrix} 0 \\ 1 \\ \vdots \\ 0 \end{pmatrix} + \cdots + k_n \begin{pmatrix} 0 \\ 0 \\ \vdots \\ 1 \end{pmatrix} = 0$$

解之, 得

$$\begin{pmatrix} k_1 \\ k_2 \\ \vdots \\ k_n \end{pmatrix} = \begin{pmatrix} 0 \\ 0 \\ \vdots \\ 0 \end{pmatrix}$$

即 $k_1 = k_2 = \cdots = k_n = 0$, 因此 $e_1, e_2, \cdots, e_n$ 线性无关.

向量组 $e_1, e_2, \cdots, e_n$ 称为 n 维基本向量组.

【定理 1】　向量组 $a_1, a_2, \cdots, a_m$ 线性相关的充要条件是向量组中至少有一个向量可以被其余向量线性表出.

【例 5.16】　设 $a_1 = (1, 0, 1)$, $a_2 = (1, -1, 1)$, $a_3 = (3, 0, 3)$. 显然, 向量组 a_1, a_2, a_3 线性相关, 但其中部分向量 a_1, a_2 及 a_2, a_3 是线性无关的, 它们都含有两个线性无关的向量. 并且, 在这两个线性无关的向量组中, 若再添加一个向量进去, 则线性相关. 这就是说, a_1, a_2

及 $\boldsymbol{\alpha}_2, \boldsymbol{\alpha}_3$ 在向量组 $\boldsymbol{\alpha}_1, \boldsymbol{\alpha}_2, \boldsymbol{\alpha}_3$ 中作为一个线性无关向量组，所包含的向量的个数最多，因此称之为极大线性无关组.

【定义4】 设有向量组 A，若其中的一部分向量 $\boldsymbol{\alpha}_1, \boldsymbol{\alpha}_2, \cdots, \boldsymbol{\alpha}_r$ 满足：

① $\boldsymbol{\alpha}_1, \boldsymbol{\alpha}_2, \cdots, \boldsymbol{\alpha}_r$ 线性无关；

②在原向量组 A 中任一向量 $\boldsymbol{\alpha}_{r+1}$，都使 $\boldsymbol{\alpha}_1, \boldsymbol{\alpha}_2, \cdots, \boldsymbol{\alpha}_r, \boldsymbol{\alpha}_{r+1}$ 线性相关，则称 $\boldsymbol{\alpha}_1, \boldsymbol{\alpha}_2, \cdots, \boldsymbol{\alpha}_r$ 是向量组 A 的一个极大线性无关组，简称极大无关组.

【例 5.17】 A 是一组向量构成的集合，$A = \{(1, 0, 0), (0, 1, 0), (0, 0, 1), (2, 0, 0), (0, 2, 0)\}$，则

$$B_1 = \{(1, 0, 0), (0, 1, 0), (0, 0, 1)\}$$
$$B_2 = \{(2, 0, 0), (0, 1, 0), (0, 0, 1),\}$$
$$B_3 = \{(1, 0, 0), (0, 0, 1), (0, 2, 0)\}$$
$$B_4 = \{(0, 0, 1), (2, 0, 0), (0, 2, 0)\}$$

都是 A 的极大无关组.

例 5.16 和例 5.17 表明，极大无关组的向量可能不同，但它们所含向量的个数是相等的.

【定义5】 向量组 $\boldsymbol{\alpha}_1, \boldsymbol{\alpha}_2, \cdots, \boldsymbol{\alpha}_m$ 的极大无关组所含向量的个数叫作该向量组的秩，记作 $R(\boldsymbol{\alpha}_1, \boldsymbol{\alpha}_2, \cdots, \boldsymbol{\alpha}_m)$.

由定义知，一个线性无关的向量组，它的极大无关组就是自身，其秩就是所含向量的个数. 特别地，n 维基本向量组 $\boldsymbol{e}_1, \boldsymbol{e}_2, \cdots, \boldsymbol{e}_n$ 的秩 $R(\boldsymbol{e}_1, \boldsymbol{e}_2, \cdots, \boldsymbol{e}_n) = n$. 全部由零向量组成的向量组的秩为零.

【定义6】 矩阵 A 的行（列）向量组成的向量组的秩，称为矩阵 A 的行（列）的秩.

【定理2】 矩阵的行秩与列秩在初等变换下保持不变，任一矩阵的行秩等于列秩.

由以上结论可知，矩阵的秩可以用矩阵的行秩（或列秩）去定义，即矩阵 A 的行秩（或列秩）定义为矩阵 A 的秩. 向量组 A 与矩阵 A 的秩可记为秩(A)，或 $r(A)$，或 rank(A).

例 5.16 中，$\boldsymbol{\alpha}_1, \boldsymbol{\alpha}_2$ 及 $\boldsymbol{\alpha}_2, \boldsymbol{\alpha}_3$ 在向量组 $\boldsymbol{\alpha}_1, \boldsymbol{\alpha}_2, \boldsymbol{\alpha}_3$ 中作为一个线性无关向量组，从而 $r(A) = 2$. 例 5.17 的 $r(A) = 3$.

因此求向量组的极大无关组及其秩，都可以借助于矩阵.

用矩阵的初等变换求矩阵秩的方法是：将 $m \times n$ 矩阵 A 经过一系列的初等行变换化成阶梯矩阵 B，则矩阵 B 的不全为零的行的个数，即为矩阵 A 的秩.

用初等变换判断向量组的线性相关性的方法与向量组的一个极大无关组的方法是：将向量组的每个向量看成是矩阵 A 的列向量，然后用矩阵的初等变换求矩阵 A 的秩 r.

（1）若 $r < m$（向量组含向量的个数），则此向量组线性相关.

（2）若 $r = m$，则此向量组线性无关.

（3）阶梯形矩阵的不全为零的行是由原向量组的某几个向量变换得到的，则原向量组的这几个向量就是其向量组的一个极大无关组.

【例 5.18】 已知向量组 $A=\{\alpha_1'\ \ \alpha_2'\ \ \alpha_3'\}$，其中 $\alpha_1=(0,2,-1,1)$，$\alpha_2=(2,2,3,5)$，$\alpha_3=(1,2,2,4)$．

求：（1）$r(A)$；（2）判断 A 的线性相关性；（3）求 A 的一个极大无关组．

【解】 以向量组 A 的列向量构成一个矩阵 A，对 A 进行初等行变换．

$$A=\begin{pmatrix}\alpha_1' & \alpha_2' & \alpha_3'\end{pmatrix}=\begin{pmatrix}0 & 2 & 1\\ 2 & 2 & 2\\ -1 & 3 & 2\\ 1 & 5 & 4\end{pmatrix}\xrightarrow{r_1\leftrightarrow r_4}\begin{pmatrix}1 & 5 & 4\\ 2 & 2 & 2\\ -1 & 3 & 2\\ 0 & 2 & 1\end{pmatrix}\xrightarrow[r_3+r_1]{r_2-2r_1}\begin{pmatrix}1 & 5 & 4\\ 0 & -8 & -6\\ 0 & 8 & 6\\ 0 & 2 & 1\end{pmatrix}$$

$$\xrightarrow[r_4\leftrightarrow r_2]{r_3+r_2}\begin{pmatrix}1 & 5 & 4\\ 0 & 2 & 1\\ 0 & 0 & 0\\ 0 & -8 & -6\end{pmatrix}\xrightarrow[r_3\leftrightarrow r_4]{\frac{1}{2}r_2}\begin{pmatrix}1 & 5 & 4\\ 0 & 1 & \frac{1}{2}\\ 0 & -8 & -6\\ 0 & 0 & 0\end{pmatrix}\xrightarrow[r_3+8r_2]{r_1-5r_2}\begin{pmatrix}1 & 0 & -\frac{3}{2}\\ 0 & 1 & \frac{1}{2}\\ 0 & 0 & -2\\ 0 & 0 & 0\end{pmatrix}$$

$$\xrightarrow{-\frac{1}{2}r_3}\begin{pmatrix}1 & 0 & -\frac{3}{2}\\ 0 & 1 & \frac{1}{2}\\ 0 & 0 & 1\\ 0 & 0 & 0\end{pmatrix}\xrightarrow[r_1+\frac{3}{2}r_3]{r_2-\frac{1}{2}r_3}\begin{pmatrix}1 & 0 & 0\\ 0 & 1 & 0\\ 0 & 0 & 1\\ 0 & 0 & 0\end{pmatrix}$$

故，(1) $r(A)=3$；(2)因 $r(A)=m=3$，所以 A 线性无性；(3) $\alpha_1,\alpha_2,\alpha_3$ 是原向量组的一个极大无关组．

【例 5.19】 求向量组 $\alpha_1=(1,1,1,0)$，$\alpha_2=(0,1,1,0)$，$\alpha_3=(1,0,0,0)$，$\alpha_4=(0,1,0,1)$ 的一个极大线性无关组和秩．

【解】 将 α_1，α_2，α_3，α_4 写成

$$\begin{pmatrix}\alpha_1'\alpha_2'\alpha_3'\alpha_4'\end{pmatrix}=\begin{pmatrix}1 & 0 & 1 & 0\\ 1 & 1 & 0 & 1\\ 1 & 1 & 0 & 0\\ 0 & 0 & 0 & 1\end{pmatrix}\xrightarrow[r_2-r_1]{r_3-r_2}\begin{pmatrix}1 & 0 & 1 & 0\\ 0 & 1 & -1 & 1\\ 0 & 0 & 0 & -1\\ 0 & 0 & 0 & 1\end{pmatrix}\xrightarrow[\substack{r_2+r_3\\(-1)r_3}]{r_4+r_3}\begin{pmatrix}1 & 0 & 1 & 0\\ 0 & 1 & -1 & 0\\ 0 & 0 & 0 & 1\\ 0 & 0 & 0 & 0\end{pmatrix}$$

由此可以看出，$\alpha_1,\alpha_2,\alpha_4$ 是它的一个极大线性无关组．$r(\alpha_1,\alpha_2,\alpha_3,\alpha_4)=3$．

$\alpha_1,\alpha_3,\alpha_4$；$\alpha_2,\alpha_3,\alpha_4$ 也是极大线性无关组，但 $\alpha_1,\alpha_2,\alpha_3$ 不是极大线性无关组．

注意：①其中 $\alpha_i'(i=1,2,3,4)$ 为 α_i 的转置向量．

②主元（非零行的首非零元）所在的列对应的原来向量组就是极大无关组．

习题 5.2

1.已知向量 $\alpha=(2,-1,1)$，$\beta=(3,0,-1)$，$\gamma=(0,-2,2)$，求 $2\alpha+\beta-4\gamma$．

2.设有向量组 $\alpha_1=(a,b,1)$，$\alpha_2=(1,a,c)$，$\alpha_3=(c,1,b)$，试确定 a,b,c 的值使得

$\boldsymbol{a}_1 + 2\boldsymbol{a}_2 - 3\boldsymbol{a}_3 = \mathbf{0}$.

3.判定向量组 $\boldsymbol{a}_1 = (2,3,1,0)$ ， $\boldsymbol{a}_2 = (1,2,-1,0)$ ， $\boldsymbol{a}_3 = (4,7,-1,0)$ 是否线性相关.

4.判断下列向量组是否线性相关，并求出一个极大无关组.

（1） $\boldsymbol{a}_1 = (1,1,0)$ ， $\boldsymbol{a}_2 = (0,2,0)$ ， $\boldsymbol{a}_3 = (0,0,3)$ ；

（2） $\boldsymbol{a}_1 = (1,1,1)$ ， $\boldsymbol{a}_2 = (0,2,5)$ ， $\boldsymbol{a}_3 = (2,4,7)$.

5.求向量组的秩： $\boldsymbol{a}_1 = (1,0,-1)$ ， $\boldsymbol{a}_2 = (-1,0,1)$ ， $\boldsymbol{a}_3 = (0,1,-1)$ ， $\boldsymbol{a}_4 = (1,2,-1)$.

6.求下列矩阵的秩.

（1） $\begin{pmatrix} 1 & -1 & 1 & 2 \\ 2 & 3 & 3 & 2 \\ 1 & 1 & 2 & 1 \end{pmatrix}$ ；

（2） $\begin{pmatrix} 1 & -2 & 0 & -1 \\ 0 & 2 & 2 & 1 \\ 1 & -2 & -3 & -2 \\ 0 & 1 & 2 & 1 \end{pmatrix}$.

5.3 线性方程组

生产活动和科学技术研究中的许多问题经常可以归结为解线性方程组，研究线性方程组的解有重要的现实意义.

一、线性方程组的概念

【定义 1】 线性方程组

$$\begin{cases} a_{11}x_1 + a_{12}x_2 + \cdots + a_{1n}x_n = b_1 \\ a_{21}x_1 + a_{22}x_2 + \cdots + a_{2n}x_n = b_2 \\ \vdots \\ a_{m1}x_1 + a_{m2}x_2 + \cdots + a_{mn}x_n = b_m \end{cases} \tag{5-4}$$

称为一般线性方程组，设

$$\boldsymbol{A} = (a_{ij})_{m \times n} = \begin{pmatrix} a_{11} & a_{12} & \cdots & a_{1n} \\ a_{21} & a_{22} & \cdots & a_{2n} \\ \vdots & \vdots & & \vdots \\ a_{m1} & a_{m2} & \cdots & a_{mn} \end{pmatrix}$$

称为方程组（5-4）的系数矩阵，设

$$\tilde{\boldsymbol{A}} = \begin{bmatrix} a_{11} & a_{12} & \cdots & a_{1n} & b_1 \\ a_{21} & a_{22} & \cdots & a_{2n} & b_2 \\ \vdots & \vdots & & \vdots & \vdots \\ a_{m1} & a_{m2} & \cdots & a_{mn} & b_m \end{bmatrix}$$

称为方程组（5-4）的增广矩阵，设

$$B = \begin{pmatrix} b_1 \\ b_2 \\ \vdots \\ b_m \end{pmatrix}, \quad X = \begin{pmatrix} x_1 \\ x_2 \\ \vdots \\ x_n \end{pmatrix}$$

B 称为方程组（5-4）的常数矩阵，X 称为方程组（5-4）的未知量矩阵. 方程组（5-4）也称非齐次线性方程组.

方程组（5-4）也可记为

$$AX = B \qquad\qquad (5\text{-}5)$$

【定义 2】　线性方程组

$$\begin{cases} a_{11}x_1 + a_{12}x_2 + \cdots + a_{1n}x_n = 0 \\ a_{21}x_1 + a_{22}x_2 + \cdots + a_{2n}x_n = 0 \\ \vdots \\ a_{n1}x_1 + a_{n2}x_2 + \cdots + a_{nn}x_n = 0 \end{cases} \qquad\qquad (5\text{-}6)$$

称为齐次线性方程组. 若记

$$A = (a_{ij})_{m \times n}, \quad X = \begin{pmatrix} x_1 \\ x_2 \\ \vdots \\ x_n \end{pmatrix}, \quad B = \begin{pmatrix} 0 \\ 0 \\ \vdots \\ 0 \end{pmatrix}$$

则

$$AX = 0 \qquad\qquad (5\text{-}7)$$

二、消元法

下面通过一个具体的例子来找出利用消元法解线性方程组的一般规律.

【例 5.20】　求解线性方程组 $\begin{cases} 2x_2 - x_3 = 1 \\ 2x_1 + 2x_2 + 3x_3 = 5 \\ x_1 + 2x_2 + 2x_3 = 4 \end{cases}$.

【解】　交换方程组中第一、第三个方程的位置，得

$$\begin{cases} x_1 + 2x_2 + 2x_3 = 4 & \qquad ① \\ 2x_1 + 2x_2 + 3x_3 = 5 & \qquad ② \\ 2x_2 - x_3 = 1 & \qquad ③ \end{cases}$$

将 $-2\times$ 方程①+方程②，得

$$\begin{cases} x_1 + 2x_2 + 2x_3 = 4 & \qquad ④ \\ -2x_2 - x_3 = -3 & \qquad ⑤ \\ 2x_2 - x_3 = 1 & \qquad ⑥ \end{cases}$$

将方程⑤分别加到方程④、⑥上，得

$$\begin{cases} x_1 + x_3 = 1 & \text{⑦} \\ -2x_2 - x_3 = -3 & \text{⑧} \\ -2x_3 = -2 & \text{⑨} \end{cases}$$

将 $-\dfrac{1}{2} \times$ 方程⑨，得

$$\begin{cases} x_1 + x_3 = 1 & \text{⑩} \\ -2x_2 - x_3 = -3 & \text{⑪} \\ x_3 = 1 & \text{⑫} \end{cases}$$

将 $-1 \times$⑫+方程⑩，方程⑫+方程⑩，得

$$\begin{cases} x_1 = 0 & \text{⑬} \\ -2x_2 = -2 & \text{⑭} \\ x_3 = 1 & \text{⑮} \end{cases}$$

将 $-\dfrac{1}{2} \times$ 方程⑭，得

$$\begin{cases} x_1 = 0 \\ x_2 = 1 \\ x_3 = 1 \end{cases}$$

在例 5.20 中，我们把方程组逐步变换为一种与原方程组同解的特殊形式的方程组，称为阶梯形方程组，而阶梯形方程组用逐步回代的方法很容易求解. 这个过程中我们只是反复用了三种变换：

①互换两个方程的位置；

②用一个非零的数乘某个方程的两端；

③用一个非零的数乘某个方程后加到另一个方程上去.

这三种变换不改变方程组的解，即线性方程组经过上述任意一种变换，所得的方程组与原线性方程组同解.

由于线性方程组由它的增广矩阵完全确定，对方程组施行行的三种变换实质上就是对其增广矩阵施行初等行变换，故线性方程组的求解过程完全可以用矩阵和初等变换表示出来.

下面用矩阵的初等变换表示例 5.20 的求解过程.

对增广矩阵实施初等行变换，将其转化为行简化阶梯形矩阵.

$$\tilde{A} = \begin{pmatrix} 0 & 2 & -1 & 1 \\ 2 & 2 & 3 & 5 \\ 1 & 2 & 2 & 4 \end{pmatrix} \xrightarrow{r_1 \leftrightarrow r_3} \begin{pmatrix} 1 & 2 & 2 & 4 \\ 2 & 2 & 3 & 5 \\ 0 & 2 & -1 & 1 \end{pmatrix}$$

$$\xrightarrow{r_2 - 2r_1} \begin{pmatrix} 1 & 2 & 2 & 4 \\ 0 & -2 & -1 & -3 \\ 0 & 2 & -1 & 1 \end{pmatrix} \xrightarrow[r_3 + r_2]{r_1 + r_2} \begin{pmatrix} 1 & 0 & 1 & 1 \\ 0 & -2 & -1 & -3 \\ 0 & 0 & -2 & -2 \end{pmatrix}$$

$$\xrightarrow{-\frac{1}{2}r_3}\begin{pmatrix}1&0&1&1\\0&-2&-1&-3\\0&0&1&1\end{pmatrix}\xrightarrow[r_2+r_3]{r_1+(-1)r_3}\begin{pmatrix}1&0&0&0\\0&-2&0&-2\\0&0&1&1\end{pmatrix}$$

$$\xrightarrow{-\frac{1}{2}r_2}\begin{pmatrix}1&0&0&0\\0&1&0&1\\0&0&1&1\end{pmatrix}$$

　　显然，无论在计算上，还是在书写表达上，用增广矩阵要简单得多. 同时，若能把增广矩阵最后变换成行简化阶梯形矩阵，则可从行简化阶梯形矩阵中得出对应的方程组的解.

　　故原方程组的同解方程组为 $\begin{cases}x_1=0\\x_2=1\\x_3=1\end{cases}$，即为线性方程组的解.

　　由于增广矩阵除去最后一列即系数矩阵，通过转化出的阶梯形矩阵也顺便得到了系数矩阵和增广矩阵的秩. 例 5.20 中的 $r(A)=r(\tilde{A})=3=$ 未知数个数 3，方程组有唯一解.

【例 5.21】　求解线性方程组 $\begin{cases}-3x_1-3x_2+14x_3+29x_4=-16\\x_1+x_2+4x_3-x_4=1\\-x_1-x_2+2x_3+7x_4=-4\end{cases}$　　①

【解】　对增广矩阵实施初等行变换，将其转化为行简化阶梯形矩阵.

$$\tilde{A}=\begin{pmatrix}-3&-3&14&29&-16\\1&1&4&-1&1\\-1&-1&2&7&-4\end{pmatrix}\xrightarrow{r_1\leftrightarrow r_2}\begin{pmatrix}1&1&4&-1&1\\-3&-3&14&29&-16\\-1&-1&2&7&-4\end{pmatrix}$$

$$\xrightarrow[r_3+r_1]{r_2+3r_1}\begin{pmatrix}1&1&4&-1&1\\0&0&26&26&-13\\0&0&6&6&-3\end{pmatrix}\xrightarrow{r_2-4r_3}\begin{pmatrix}1&1&4&-1&1\\0&0&2&2&-1\\0&0&6&6&-3\end{pmatrix}$$

$$\xrightarrow{r_3-3r_2}\begin{pmatrix}1&1&4&-1&1\\0&0&2&2&-1\\0&0&0&0&0\end{pmatrix}\xrightarrow{\frac{1}{2}r_2}\begin{pmatrix}1&1&4&-1&1\\0&0&1&1&-\frac{1}{2}\\0&0&0&0&0\end{pmatrix}$$

$$\xrightarrow{r_1-4r_2}\begin{pmatrix}1&1&0&-5&3\\0&0&1&1&-\frac{1}{2}\\0&0&0&0&0\end{pmatrix}$$

故原方程组的同解方程组为 $\begin{cases}x_1+x_2-5x_4=3\\x_3+x_4=-\dfrac{1}{2}\end{cases}$.

　　将含未知量 x_2,x_4 的项移到等式右边，得

$$\begin{cases} x_1 = -x_2 + 5x_4 + 3 \\ x_3 = -x_4 - \dfrac{1}{2} \end{cases} \qquad ②$$

其中，x_2 和 x_4 可以取任意实数.

显然，只要未知量 x_2 和 x_4 分别任意取定一个值，如 $x_2 = 1$，$x_4 = 0$，代入表达式②中均可以得到一组相应的值，即 $x_1 = 2$，$x_3 = -0.5$，从而得到方程组①的一个解

$$\begin{cases} x_1 = 2 \\ x_2 = 1 \\ x_3 = -0.5 \\ x_4 = 0 \end{cases}$$

由于未知量 x_2 和 x_4 的取值是任意实数，故方程组①的解有无穷多个. 由此可知，表达式②表示了方程组①的所有解. 在表达式②中，等号右端的未知量 x_2 和 x_4 称为**自由未知量**，用自由未知量表示其他未知量的表达式②称为方程组①的**一般解**，当表达式②中的未知量 x_2 和 x_4 取定一组解（如 $x_2 = 1$，$x_4 = 0$），得到方程组①的一个解（如 $x_1 = 2, x_2 = 1, x_3 = -0.5$, $x_4 = 0$），称之为方程组①的**特解**.

如果将表达式②中的自由未知量 x_2, x_4 取任意实数 C_1, C_2，得方程组①的一般解为

$$\begin{cases} x_1 = -C_1 + 5C_2 + 3 \\ x_2 = C_1 \\ x_3 = -C_2 - \dfrac{1}{2} \\ x_4 = C_2 \end{cases}$$

本例中 $r(\boldsymbol{A}) = r(\tilde{\boldsymbol{A}}) = 2 <$ 未知数个数（n=4），方程组有无穷多解.

注 自由未知量的选取不是固定的，因此一般解的形式也是不唯一的，但本质上都是表示了方程组的所有解. 为了统一表示，往往像例 5.21 中选行简化阶梯形矩阵中不是首非零元所在的列对应的未知量为自由未知量.

解线性方程组的一般过程：首先对增广矩阵进行初等行变换转化为行阶梯形矩阵，如果出现一行中只有最后一个元素不为零，则方程组无解；否则对该行阶梯形矩阵进一步转化为行简化阶梯形矩阵，便可直接读出方程组的解或者写出由自由未知量表示的一般解. 这种解方程组的方法称为高斯消元法，简称消元法.

三、线性方程组有解的条件

由消元法容易得到如下定理.

【定理 1】 非齐次线性方程组 $\boldsymbol{Ax} = \boldsymbol{B}$ 有以下结论：

（1）若 $r(\boldsymbol{A}) = r(\tilde{\boldsymbol{A}}) = n$，则方程组 $\boldsymbol{Ax} = \boldsymbol{B}$ 有唯一解；

（2）若 $r(\boldsymbol{A}) = r < n$，则方程组 $\boldsymbol{Ax} = \boldsymbol{B}$ 有无穷多个解；

（3）若 $r(A) \neq r(\tilde{A})$，则方程组 $Ax = B$ 没有解.

【例 5.22】　当 λ 取何值时，非齐次线性方程组 $\begin{cases} -2x_1 + x_2 + x_3 = -2 \\ x_1 - 2x_2 + x_3 = \lambda \\ x_1 + x_2 - 2x_3 = \lambda^2 \end{cases}$　有解？并求出它的

解.

【解】　$\tilde{A} = \begin{pmatrix} -2 & 1 & 1 & -2 \\ 1 & -2 & 1 & \lambda \\ 1 & 1 & -2 & \lambda^2 \end{pmatrix} \xrightarrow{\frac{1}{2}r_1} \begin{pmatrix} -1 & 1/2 & 1/2 & -1 \\ 1 & -2 & 1 & \lambda \\ 1 & 1 & -2 & \lambda^2 \end{pmatrix}$

$\xrightarrow[r_3+r_1]{r_2+r_1} \begin{pmatrix} -1 & 1/2 & 1/2 & -1 \\ 0 & -3/2 & 3/2 & \lambda-1 \\ 0 & 3/2 & -3/2 & \lambda^2-1 \end{pmatrix}$

$\xrightarrow{r_3+r_2} \begin{pmatrix} -1 & 1/2 & 1/2 & -1 \\ 0 & -3/2 & 3/2 & \lambda-1 \\ 0 & 0 & 0 & (\lambda-1)(\lambda+2) \end{pmatrix}$

当 $\lambda = 1$ 或 $\lambda = -2$ 时，$r(A) = r(\tilde{A}) = 2 < 3$，方程组有解且有无穷多解.

（1）当 $\lambda = 1$ 时，对应的同解方程组为

$$\begin{cases} -x_1 + \dfrac{1}{2}x_2 + \dfrac{1}{2}x_3 = -1 \\ -\dfrac{3}{2}x_2 + \dfrac{3}{2}x_3 = 0 \end{cases}$$

设 $x_3 = C$，则方程组的一般解为

$$x_1 = C+1, \ x_2 = C, \ x_3 = C \ （C 为任意常数）$$

（2）当 $\lambda = -2$ 时，对应的同解方程组为

$$\begin{cases} -x_1 + \dfrac{1}{2}x_2 + \dfrac{1}{2}x_3 = -1 \\ -\dfrac{3}{2}x_2 + \dfrac{3}{2}x_3 = -3 \end{cases}$$

设 $x_3 = C$，则方程组的一般解为

$$x_1 = C+2, \ x_2 = C+2, \ x_3 = C \ （C 为任意常数）$$

【定理 2】　对齐次线性方程组 $AX = 0$，有以下结论：

（1）若 $r(A) = n$（未知量个数），则方程组 $AX = 0$ 有唯一零解；

（2）若 $r(A) = r < n$，则方程组 $AX = 0$ 有非零解.

【例 5.23】　讨论下列方程组解的情况.

（1）$\begin{cases} x_1 + 6x_2 - x_3 - 4x_4 = 0 \\ -2x_1 - 12x_2 + 5x_3 + 17x_4 = 0 \\ 3x_1 + 18x_2 - x_3 - 6x_4 = 0 \end{cases}$　　（2）$\begin{cases} x_1 + 2x_2 + 3x_3 = 0 \\ 2x_1 + 5x_2 + 3x_3 = 0 \\ x_1 + 5x_2 + 8x_3 = 0 \end{cases}$

【解】（1）

$$A = \begin{pmatrix} 1 & 6 & -1 & -4 \\ -2 & -12 & 5 & 17 \\ 3 & 18 & -1 & -6 \end{pmatrix} \rightarrow \begin{pmatrix} 1 & 6 & -1 & -4 \\ 0 & 0 & 3 & 9 \\ 0 & 0 & 2 & 6 \end{pmatrix} \rightarrow \begin{pmatrix} 1 & 6 & -1 & -4 \\ 0 & 0 & 1 & 3 \\ 0 & 0 & 1 & 3 \end{pmatrix} \rightarrow \begin{pmatrix} 1 & 6 & 0 & -1 \\ 0 & 0 & 1 & 3 \\ 0 & 0 & 0 & 0 \end{pmatrix}$$

$$r(A) = 2 < 4$$

故方程组有非零解.

（2）$A = \begin{pmatrix} 1 & 2 & 3 \\ 2 & 5 & 3 \\ 1 & 5 & 8 \end{pmatrix} \rightarrow \begin{pmatrix} 1 & 2 & 3 \\ 0 & 1 & -3 \\ 0 & 3 & 5 \end{pmatrix} \rightarrow \begin{pmatrix} 1 & 2 & 3 \\ 0 & 1 & -3 \\ 0 & 0 & 14 \end{pmatrix}$

$$r(A) = 3 = n$$

故方程组只有零解.

四、齐次线性方程组的基础解系

对于齐次线性方程组 $AX = 0$，其中 $A = (a_{ij})_{m \times n}$，有如下定义、定理和性质.

【定义 3】 存在一个 n 维列向量 α 使得

$$A\alpha = 0$$

则称 α 是齐次线性方程组的一个解向量.

注 解向量均为列向量.

【性质 1】 若 X_1 和 X_2 是齐次线性方程组 $AX = 0$ 的解，则 $X_1 + X_2$ 也是 $AX = 0$ 的解.

【性质 2】 若 X_1 是 $AX = 0$ 的解，k 为任意常数，则 kX_1 也是 $AX = 0$ 的解.

综合以上两个性质可得如下第 3 个性质.

【性质 3】 若 $X_1, X_2, \cdots, X_s$ 是 $AX = 0$ 的解，$k_1, k_2, \cdots, k_s$ 为任意常数，则这些解的线性组合 $k_1 X_1 + k_2 X_2 + \cdots + k_s X_s$ 也是 $AX = 0$ 的解.

性质 2 表明，如果 $AX = 0$ 有非零解，则非零解一定有无穷多个. 由于方程组的一个解可以看作是一个解向量，所以，对于 $AX = 0$ 的无穷多个解来说，它们构成了一个 n 维的解向量组. 这个解向量组中一定存在一个极大无关的解向量组，其他的所有解向量都可以由它们的线性组合表示. 因此，解齐次线性方程组实际上就是求它的解向量组的极大无关向量组.

【定义 4】 设 $\eta_1, \eta_2, \cdots, \eta_s$ 是齐次线性方程组 $AX = 0$ 的一组解向量，且满足：

① $\eta_1, \eta_2, \cdots, \eta_s$ 线性无关；

② 齐次线性方程组 $AX = 0$ 的任一解向量都可以由 $\eta_1, \eta_2, \cdots, \eta_s$ 线性表出，则称 $\eta_1, \eta_2, \cdots, \eta_s$ 为齐次线性方程组 $AX = 0$ 的基础解系.

【定理 3】 若齐次线性方程组 $AX = 0$ 的未知量个数为 n，系数矩阵 A 的秩 $r(A) = r < n$，则它一定有基础解系，且一个基础解系包括 $n - r$ 个解向量.

关于齐次线性方程组基础解系的求法，通过下面的例子说明.

【例 5.24】　求下列齐次线性方程组的基础解系.

$$\begin{cases} x_1 - 3x_2 + x_3 - 2x_4 = 0 \\ -5x_1 + x_2 - 2x_3 + 3x_4 = 0 \\ -x_1 - 11x_2 + 2x_3 - 5x_4 = 0 \\ 3x_1 + 5x_2 + x_4 = 0 \end{cases}$$

【解】　对系数矩阵 A 施行初等行变换（在求基础解系过程中，只能用初等行变换）

$$A = \begin{pmatrix} 1 & -3 & 1 & -2 \\ -5 & 1 & -2 & 3 \\ -1 & -11 & 2 & -5 \\ 3 & 5 & 0 & 1 \end{pmatrix} \rightarrow \begin{pmatrix} 1 & -3 & 1 & -2 \\ 0 & -14 & 3 & -7 \\ 0 & -14 & 3 & -7 \\ 0 & -14 & 3 & -7 \end{pmatrix} \rightarrow \begin{pmatrix} 1 & -3 & 1 & -2 \\ 0 & -14 & 3 & -7 \\ 0 & 0 & 0 & 0 \\ 0 & 0 & 0 & 0 \end{pmatrix}$$

$$\rightarrow \begin{pmatrix} 1 & -3 & 1 & -2 \\ 0 & 1 & -3/14 & 1/2 \\ 0 & 0 & 0 & 0 \\ 0 & 0 & 0 & 0 \end{pmatrix} \rightarrow \begin{pmatrix} 1 & 0 & 5/14 & -1/2 \\ 0 & 1 & -3/14 & 1/2 \\ 0 & 0 & 0 & 0 \\ 0 & 0 & 0 & 0 \end{pmatrix}$$

由此可见，$r(A) = 2 < 4$（未知数个数），方程组有无穷多组解，基础解向量有 $4 - 2 = 2$ 个.

由行简化阶梯形矩阵得原方程组的同解方程组为

$$\begin{cases} x_1 = -\dfrac{5}{14}x_3 + \dfrac{1}{2}x_4 \\ x_2 = \dfrac{3}{14}x_3 - \dfrac{1}{2}x_4 \end{cases} \qquad （x_3, \ x_4 \text{ 为自由未知量}）$$

为避免基础解向量中出现分数，可以对自由未知量取两组适当的数，这样通解表示出来更简单.

取 $\begin{cases} x_3 = 14 \\ x_4 = 0 \end{cases}$，有 $\begin{cases} x_1 = -5 \\ x_2 = 3 \end{cases}$，得到第一个解向量 $X_1 = (-5, 3, 14, 0)^{\mathbf{T}}$；

再取 $\begin{cases} x_3 = 0 \\ x_4 = 2 \end{cases}$，有 $\begin{cases} x_1 = 1 \\ x_2 = -1 \end{cases}$，得到第二个解向量 $X_2 = (1, -1, 0, 2)^{\mathbf{T}}$.

故原方程组的通解为 $X = k_1 X_1 + k_2 X_2$，其中 k_1 和 k_2 为任意常数. 即

$$X = k_1 \begin{pmatrix} -5 \\ 3 \\ 14 \\ 0 \end{pmatrix} + k_2 \begin{pmatrix} 1 \\ -1 \\ 0 \\ 2 \end{pmatrix} \qquad （\text{其中 } k_1 \text{和} k_2 \text{ 为任意常数}）$$

则 X_1, X_2 就是齐次线性方程组的基础解系.

五、非齐次线性方程组解的结构

非齐次线性方程组 $AX = B$，其中 $A = (a_{ij})_{m \times n}$.

$$B = \begin{pmatrix} b_1 \\ b_2 \\ \vdots \\ b_m \end{pmatrix}, \quad X = \begin{pmatrix} x_1 \\ x_2 \\ \vdots \\ x_n \end{pmatrix}$$

若令 $B = 0$，则得到对应的齐次线性方程组 $AX = 0$，称为 $AX = B$ 的导出组. 利用导出组的解的结构，可以得出非齐次线性方程组 $AX = B$ 的解的结构.

非齐次线性方程组 $AX = B$ 及其导出组的解，有如下性质.

【性质 4】非齐次线性方程组 $AX = B$ 的任意两个解的差是其导出组 $AX = 0$ 的一个解.

证：设 X_1, X_2 是 $AX = B$ 的两个解，则

$$AX_1 = B, \quad AX_2 = B$$

于是 $A(X_1 - X_2) = AX_1 - AX_2 = 0$，即 $X_1 - X_2$ 是 $AX = 0$ 的解.

【性质 5】非齐次线性方程组 $AX = B$ 的一个解 X_1，与其导出组 $AX = 0$ 的一个解 X_0 的和 $X_1 + X_0$ 是 $AX = B$ 的一个解.

证：因为 X_1 是 $AX = B$ 的解，X_0 是 $AX = 0$ 的解，所以

$$AX_1 = B, \quad AX_0 = 0$$

于是 $A(X_1 + X_0) = AX_1 + AX_0 = B + 0 = B$，即 $X_1 + X_0$ 是 $AX = B$ 的一个解.

【定理 4】设 X_1 是非齐次线性方程组 $AX = B$ 的一个解，则 $AX = B$ 的任意一个解 X 可以用 X_1 与导出组 $AX = 0$ 的某个解 η 之和来表示，即

$$X = X_1 + \eta$$

证：因为 X 与 X_1 是 $AX = B$ 的解，由性质 1 可知，$X - X_1$ 是导出组 $AX = 0$ 的一个解，记这个解为 $X - X_1 = \eta$，则得

$$X = X_1 + \eta$$

定理 4 表明，非齐次线性方程组 $AX = B$ 的任意一个解都可用它的某个解 X_1（称为特解）与导出组的某个解 η 之和来表示，当 η 取遍 $AX = 0$ 的全部解时，$X = X_1 + \eta$ 就是 $AX = B$ 的所有解. 如果设 $\eta_1, \eta_2, \cdots, \eta_{n-r}$ 是导出组 $AX = 0$ 的一个基础解系，$k_1, k_2, \cdots, k_{n-r}$ 是任一组数，则非齐次线性方程组 $AX = B$ 的全部解为

$$X = k_1\eta_1 + k_2\eta_2 + \cdots + k_{n-r}\eta_{n-r} + X_1$$

这就是说，要求一个非齐次线性方程组的解，只需求它的某个特解，再求出其导出组的基础解系，然后将它们写成上述形式，即得非齐次线性方程组 $AX = B$ 的全部解.

【例 5.25】求下列线性方程组的解.

（1）$\begin{cases} x_1 + 2x_2 + x_3 - x_4 = 4 \\ 3x_1 + 6x_2 - x_3 - 3x_4 = 8 \\ 5x_1 + 10x_2 + x_3 - 5x_4 = 16 \end{cases}$

（2）$\begin{cases} x_1 + x_2 + x_3 + x_4 + x_5 = 7 \\ 3x_1 + 2x_2 + x_3 + x_4 - 3x_5 = -2 \\ x_2 + 2x_3 + 2x_4 + 6x_5 = 23 \\ 5x_1 + 4x_2 - 3x_3 + 3x_4 - x_5 = 12 \end{cases}$

【解】（1）

$$\widetilde{A}=\begin{pmatrix} 1 & 2 & 1 & -1 & 4 \\ 3 & 6 & -1 & -3 & 8 \\ 5 & 10 & 1 & -5 & 16 \end{pmatrix}\rightarrow\begin{pmatrix} 1 & 2 & 1 & -1 & 4 \\ 0 & 0 & -4 & 0 & -4 \\ 0 & 0 & -4 & 0 & -4 \end{pmatrix}\rightarrow\begin{pmatrix} 1 & 2 & 1 & -1 & 4 \\ 0 & 0 & 1 & 0 & 1 \\ 0 & 0 & 0 & 0 & 0 \end{pmatrix}\rightarrow\begin{pmatrix} 1 & 2 & 0 & -1 & 3 \\ 0 & 0 & 1 & 0 & 1 \\ 0 & 0 & 0 & 0 & 0 \end{pmatrix}$$

可见 $r(\boldsymbol{A})=r(\widetilde{\boldsymbol{A}})=2<4$（未知数个数），方程组有无穷多组解，基本解向量有 $4-2=2$ 个.

①**先求对应的齐次方程组得通解.** 由行简化阶梯形矩阵得原方程组对应的齐次方程组的同解方程组为

$$\begin{cases} x_1=-2x_2+x_4 \\ x_3=0 \end{cases}\qquad（x_2,x_4\text{为自由未知量}）$$

取 $\begin{cases} x_2=1 \\ x_4=0 \end{cases}$　有 $\begin{cases} x_1=-2 \\ x_3=0 \end{cases}$，得到第一个解向量 $\boldsymbol{X}_1=(-2,1,0,0)^{\mathrm{T}}$

再取 $\begin{cases} x_2=0 \\ x_4=1 \end{cases}$　有 $\begin{cases} x_1=1 \\ x_3=0 \end{cases}$，得到第二个解向量 $\boldsymbol{X}_2=(1,0,0,1)^{\mathrm{T}}$

故原方程组对应的齐次方程组的通解为 $\overline{X}=k_1X_1+k_2X_2$，其中 k_1,k_2 为任意常数.

②**再求原方程组的一个特解.** 由行简化阶梯形矩阵得原方程组的同解方程组为

$$\begin{cases} x_1=-2x_2+x_4+3 \\ x_3=1 \end{cases}（x_2,x_4\text{为自由未知量}）$$

令 $x_2=x_4=0$，得 $x_1=3,x_3=1$，

从而特解为 $X_0=(3,0,1,0)^{\mathrm{T}}$. 因此原方程组的通解为 $X=X_0+\overline{X}$，即

$$X=\begin{pmatrix} 3 \\ 0 \\ 1 \\ 0 \end{pmatrix}+k_1\begin{pmatrix} -2 \\ 1 \\ 0 \\ 0 \end{pmatrix}+k_2\begin{pmatrix} 1 \\ 0 \\ 0 \\ 1 \end{pmatrix}\qquad（\text{其中}k_1,k_2\text{为任意常数}）$$

（2）

$$\overline{A}=\begin{pmatrix} 1 & 1 & 1 & 1 & 1 & 7 \\ 3 & 2 & 1 & 1 & -3 & -2 \\ 0 & 1 & 2 & 2 & 6 & 23 \\ 5 & 4 & -3 & 3 & -1 & 12 \end{pmatrix}\rightarrow\begin{pmatrix} 1 & 1 & 1 & 1 & 1 & 7 \\ 0 & -1 & -2 & -2 & -6 & -23 \\ 0 & 1 & 2 & 2 & 6 & 23 \\ 0 & -1 & -8 & -2 & -6 & -23 \end{pmatrix}\rightarrow\begin{pmatrix} 1 & 0 & -1 & -1 & -5 & -16 \\ 0 & 1 & 2 & 2 & 6 & 23 \\ 0 & 0 & 0 & 0 & 0 & 0 \\ 0 & 0 & -6 & 0 & 0 & 0 \end{pmatrix}$$

可见 $r(\boldsymbol{A})=r(\overline{\boldsymbol{A}})=3<5$（未知量个数），方程组有无穷多组解，基本解向量有 $5-3=2$ 个.

由行简化阶梯形矩阵得原方程组的同解方程组为

$$\begin{cases} x_1-x_3-x_4-5x_5=-16 \\ x_2+2x_3+2x_4+6x_5=23 \\ x_3=0 \end{cases}$$

即

$$\begin{cases} x_1 = -16 + x_3 + x_4 + 5x_5 \\ x_2 = 23 - 2x_3 - 2x_4 - 6x_5 \quad (x_4, x_5 \text{ 为自由未知量}) \\ x_3 = 0 \end{cases}$$

①先求对应的齐次方程组得基本解向量．

取 $\begin{pmatrix} x_4 \\ x_5 \end{pmatrix} = \begin{pmatrix} 1 \\ 0 \end{pmatrix}$，得第一个基本解向量 $\boldsymbol{X}_1 = (1, \quad -2, \quad 0, \quad 1, \quad 0)^{\mathrm{T}}$；

取 $\begin{pmatrix} x_4 \\ x_5 \end{pmatrix} = \begin{pmatrix} 0 \\ 1 \end{pmatrix}$，得第二个基本解向量 $\boldsymbol{X}_2 = (5, \quad 6, \quad 0, \quad 0, \quad 1)^{\mathrm{T}}$．

②再求原方程组的一个特解．

取 $\begin{pmatrix} x_4 \\ x_5 \end{pmatrix} = \begin{pmatrix} 0 \\ 0 \end{pmatrix}$，得原方程组的一个特解为 $\boldsymbol{X}_0 = (-16, \quad 23, \quad 0, \quad 0, \quad 0)^{\mathrm{T}}$．

因此，原方程组的通解为

$$\boldsymbol{X} = \boldsymbol{X}_0 + k_1 \boldsymbol{X}_1 + k_2 \boldsymbol{X}_2 = \begin{pmatrix} -16 \\ 23 \\ 0 \\ 0 \\ 0 \end{pmatrix} + k_1 \begin{pmatrix} 1 \\ -2 \\ 0 \\ 1 \\ 0 \end{pmatrix} + k_2 \begin{pmatrix} 5 \\ -6 \\ 0 \\ 0 \\ 1 \end{pmatrix} \quad (\text{其中 } k_1, k_2 \text{ 为任意常数})$$

习题 5.3

1．求下列线性方程组的一般解．

（1） $\begin{cases} x_1 - 3x_2 + 2x_3 + x_4 = 0 \\ -x_1 + 2x_2 - x_3 + 2x_4 = 0 \\ x_1 - 2x_2 + 3x_3 - 2x_4 = 0 \end{cases}$ （2） $\begin{cases} 2x_1 - 5x_2 + 2x_3 = -3 \\ x_1 + 2x_2 - x_3 = 3 \\ -2x_1 + 14x_2 - 6x_3 = 12 \end{cases}$

2．设线性方程组为

$$\begin{cases} 2x_1 - x_2 + x_3 = 1 \\ -x_1 - 2x_2 + x_3 = -1 \\ x_1 - 3x_2 + 2x_3 = c \end{cases}$$

试问 c 为何值时，方程组有解？若方程组有解，求出一般解．

3．设线性方程组为

$$\begin{cases} x_1 \qquad + x_3 = 2 \\ x_1 + 2x_2 - x_3 = 0 \\ 2x_1 + x_2 - ax_3 = b \end{cases}$$

讨论当 a, b 为何值时，方程组无解？有唯一解？有无穷多解？

4．设齐次线性方程组为

$$\begin{cases} x_1 - 3x_2 + 2x_3 = 0 \\ 2x_1 - 5x_2 + 3x_3 = 0 \\ 3x_1 - 8x_2 + \lambda x_3 = 0 \end{cases}$$

问 λ 取何值时方程组有非零解，并求一般解．

综合练习 5

1．填空题

（1）用消元法求得非齐次线性方程组 $AX = B$ 的阶梯形矩阵 $\overline{A} \rightarrow \begin{pmatrix} 1 & 3 & 2 & 1 & 0 \\ 0 & 2 & 1 & 0 & 1 \\ 0 & 0 & 0 & 0 & d+1 \\ 0 & 0 & 0 & 0 & 0 \end{pmatrix}$,

则当 $d=$＿＿＿＿时，$AX = B$ 有解，且有＿＿＿＿解．

（2）当 $\lambda =$＿＿＿＿时，齐次线性方程组 $\begin{cases} x_1 + x_2 = 0 \\ \lambda x_1 + x_2 = 0 \end{cases}$ 有非零解．

（3）设方程组 $AX = B$ 有解，并且特解为 X_0，其对应的齐次线性方程组的基础解向量组为 $X_1, X_2, \cdots, X_{n-r}$，则方程组的通解可表示为＿＿＿＿＿＿＿＿＿＿＿＿＿＿＿＿＿．

（4）设线性方程组 $AX = 0$ 中有五个未知量，且 $r(A) = 3$，则 $AX = 0$ 的基本解向量组中解向量的个数为＿＿＿＿＿个．

2．单项选择题

（1）线性方程组 $A_{m \times n} X = B$ 有解的充要条件是（　　）．

A．$B = 0$　　　　B．$m < n$　　　　C．$m = n$　　　　D．$r(A) = r(\overline{A})$

（2）以下结论正确的是（　　）．

A．方程个数小于未知量个数的线性方程组一定有解

B．方程个数等于未知量个数的线性方程组一定有唯一一组解

C．方程个数大于未知量个数的线性方程组一定有无穷多组解

D．A、B、C 均不对

（3）齐次线性方程组 $A_{3 \times 5} X_{5 \times 1} = 0$（　　）．

A．无解　　　　　　　　　　B．只有零解

C．必有非零解　　　　　　　D．可能有非零解，也可能没有非零解

（4）设 $AX = B$ 是有三个方程、四个未知量的线性方程组，而且 $r(A) = 2, r(\overline{A}) = 3$，则这一方程组（　　）．

A．无解　　　　　　　　　　B．有唯一一组解

C．有无穷多组解　　　　　　D．不能确定

（5）n 元齐次线性方程组 $AX = 0$ 有非零解时，它的基本解向量组中所含解向量的个数

等于（　　）个.

　　A. $r(A) - n$　　　　B. $r(A) + n$　　　　C. $n - r(A)$　　　　D. $n + r(A)$

（6）若齐次线性方程组 $AX = 0$ 的一般解中含有两个自由未知量 x_4, x_5，则在确定 $AX = 0$ 的基本解向量组时，以下结论正确的是（　　）.

　　A. 基本解向量组中解向量的个数必为5

　　B. 基本解向量组中解向量的个数必为2

　　C. 必须分别取 $x_4 = 1$，$x_5 = 0$ 和 $x_4 = 0$，$x_5 = 1$

　　D. 不能分别取 $x_4 = 3$，$x_5 = 0$ 和 $x_4 = 0$，$x_5 = 5$

（7）若线性方程组 $AX = B$ 的同解方程组为 $\begin{cases} x_1 = 2x_3 + 1 \\ x_2 = 3x_3 - 2 \end{cases}$（$x_3$ 是自由未知量），则（　　）.

　　A. 令 $x_3 = 3$，得特解为 $X_0 = (7, 7, 3)^{\mathrm{T}}$　　　　B. 只有令 $x_3 = 0$ 才能求得 $AX = B$ 的特解

　　C. 令 $x_3 = 0$，得特解为 $X_0 = (1, -2)^{\mathrm{T}}$　　　　D. 令 $x_3 = 1$，得特解为 $X_0 = (3, 1)^{\mathrm{T}}$

3．判断下列向量组的线性相关性.

（1）$a_1 = (1, 1, 1)$，$a_2 = (0, 2, 5)$，$a_3 = (1, 3, 6)$；

（2）$a_1 = (1, -2, 4, -8)$，$a_2 = (1, 3, 9, 27)$，$a_3 = (1, 4, 16, 64)$，$a_4 = (1, -1, 1, -1)$.

4．求下列向量组的秩及向量组的一个极大线性无关组.

（1）$a_1 = (1, 1, 1)$，$a_2 = (1, 3, 2)$，$a_3 = (1, 1, 4)$；

（2）$a_1 = (1, 1, 1, 2)$，$a_2 = (3, 1, 2, 5)$，$a_3 = (2, 0, 1, 3)$，$a_4 = (1, -1, 0, 1)$.

5．求下列齐次线性方程组的一个基础解和全部解.

（1）$\begin{cases} x_1 - 3x_2 + x_3 - 2x_4 = 0 \\ -5x_1 + x_2 - 2x_3 + 3x_4 = 0 \\ -x_1 - 11x_2 + 2x_3 - 5x_4 = 0 \\ 3x_1 + 5x_2 + \quad\quad x_4 = 0 \end{cases}$
（2）$\begin{cases} 3x_1 - x_2 - 8x_3 + 2x_4 + x_5 = 0 \\ x_1 + 11x_2 - 12x_3 + 34x_4 - 5x_5 = 0 \\ 2x_1 - x_2 - 3x_3 - 7x_4 + 2x_5 = 0 \\ x_1 - 5x_2 + 2x_3 - 16x_4 + 3x_5 = 0 \end{cases}$

（3）$\begin{cases} x_1 + 3x_2 + x_3 + x_4 = 0 \\ 2x_1 - 2x_2 + x_3 + 2x_4 = 0 \\ x_1 + 11x_2 + 2x_3 + x_4 = 0 \end{cases}$
（4）$\begin{cases} 2x_1 + 2x_2 - 3x_3 - 4x_4 - 7x_5 = 0 \\ x_1 + x_2 - x_3 + 2x_4 + 3x_5 = 0 \\ -x_1 - x_2 + 2x_3 - x_4 + 3x_5 = 0 \end{cases}$

6．求下列线性方程组的全部解.

（1）$\begin{cases} 2x_1 + 7x_2 + 3x_3 + x_4 = 6 \\ 3x_1 + 5x_2 + 2x_3 + 2x_4 = 4 \\ 9x_1 + 4x_2 + x_3 + 7x_4 = 2 \end{cases}$
（2）$\begin{cases} 2x_1 + 3x_2 + x_3 = 4 \\ x_1 - 2x_2 + 4x_3 = -5 \\ 3x_1 + 8x_2 - 2x_3 = 13 \\ 4x_1 - x_2 + 9x_3 = -6 \end{cases}$

（3）$\begin{cases} -5x_1 + x_2 + 2x_3 - 3x_4 = 11 \\ x_1 - 3x_2 - 4x_3 + 2x_4 = -5 \\ -9x_1 - x_2 + 0x_3 - 4x_4 = 17 \\ 3x_1 + 5x_2 + 6x_3 - x_4 = -1 \end{cases}$

7．当 t 为何值时，下列齐次线性方程组只有零解？有非零解？并求非零解.

$$\begin{cases} x_1 - 2x_2 + x_3 - x_4 = 0 \\ 2x_1 + x_2 - x_3 + x_4 = 0 \\ x_1 + 7x_2 - 5x_3 + 5x_4 = 0 \\ 3x_1 - x_2 - 2x_3 - tx_4 = 0 \end{cases}$$

8. 已知齐次线性方程组 $\begin{cases} \lambda_1 x_1 + x_2 + x_3 = 0 \\ x_1 + \lambda_2 x_2 + x_3 = 0 \\ x_1 + 2\lambda_2 x_2 + x_3 = 0 \end{cases}$ 有非零解，求 λ_1, λ_2.

9. 问线性方程组 $\begin{cases} -x_1 + x_2 - x_3 = 0 \\ x_1 - 2x_2 - x_3 = 0 \\ x_1 - x_2 + ax_3 = 0 \end{cases}$ ，当 a 为何值时有非零解，并求出其一般解.

10. 当 λ 取何值时，线性方程组 $\begin{cases} x_1 + x_2 + x_3 = 1 \\ 2x_1 + x_2 - 4x_3 = \lambda \\ -x_1 + 0x_2 + 5x_3 = 1 \end{cases}$ 有解？并求一般解.

11. 设线性方程组 $\begin{cases} x_1 + 0x_2 + x_3 = 2 \\ x_1 + 2x_2 - x_3 = 0 \\ 2x_1 + x_2 - ax_3 = b \end{cases}$ ，讨论当 a, b 为何值时，方程组无解，有唯一解，

有无穷多解？

第6章　多元函数微积分学

学习目标

1. 掌握二元函数的概念，求二元函数的极限，判断多元函数的连续性；

2. 求二元函数的偏导数与全微分；

3. 掌握多元复合函数的求导法则；

4. 掌握偏导数的应用；

5. 掌握二重积分的概念、性质及计算.

6.1　多元函数

一、多元函数的概念

在许多自然现象和实际问题中，往往是多因素相互制约的，若用函数反映它们之间的联系便表现为存在多个自变量.

【例 6.1】　设一矩形的长为 x，宽为 y，则矩形的面积 $S=xy$.

S 的值与 x，y 两个变量有关.

【例 6.2】　设物体的质量为 m，运动速度为 v，则物体运动的动能 $W = \dfrac{1}{2}mv^2$.

W 的值与 m，v 两个变量有关.

1.二元函数的定义

【定义 1】　设有变量 x，y 和 z，如果当变量 x，y 在某一固定的范围 D 内任意取一对值时，按照一定的法则 f，变量 z 总有唯一的确定的值与之对应，则称 z 为变量 x，y 的二元函数，记作 $z = f(x,y)$. 其中，x，y 称为自变量，z 称为因变量. 自变量 x，y 的取值范围 D 称为函数 $f(x，y)$ 的定义域.

二元函数 $z = f(x,y)$ 在点 (x_0,y_0) 处的函数值记为

$$f(x_0,y_0) \text{ 或 } z\big|_{(x_0,y_0)} \text{ 或 } z\big|_{\substack{x=x_0 \\ y=y_0}}$$

显然，在例 6.1 中，S 是关于变量 x，y 二元函数；在例 6.2 中，W 是关于变量 m，v 的二元函数.

2. 二元函数的定义域

我们知道一元函数的定义域一般来说是一个或几个区间. 二元函数的定义域通常是由平面上一段或几段光滑曲线所围成的连通的部分平面, 这样的部分在平面内称为区域. 围成区域的曲线称为区域的边界, 边界上的点称为边界点, 包括边界在内的区域称为闭区域, 不包括边界在内的区域称为开区域.

常见的区域有以下两种.

矩形区域　$D = \{(x, y) \mid a < x < b, c < y < d\}$.

圆域　$D = \{(x, y) \mid (x - x_0)^2 + (y - y_0)^2 < \delta^2 (\delta > 0)\}$.

圆域一般又称为平面上的点 $P_0(x_0, y_0)$ 的 δ 邻域, 记作 $U(P_0, \delta)$, 而不包含 P_0 点的邻域称为空心邻域, 记为 $U(\hat{P}_0, \delta)$.

如果区域 D 可以被包含在以原点为圆心的某一圆域内, 则称 D 为有界闭区域, 否则称为无界开区域.

【例 6.3】　求 $z = \sqrt{a - x^2 - y^2}$ 的定义域.

【解】　显然定义域为 $D = \{(x, y) \mid x^2 + y^2 \leqslant a^2\}$, 如图 6.1 所示.

D 是 xOy 平面上的一个有界闭区域.

【例 6.4】　求函数 $z = \arcsin \dfrac{x}{3} + \dfrac{1}{\sqrt{x - y^2}}$ 的定义域.

【解】　由 $\begin{cases} \left| \dfrac{x}{3} \right| \leqslant 1 \\ x - y^2 > 0 \end{cases}$ 得 $\{(x, y) \mid -3 \leqslant x \leqslant 3, x > y^2\}$, 即定义域为 $D = \{(x, y) \mid -3 \leqslant x \leqslant 3, x > y^2\}$, 如图 6.2 所示, D 是 xOy 平面上的一个有界开区域.

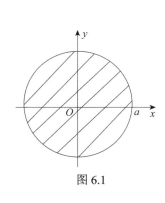

图 6.1

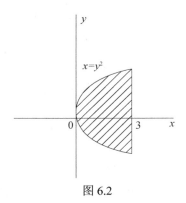

图 6.2

3. 二元函数的几何表示

把自变量 x, y 及因变量 z 当作空间点的直角坐标, 先在 xOy 平面内作出函数 $z = f(x, y)$ 的定义域 D, 再过 D 域中的任意点 $M(x, y)$ 作垂直于 xOy 平面的有向线段 MP, 使 P 点的纵坐标为 $f(x, y)$. 当 M 点在 D 中变动时, 对应的 P 点的轨迹就是函数 $z = f(x, y)$ 的几何图形,它通常是一张曲面，而其定义域 D 就是此曲面在 xOy 平面上的投影.

例如 $z=ax+by+c$ 是一张平面，而函数 $z=x^2+y^2$ 的图形是旋转抛物面.

上面关于二元函数的概念可以推广到三元甚至 n 元函数.

二、二元函数的极限与连续性

1. 二元函数的极限

与一元函数的极限概念类似，如果在 $P(x,y) \to P_0(x_0, y_0)$ 的过程中，对应的函数值 $f(x, y)$ 无限接近于一个确定的常数 A，则称 A 是函数 $f(x, y)$ 当 $(x, y) \to (x_0, y_0)$ 时的极限.

【定义 2】 设 $P_0(x_0, y_0)$ 为函数 $z=f(x, y)$ 在定义域 D 内的点，如果当定义域内任意一点 P（P_0 除外）以任何方式趋近 P_0 时，即 $P \to P_0$，都有 $f(x, y) \to A$，则称 A 为 $f(x, y)$ 在点 P_0 的极限，记为

$$\lim_{\substack{x \to x_0 \\ y \to y_0}} f(x, y) = A \quad \text{或} \quad \lim_{(x, y) \to (x_0, y_0)} f(x, y) = A$$

一元函数求极限的方法及运算法则对多元函数依旧成立.

【例 6.5】 求极限：（1）$\lim\limits_{\substack{x \to 0 \\ y \to 0}}(1+xy)^{\frac{1}{\tan xy}}$；（2）$\lim\limits_{\substack{x \to 0 \\ y \to 0}} \dfrac{xy(x^2 - y^2)}{x^2 + y^2}$.

【解】（1）$\lim\limits_{\substack{x \to 0 \\ y \to 0}}(1+xy)^{\frac{1}{\tan xy}} = \lim\limits_{\substack{x \to 0 \\ y \to 0}}(1+xy)^{\frac{1}{xy} \cdot \frac{xy}{\tan xy}} = \mathrm{e}^{\lim\limits_{\substack{x \to 0 \\ y \to 0}} \frac{xy}{\tan xy}} = \mathrm{e}^1 = \mathrm{e}$

（2）$\because \left| \dfrac{x^2 - y^2}{x^2 + y^2} \right| = \dfrac{|x^2 - y^2|}{x^2 + y^2} \leqslant \dfrac{x^2 + y^2}{x^2 + y^2} = 1$

$\therefore \left| \dfrac{xy(x^2 - y^2)}{x^2 + y^2} \right| \leqslant xy \cdot 1 = xy$

又 $\because \lim\limits_{\substack{x \to 0 \\ y \to 0}} xy = 0$

$\therefore$ 原极限 $=0$

2. 二元函数的连续性

【定义 3】 设函数 $z = f(x, y)$ 在点 $P_0(x_0, y_0)$ 的某邻域内有定义，如果

$$\lim_{\substack{x \to x_0 \\ y \to y_0}} f(x, y) = f(x_0, y_0)$$

则称函数 $z = f(x, y)$ 在点 $P_0(x_0, y_0)$ 处连续.

如果函数 $f(x, y)$ 在 D 内的每一点都连续，那么就称函数 $f(x, y)$ 在 D 内连续，或者称 $f(x, y)$ 是 D 内的连续函数.

同一元函数类似，多元连续函数的和、差、积、商（分母不为零）及复合函数也是连续函数. 由此还可得出"多元初等函数在其定义域内连续".

习题 6.1

1. 设 $f(x,y) = \dfrac{2xy}{x^2+y^2}$ ，求 $f(1,\dfrac{y}{x})$.

2. 求下列函数的定义域并作出定义域图像.

(1) $z = \ln(y^2 - 2x + 1)$ 　　(2) $z = \sqrt{x - \sqrt{y}}$ 　　(3) $z = \dfrac{\sqrt{4x - y^2}}{\ln(1 - x^2 - y^2)}$

3. 求下列各极限.

(1) $\lim\limits_{(x,y)\to(0,1)} \dfrac{\sin xy}{x}$ 　　(2) $\lim\limits_{(x,y)\to(0,0)} \dfrac{2 - \sqrt{xy+4}}{xy}$

6.2　偏导数

一、偏导数概念

1. 偏导数的定义

在研究二元函数时，有时需要求当其中一个自变量不变时，函数关于另一个自变量的变化率，这种形式的变化率，就是二元函数的偏导数.

【定义 1】　设函数 $z = f(x,y)$ 在 P_0（x_0, y_0）的某邻域 $U(P_0, \delta)$ 内有定义，当 y 固定在 y_0，而 x 在 x_0 处有改变量 Δx 时，相应地函数有改变量 $f(x_0 + \Delta x, y_0) - f(x_0, y_0)$，称其为函数 z 对 x 的偏增量，记为 Δz_x. 如果极限

$$\lim_{\Delta x \to 0} \frac{\Delta_x z}{\Delta x} = \lim_{\Delta x \to 0} \frac{f(x_0 + \Delta x, y_0) - f(x_0, y_0)}{\Delta x}$$

存在，则称此极限值为 $z = f(x,y)$ 在点 P_0（x_0, y_0）处对 x 的偏导数，记作

$$\frac{\partial z}{\partial x}\bigg|_{\substack{x=x_0 \\ y=y_0}}, \quad \frac{\partial f}{\partial x}\bigg|_{\substack{x=x_0 \\ y=y_0}}, \quad z_x'\bigg|_{\substack{x=x_0 \\ y=y_0}} \text{ 或 } f_x'(x_0, y_0)$$

类似地，函数 $z=f(x,y)$ 在点 (x_0,y_0) 处对 y 的偏导数定义为

$$\lim_{\Delta y \to 0} \frac{f(x_0, y_0 + \Delta y) - f(x_0, y_0)}{\Delta y}$$

记作

$$\frac{\partial z}{\partial y}\bigg|_{\substack{x=x_0 \\ y=y_0}}, \quad \frac{\partial f}{\partial y}\bigg|_{\substack{x=x_0 \\ y=y_0}}, \quad z_y'\bigg|_{\substack{x=x_0 \\ y=y_0}} \text{ 或 } f_y'(x_0, y_0)$$

如果函数 $z=f(x,y)$ 在区域 D 内每一点 (x,y) 处对 x 的偏导数都存在，那么这个偏导数就

是 x，y 的函数，它就称为函数 $z=f(x,y)$ 对自变量 x 的偏导函数，记作

$$\frac{\partial z}{\partial x}, \quad \frac{\partial f}{\partial x}, \quad z'_x \text{ 或 } f'_x(x,y)$$

且

$$f'_x(x,y) = \lim_{\Delta x \to 0} \frac{f(x+\Delta x, y) - f(x,y)}{\Delta x}$$

类似地，可定义函数 $z=f(x,y)$ 对 y 的偏导函数，记为

$$\frac{\partial z}{\partial y}, \quad \frac{\partial f}{\partial y}, \quad z'_y \text{ 或 } f'_y(x,y)$$

且

$$f'_y(x,y) = \lim_{\Delta y \to 0} \frac{f(x, y+\Delta y) - f(x,y)}{\Delta y}$$

偏导数的概念还可推广到二元以上的函数，例如三元函数 $u=f(x,y,z)$ 在点 (x,y,z) 处对 x 的偏导数定义为

$$f'_x(x,y,z) = \lim_{\Delta x \to 0} \frac{f(x+\Delta x, y, z) - f(x,y,z)}{\Delta x}$$

其中，(x,y,z) 是函数 $u=f(x,y,z)$ 在定义域内的点.

偏导数的符号 $\dfrac{\partial z}{\partial y}$，$\dfrac{\partial z}{\partial y}$ 是一个整体，不像 $\dfrac{\mathrm{d}y}{\mathrm{d}x}$ 可以看成 $\mathrm{d}y$ 除以 $\mathrm{d}x$.

2. 偏导数的计算

求 $\dfrac{\partial f}{\partial x}$ 时，只要把 y 暂时看作常量而对 x 求导数；求 $\dfrac{\partial f}{\partial y}$ 时，只要把 x 暂时看作常量而对 y 求导数.

【例 6.6】 设 $z = \dfrac{y}{x}$，求 $\dfrac{\partial z}{\partial x}$，$\dfrac{\partial x}{\partial y}$.

【解】 把 y 看作常量，对 x 求导，则 $\dfrac{\partial z}{\partial x} = -\dfrac{y}{x^2}$；

把 x 看作常量，对 y 求导，则 $\dfrac{\partial z}{\partial y} = \dfrac{1}{x}$.

【例 6.7】 求 $z = x^2 - 2xy + 3y^3$ 在点（1，2）处的偏导数 $\dfrac{\partial z}{\partial x}\bigg|_{(1,2)}$，$\dfrac{\partial z}{\partial y}\bigg|_{(1,2)}$.

【解】 $\dfrac{\partial z}{\partial x}\bigg|_{(1,2)} = 2x - 2y\big|_{(1,2)} = 2 - 4 = -2$；$\dfrac{\partial z}{\partial y}\bigg|_{(1,2)} = -2x + 9y^2 = -2 + 36 = 34$.

【例 6.8】 设 $f(x,y) = \begin{cases} \dfrac{xy}{x^2+y^2}, & x^2+y^2 \neq 0 \\ 0 & x^2+y^2 = 0 \end{cases}$，求 f 在（0，0）处的偏导数.

【解】 因为函数在整个定义域内表达形式不一样，所以在这里我们只能根据定义来求解.

$$f_x'(0,0) = \lim_{\Delta x \to 0} \frac{f(0+\Delta x, 0) - f(0,0)}{\Delta x} = \lim_{\Delta x \to 0} \frac{0}{\Delta x} = 0$$

$$f_y'(0,0) = \lim_{\Delta y \to 0} \frac{f(0, 0+\Delta y) - f(0,0)}{\Delta y} = \lim_{\Delta y \to 0} \frac{0}{\Delta y} = 0$$

需要指出，求 $z = f(x,y)$ 在 P_0（x_0, y_0）的偏导数可以采用以下两种方法.

方法一：首先求出其偏导函数 $f_x(x,y)$，$f_y(x,y)$，再代入该点的坐标值（x_0, y_0）.

方法二：比如求 $f_x'(x_0, y_0)$ 时，通常先代入 $y = y_0$，得到 $f(x, y_0)$，再对 x 求导数得 $f_x(x, y_0)$，再代入 $x = x_0$.

【例6.9】 $z = f(x,y) = \arctan\dfrac{(x-1)^2}{2}\sin(y\pi) + \mathrm{e}^{xy}\cos(y\pi)$，求 $f_x'(1,1)$.

【解】 因为 $f(x,1) = -\mathrm{e}^x$，所以 $f_x'(x,1) = -\mathrm{e}^x$，从而 $f_x'(1,1) = -\mathrm{e}$.

3. 二元函数偏导数的几何意义

$f_x(x_0, y_0)$ 表示曲面 $z = f(x,y)$ 与平面 $y = y_0$ 相交的曲线 C_x，在平面 $y = y_0$ 内在 $x = x_0$ 处的切线斜率. 其中，$K_x = f_x'(x_0, y_0) = \tan\alpha$，如图 6.3 所示.

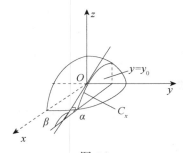

图 6.3

二、高阶偏导数

若二元函数 $z = f(x,y)$ 在区域 D 内的两个偏导数 $\dfrac{\partial z}{\partial x}$，$\dfrac{\partial x}{\partial y}$ 存在，则 $\dfrac{\partial z}{\partial x}$，$\dfrac{\partial x}{\partial y}$ 在区域 D 内仍是 x，y 的函数. 如果这两个函数 $\dfrac{\partial z}{\partial x}$，$\dfrac{\partial x}{\partial y}$ 的偏导数存在，则称它们是函数 $z = f(x,y)$ 的二阶偏导数。按对变量的求导次序的不同有下列四个二阶偏导数，分别表示为

$$\frac{\partial}{\partial x}(\frac{\partial z}{\partial x}) = \frac{\partial^2 z}{\partial x^2} = f_{xx}''(x,y), \quad \frac{\partial}{\partial y}(\frac{\partial z}{\partial x}) = \frac{\partial^2 z}{\partial x \partial y} = f_{xy}''(x,y)$$

$$\frac{\partial}{\partial x}(\frac{\partial z}{\partial y}) = \frac{\partial^2 z}{\partial y \partial x} = f_{yx}''(x,y), \quad \frac{\partial}{\partial y}(\frac{\partial z}{\partial y}) = \frac{\partial^2 z}{\partial y^2} = f_{yy}''(x,y)$$

其中，第二、第三个偏导数称为混合偏导数.

类似地，可以定义三阶、四阶、…、n 阶偏导数. 二阶及二阶以上的偏导数都称为高阶偏导数.

【例 6.10】 设 $z = x^3 y + 2xy^2 - 3y^3$ ，求其二阶偏导数.

【解】 $\dfrac{\partial z}{\partial x} = 3x^2 y + 2y^2$ ， $\dfrac{\partial z}{\partial y} = x^3 + 4xy - 9y^2$

$$\dfrac{\partial^2 z}{\partial x^2} = 6xy ， \dfrac{\partial^2 z}{\partial x \partial y} = 3x^2 + 4y ， \dfrac{\partial^2 z}{\partial y \partial x} = 3x^2 + 4y ， \dfrac{\partial^2 z}{\partial y^2} = 4x - 18y$$

从此例中可看出，函数的两个二阶混合偏导数相等，即 $\dfrac{\partial^2 z}{\partial x \partial y} = \dfrac{\partial^2 z}{\partial y \partial x}$. 这并非偶然，事实上，有下述定理.

【定理】 若函数 $z = f(x, y)$ 的两个混合偏导数在区域 D 内连续，则两者相等.

证明略.

习题 6.2

1.已知 $f(x, y) = xy^2$ ，由偏导数定义求 $f'_x(x_0, y_0)$ 及 $f'_y(x_0, y_0)$.

2.求下列函数的偏导数.

（1） $z = x^8 \mathrm{e}^y$ （2） $z = \sin \dfrac{y}{x}$

（3） $z = \sqrt{\ln(xy)}$ （4） $z = (1 + xy)^y$

3.求下列函数的二阶偏导数.

（1） $z = \dfrac{x - y}{x + y}$ （2） $z = \cos^2(x + 2y)$

6.3 全微分及其应用

我们知道，如果一元函数 $y = f(x)$ 在 $x = x_0$ 处的增量 $\Delta y = f(x_0 + \Delta x) - f(x_0)$ 可以表示为 $\Delta y = A \Delta x + \alpha$ ，其中 α 是 Δx 的高阶无穷小，则称 $A \Delta x$ 为函数 $y = f(x)$ 在 x_0 处的微分。

一、全微分的概念

【定义 1】 如果函数 $z = f(x, y)$ 在点 (x_0, y_0) 处的全增量 $\Delta z = f(x_0 + \Delta x, y_0 + \Delta y) - f(x_0, y_0)$ ，可表示为 $\Delta z = A \Delta x + B \Delta y + o(\rho)$ （ $\rho = \sqrt{(\Delta x)^2 + (\Delta y)^2}$ ），其中 A, B 不依赖于 $\Delta x, \Delta y$ 而仅与 x_0, y_0 有关，则称函数 $z = f(x, y)$ 在点 (x_0, y_0) 可微，而称 $A \Delta x + B \Delta y$ 为函数 $z = f(x, y)$ 在点 (x_0, y_0) 的全微分，记作 $\mathrm{d}z$ ，即 $\mathrm{d}z = A \Delta x + B \Delta y$.

如果函数 $z = f(x, y)$ 在区域 D 内各点处都可微，那么称这函数在 D 内可微.

如果函数 $z = f(x, y)$ 在点 (x_0, y_0) 处可微，则函数在该点必连续.

一元函数可微与可导是等价的，且 $\mathrm{d}y = f'(x)\mathrm{d}x$，那么二元函数在 (x_0, y_0) 点处可微与它在该点处的偏导数具有怎样的关系呢？

【定理 1】（可微的必要条件）如果函数 $z=f(x, y)$ 在点 (x_0, y_0) 处可微，则函数在该点的偏导数必定存在，且有

$$A = \left.\frac{\partial z}{\partial x}\right|_{(x_0, y_0)} , \quad B = \left.\frac{\partial z}{\partial y}\right|_{(x_0, y_0)}$$

证明略.

所以，函数 $z=f(x, y)$ 在 (x_0, y_0) 处的全微分为

$$\mathrm{d}z = \left.\frac{\partial z}{\partial x}\right|_{(x_0, y_0)} \Delta x + \left.\frac{\partial z}{\partial y}\right|_{(x_0, y_0)} \Delta y$$

与一元函数一样，规定 $\Delta x = \mathrm{d}x$，$\Delta y = \mathrm{d}y$，则

$$\mathrm{d}z = \left.\frac{\partial z}{\partial x}\right|_{(x_0, y_0)} \mathrm{d}x + \left.\frac{\partial z}{\partial y}\right|_{(x_0, y_0)} \mathrm{d}y$$

需要指出，偏导数存在是可微的必要条件，但不是充分条件，这是多元函数与一元函数的又一不同之处.

例如，函数 $f(x, y) = \begin{cases} \dfrac{xy}{\sqrt{x^2 + y^2}} & x^2 + y^2 \neq 0 \\ 0 & x^2 + y^2 = 0 \end{cases}$

在点 $(0, 0)$ 处有 $f_x'(0, 0) = 0$ 及 $f_y'(0, 0) = 0$ 而

$$\Delta z - [f_x'(0, 0) \cdot \Delta x + f_y'(0, 0) \cdot \Delta y] = \frac{\Delta x \cdot \Delta y}{\sqrt{(\Delta x)^2 + (\Delta y)^2}}$$

当点 $P'(\Delta x, \Delta y)$ 沿直线 $y=x$ 趋于 $(0, 0)$ 时，

$$\lim_{\substack{\Delta x \to 0 \\ \Delta y \to 0}} \frac{\Delta z - [f_x'(0, 0) \cdot \Delta x + f_y'(0, 0) \cdot \Delta y]}{\rho}$$

$$= \lim_{\substack{\Delta x \to 0 \\ \Delta y \to 0}} \frac{\Delta x \cdot \Delta y}{(\Delta x)^2 + (\Delta y)^2}$$

$$= \lim_{\Delta x \to 0} \frac{\Delta x \cdot \Delta x}{(\Delta x)^2 + (\Delta x)^2}$$

$$= \frac{1}{2} \neq 0$$

即 $\Delta z - [f_x(0, 0)\Delta x + f_y(0, 0)\Delta y]$ 不是较 ρ 的高阶无穷小，所以函数在点 $(0, 0)$ 处全微分不存在.

【定理 2】（可微的充分条件）如果函数 $z=f(x, y)$ 的偏导数在 (x_0, y_0) 的某邻域内连续，则函数在该点一定可微.

证明略.

【例 6.11】 计算函数 $z = xe^{\frac{x}{y}}$ 的全微分.

【解】 因为 $\dfrac{\partial z}{\partial x} = e^{\frac{x}{y}} + \dfrac{x}{y}e^{\frac{x}{y}}$, $\dfrac{\partial z}{\partial y} = -\dfrac{x^2}{y^2}e^{\frac{x}{y}}$

所以

$$dz = \left(1 + \frac{x}{y}\right)e^{\frac{x}{y}}dx - \frac{x^2}{y^2}e^{\frac{x}{y}}dy$$

【例 6.12】 计算函数 $z = \ln(1 + x^2 + y^2)$ 在点 $(1, 2)$ 处, 当 $\Delta x = 0.1$, $\Delta y = -0.2$ 的全微分.

【解】 因为 $\dfrac{\partial z}{\partial x} = \dfrac{2x}{1 + x^2 + y^2}$, $\dfrac{\partial z}{\partial y} = \dfrac{2y}{1 + x^2 + y^2}$

$$\frac{\partial z}{\partial x}\bigg|_{\substack{x=1 \\ y=2}} = \frac{1}{3}, \quad \frac{\partial z}{\partial y}\bigg|_{\substack{x=1 \\ y=2}} = \frac{2}{3}$$

所以在点 $(1, 2)$ 处, 当 $\Delta x = 0.1$, $\Delta y = -0.2$ 的全微分为

$$dz = \frac{1}{3} \times 0.1 + \frac{2}{3} \times (-0.2) = -\frac{0.3}{3} = -0.1$$

【例 6.13】 计算函数 $u = x^{yz}$ 的全微分.

【解】 因为 $\dfrac{\partial u}{\partial x} = yzx^{yz-1}$, $\dfrac{\partial u}{\partial y} = zx^{yz} \cdot \ln x$, $\dfrac{\partial u}{\partial z} = yx^{yz} \cdot \ln x$

所以

$$du = yzx^{yz-1}dx + zx^{yz}\ln x\,dy + yx^{yz}\ln x\,dz$$

二、全微分在近似计算中的应用

当二元函数 $z = f(x, y)$ 在点 $P(x, y)$ 的两个偏导数 $f'_x(x, y)$, $f'_y(x, y)$ 连续, 并且 $|\Delta x|$, $|\Delta y|$ 都较小时, 有近似等式

$$\Delta z \approx dz = f'_x(x, y)\Delta x + f'_y(x, y)\Delta y$$

即

$$f(x+\Delta x, y+\Delta y) \approx f(x, y) + f'_x(x, y)\Delta x + f'_y(x, y)\Delta y$$

我们可以利用上述近似等式对二元函数进行近似计算.

【例 6.14】 计算 $(1.04)^{2.02}$ 的近似值.

【解】 设函数 $f(x, y) = x^y$. 显然, 要计算的值就是函数在 $x=1.04$, $y=2.02$ 时的函数值 $f(1.04, 2.02)$. 取 $x=1$, $y=2$, $\Delta x=0.04$, $\Delta y=0.02$. 由于

$$f(x+\Delta x, y+\Delta y) \approx f(x, y) + f'_x(x, y)\Delta x + f'_y(x, y)\Delta y$$

$$= x^y + yx^{y-1}\Delta x + x^y\ln x\,\Delta y$$

所以

$$(1.04)^{2.02} \approx 1^2 + 2 \times 1^{2-1} \times 0.04 + 1^2 \times \ln 1 \times 0.02 = 1.08$$

【**例 6.15**】　有一圆柱体，受压后发生形变，它的半径由 20cm 增大到 20.05cm，高度由 100cm 减少到 99cm，求此圆柱体体积变化的近似值.

【**解**】　设圆柱体的半径、高和体积依次为 r，h 和 V，则有

$$V = \pi r^2 h.$$

已知 $r=20$，$h=100$，$\Delta r=0.05$，$\Delta h=-1$，根据近似公式，有

$$\Delta V \approx dV$$
$$= V_r' \Delta r + V_h' \Delta h$$
$$= 2\pi r h \Delta r + \pi r^2 \Delta h$$
$$= 2\pi \times 20 \times 100 \times 0.05 + \pi \times 20^2 \times (-1)$$
$$= -200\pi \ (\text{cm}^3).$$

即此圆柱体在受压后体积约减少了 $200\pi \ \text{cm}^3$.

习题 6.3

1.求函数 $z = \dfrac{y}{x}$ 当 $x=2$，$y=1$，$\Delta x = 0.1$，$\Delta y = -0.2$ 时的全增量和全微分.

2.求下列函数的全微分.

（1）$z = x^4 y^3$　　　　　　　　　　（2）$z = \sin(x^2 + y^2)$

（3）$z = \ln(x + y^2)$　　　　　　　　（4）$u = x^{yz}$

3.计算 $\sqrt{(1.02)^3 + (1.97)^3}$ 的近似值.

6.4　多元复合函数的求导法则

一、多元复合函数的求导法则

前面我们介绍了一元复合函数的求导法则，这一思想方法在求导中起着重要作用. 对于多元函数，情况也是如此.

1. 复合函数的中间变量均为一元函数的情形

【**定理 1**】　如果函数 $u=\varphi(t)$ 及 $v=\psi(t)$ 都在点 t 处可导，函数 $z=f(u,v)$ 在对应点 (u,v) 具有连续偏导数，则复合函数 $z=f[\varphi(t), \psi(t)]$ 在点 t 处可导，且有

$$\frac{dz}{dt} = \frac{\partial z}{\partial u} \cdot \frac{du}{dt} + \frac{\partial z}{\partial v} \cdot \frac{dv}{dt}$$

证明略.

推广：设 $z=f(u,\ v,\ w)$，$u=\varphi(t)$，$v=\psi(t)$，$w=\omega(t)$，则 $z=f[\varphi(t),\psi(t),\omega(t)]$ 对 t 的导数为

$$\frac{\mathrm{d}z}{\mathrm{d}t}=\frac{\partial z}{\partial u}\frac{\mathrm{d}u}{\mathrm{d}t}+\frac{\partial z}{\partial v}\frac{\mathrm{d}v}{\mathrm{d}t}+\frac{\partial z}{\partial w}\frac{\mathrm{d}w}{\mathrm{d}t}.$$

上述 $\dfrac{\mathrm{d}z}{\mathrm{d}t}$ 称为全导数.

【例 6.16】 设 $z=\arctan(x-y^2)$，$x=3t$，$y=4t^2$，求全导数 $\dfrac{\mathrm{d}z}{\mathrm{d}t}$.

【解】

$$\frac{\mathrm{d}z}{\mathrm{d}t}=\frac{\partial z}{\partial x}\cdot\frac{\mathrm{d}x}{\mathrm{d}t}+\frac{\partial z}{\partial y}\cdot\frac{\mathrm{d}y}{\mathrm{d}t}$$

$$=\frac{1}{1+(x-y^2)^2}\ (1\times 3-2y\times 8t)$$

$$=\frac{3-64t^3}{1+(3t-16t^4)^2}$$

【例 6.17】 设 $z=x^2+\sqrt{y}$，$y=\sin x$，求全导数 $\dfrac{\mathrm{d}z}{\mathrm{d}x}$.

【解】

$$\frac{\mathrm{d}z}{\mathrm{d}x}=\frac{\partial z}{\partial x}\cdot\frac{\mathrm{d}x}{\mathrm{d}x}+\frac{\partial z}{\partial y}\cdot\frac{\mathrm{d}y}{\mathrm{d}x}$$

$$=\frac{\partial z}{\partial x}+\frac{\partial z}{\partial y}\cdot\frac{\mathrm{d}y}{\mathrm{d}x}$$

$$=2x+\frac{1}{2\sqrt{y}}\cos x$$

$$=2x+\frac{\cos x}{2\sqrt{\sin x}}$$

2. 复合函数的中间变量均为多元函数的情形

【定理 2】 如果函数 $u=\varphi(x,y)$，$v=\psi(x,y)$ 都在点 (x,y) 处具有对 x 及 y 的偏导数，函数 $z=f(u,v)$ 在对应点 (u,v) 处具有连续偏导数，则复合函数 $z=f[\varphi(x,y),\psi(x,y)]$ 在点 (x,y) 处的两个偏导数存在，且有

$$\frac{\partial z}{\partial x}=\frac{\partial z}{\partial u}\cdot\frac{\partial u}{\partial x}+\frac{\partial z}{\partial v}\cdot\frac{\partial v}{\partial x},\quad \frac{\partial z}{\partial y}=\frac{\partial z}{\partial u}\cdot\frac{\partial u}{\partial y}+\frac{\partial z}{\partial v}\cdot\frac{\partial v}{\partial y}$$

【例 6.18】 设 $z=u^2\ln v$，$u=\dfrac{x}{y}$，$v=3x-y$，求 $\dfrac{\partial z}{\partial x}$ 和 $\dfrac{\partial z}{\partial y}$.

【解】

$$\frac{\partial z}{\partial x}=\frac{\partial z}{\partial u}\cdot\frac{\partial u}{\partial x}+\frac{\partial z}{\partial v}\cdot\frac{\partial v}{\partial x}$$

$$=2u\ln v\cdot\frac{1}{y}+u^2\cdot\frac{1}{v}\cdot 3$$

$$=\frac{2x}{y^2}\ln(3x-y)+\frac{3x^2}{y^2(3x-y)}$$

$$\frac{\partial z}{\partial y} = \frac{\partial z}{\partial u} \cdot \frac{\partial u}{\partial y} + \frac{\partial z}{\partial v} \cdot \frac{\partial v}{\partial y}$$

$$= 2u \ln v(-\frac{x}{y^2}) + u^2 \cdot \frac{1}{v}(-1)$$

$$= -\frac{2x^2}{y^3}\ln(3x-y) - \frac{x^2}{y^2(3x-y)}$$

推广：设 $z=f(u, v, w)$，$u=\varphi(x,y)$，$v=\psi(x,y)$，$w=\omega(x,y)$，则

$$\frac{\partial z}{\partial x} = \frac{\partial z}{\partial u} \cdot \frac{\partial u}{\partial x} + \frac{\partial z}{\partial v} \cdot \frac{\partial v}{\partial x} + \frac{\partial z}{\partial w} \cdot \frac{\partial w}{\partial x}$$

$$\frac{\partial z}{\partial y} = \frac{\partial z}{\partial u} \cdot \frac{\partial u}{\partial y} + \frac{\partial z}{\partial v} \cdot \frac{\partial v}{\partial y} + \frac{\partial z}{\partial w} \cdot \frac{\partial w}{\partial y}$$

3. 复合函数的中间变量既有一元函数又有多元函数的情形

【定理 3】 如果函数 $u=\varphi(x,y)$ 在点 (x,y) 具有对 x 及对 y 的偏导数，函数 $v=\psi(y)$ 在点 y 可导，函数 $z=f(u,v)$ 在对应点 (u,v) 具有连续偏导数，则复合函数 $z=f[\varphi(x,y), \psi(y)]$ 在点 (x,y) 的两个偏导数存在，且有

$$\frac{\partial z}{\partial x} = \frac{\partial z}{\partial u} \cdot \frac{\partial u}{\partial x}, \quad \frac{\partial z}{\partial y} = \frac{\partial z}{\partial u} \cdot \frac{\partial u}{\partial y} + \frac{\partial z}{\partial v} \cdot \frac{\mathrm{d}v}{\mathrm{d}y}$$

【例 6.19】 设 $z = v\mathrm{e}^u, u = a\sin x + y, v = 2y$，求 $\dfrac{\partial z}{\partial x}$ 和 $\dfrac{\partial z}{\partial y}$.

【解】

$$\frac{\partial z}{\partial x} = \frac{\partial z}{\partial u} \cdot \frac{\partial u}{\partial x} = v\mathrm{e}^u a\cos x = 2ay\mathrm{e}^{a\sin x+y}\cos x$$

$$\frac{\partial z}{\partial y} = \frac{\partial z}{\partial u} \cdot \frac{\partial u}{\partial y} + \frac{\partial z}{\partial v} \cdot \frac{\mathrm{d}v}{\mathrm{d}y} = v\mathrm{e}^u + \mathrm{e}^u \cdot 2 = 2(y+1)\mathrm{e}^{a\sin x+y}$$

二、隐函数的求导公式

在一元函数中，我们曾学习过隐函数的求导法则，但未给出一般的公式，现由多元复合函数的求导法则推导出隐函数的求导公式.

设 $F(x,y)=0$ 确定了隐函数 $y=f(x)$，将其代入方程，得

$$F[x, f(x)] = 0$$

两端对 x 求导，得

$$\frac{\partial F}{\partial x} + \frac{\partial F}{\partial y} \cdot \frac{\mathrm{d}y}{\mathrm{d}x} = 0$$

若 $F_y' \neq 0$，则有

$$\frac{\mathrm{d}y}{\mathrm{d}x} = -\frac{F_x'}{F_y'}$$

若 $F(x,y,z)=0$ 确定了隐函数 $z=f(x,y)$，将 $z=f(x,y)$ 代入方程，得

$$F[x, y, f(x, y)] = 0$$

两端分别对 x，y 求偏导数，得

$$F'_x + F'_z \cdot \frac{\partial z}{\partial x} = 0 , \quad F'_y + F'_z \cdot \frac{\partial z}{\partial y} = 0$$

若 $F'_z \neq 0$，则得

$$\frac{\partial z}{\partial x} = -\frac{F'_x}{F'_z} , \quad \frac{\partial z}{\partial y} = -\frac{F'_y}{F'_z}$$

【例6.20】 设 $x^2 + y^2 - 1 = 0$，求 $\dfrac{dy}{dx}$．

【解】 因 $F(x, y) = x^2 + y^2 - 1$，$F'_x = 2x$，$F'_y = 2y$，从而

$$\frac{dy}{dx} = -\frac{F'_x}{F'_y} = -\frac{x}{y}$$

【例6.21】 设函数由方程 $e^z - z + xy = 3$ 所确定，求 $\dfrac{\partial^2 z}{\partial x^2}$．

【解】 令 $F(x, y, z) = e^z - z + xy - 3$，则 $F'_x = y$，$F'_z = e^z - 1$

$$\frac{\partial z}{\partial x} = -\frac{F'_x}{F'_z} = -\frac{y}{e^z - 1} = \frac{y}{1 - e^z}$$

$$\frac{\partial^2 z}{\partial x^2} = \frac{-y\left(-e^z \dfrac{\partial z}{\partial x}\right)}{(1 - e^z)^2} = \frac{y e^z \cdot \dfrac{y}{1 - e^z}}{(1 - e^z)^2} = \frac{y^2 e^z}{(1 - e^z)^3}$$

习题 6.4

1. 设 $z = \ln(u^2 + v)$，$u = e^{x + y^2}$，$v = x^2 + y$，求 $\dfrac{\partial z}{\partial x}$，$\dfrac{\partial z}{\partial y}$．

2. 设 $z = \dfrac{x}{y}$，$x = e^t$，$y = e^{2t} - 1$，求 $\dfrac{dz}{dt}$．

3. 设 $z = f(x, x\cos y)$，求 $\dfrac{\partial z}{\partial x}$，$\dfrac{\partial z}{\partial y}$．

4. 设 $e^x - x^2 y + \sin y = 0$，求 $\dfrac{dy}{dx}$．

6.5 偏导数的应用

一、多元函数极值

1. 多元函数的极值及其求法

前面介绍了一元函数的极值及最值情况，这里我们介绍多元函数的情况，先介绍二元

的情形。

【定义 1】　设函数 $z=f(x, y)$ 在点 (x_0, y_0) 的某个邻域内有定义，如果对于该邻域内任何异于 (x_0, y_0) 的点 (x, y)，都有

$$f(x, y) < f(x_0, y_0)(\text{或} f(x, y) > f(x_0, y_0))$$

则称 $f(x_0, y_0)$ 为函数的极大值（或极小值）.

极大值、极小值统称为极值，使函数取得极值的点称为极值点.

例如，函数 $z=f(x, y)=(x-1)^2+(y-2)^2-1$ 在点 $(1, 2)$ 处有极小值 -1 .因为当 $(x-1)^2+(y-2)^2 \neq 0$ 时，$z=f(x, y)=(x-1)^2+(y-2)^2-1 > -1 = f(1, 2)$

以上关于二元函数的极值概念可推广到 n 元函数.设 n 元函数 $u=f(P)$ 在点 P_0 的某一邻域内有定义，如果对于该邻域内任何异于 P_0 的点 P，都有

$$f(P) < f(P_0)(\text{或} f(P) > f(P_0))$$

则称函数 $f(P)$ 在点 P_0 有极大值(或极小值)$f(P_0)$.

与一元函数一样，关于二元函数极值的判定，我们有以下定理.

【定理 1】（必要条件）　设函数 $z=f(x, y)$ 在点 (x_0, y_0) 具有偏导数，且在点 (x_0, y_0) 处有极值，则有

$$f'_x(x_0, y_0) = 0 , \quad f'_y(x_0, y_0) = 0$$

证明略.

类似可推得，如果三元函数 $u=f(x, y, z)$ 在点 (x_0, y_0, z_0) 处具有偏导数，则它在点 (x_0, y_0, z_0) 处具有极值的必要条件为

$$f'_x(x_0, y_0, z_0) = 0, \ f'_y(x_0, y_0, z_0) = 0, \ f'_z(x_0, y_0, z_0) = 0$$

使 $f'_x(x, y) = 0$，$\ f'_y(x, y) = 0$ 同时成立的点 (x_0, y_0) 称为函数 $z=f(x, y)$ 的驻点.

这里的极值点与驻点的定义及极值的必要条件都不难推广到二元以上的多元函数.

与一元函数类似，由定理 1 可知，具有偏导数的函数的极值点必定是驻点，但函数的驻点不一定是极值点.

例如，函数 $z=f(x, y)=x^2-y^2$ 有偏导数 $\frac{\partial z}{\partial x}=2x$，$\frac{\partial z}{\partial y}=-2y$，点 $(0, 0)$ 是函数的驻点，但函数在点 $(0,0)$ 处既不取得极大值也不取得极小值，因为 $f(0,0)=0$，而在 $(0,0)$ 的任意邻域内 $f(x, y)$ 既能取正值也能取负值.

【定理 2】（充分条件）　设函数 $z=f(x, y)$ 在点 (x_0, y_0) 的某邻域内连续且有一阶及二阶连续偏导数，且 $f'_x(x_0, y_0, z_0) = 0, f'_y(x_0, y_0, z_0) = 0$，记

$$f''_{xx}(x_0, y_0, z_0) = A, \ f''_{xy}(x_0, y_0, z_0) = B , \quad f''_{yy}(x_0, y_0, z_0) = C$$

则

（1）当 $B^2-AC < 0$ 且 $A > 0$ 时，函数 $f(x, y)$ 在点 (x_0, y_0) 处有极小值 $f(x_0, y_0)$;

当 $B^2-AC < 0$ 且 $A < 0$ 时，函数 $f(x, y)$ 在点 (x_0, y_0) 处有极大值 $f(x_0, y_0)$.

（2）$B^2-AC>0$ 时，函数 $f(x,y)$ 在点 (x_0,y_0) 处无极值.

（3）$B^2-AC=0$ 时，函数 $f(x,y)$ 在点 (x_0,y_0) 处可能有极值，也可能无极值，需另作讨论. 证明略.

综上可得，具有连续的二阶偏导数的函数 $z=f(x,y)$，其极值求法如下.

（1）先求出偏导数 f_x'，f_y'，f_{xx}''，f_{xy}''，f_{yy}''；

（2）解方程组 $\begin{cases} f_x'(x,y)=0 \\ f_y'(x,y)=0 \end{cases}$，求出定义域内全部驻点；

（3）求出驻点处的二阶偏导数值：

$$A=f_{xx}'', \quad B=f_{xy}'', \quad C=f_{yy}''$$

判别 $\Delta=B^2-AC$ 的符号，并判断 $f(x,y)$ 是否有极值，如果有，求出其极值.

【例 6.22】 求函数 $f(x,y)=x^3+y^3-3xy$ 的极值.

【解】 解方程组 $\begin{cases} f_x'(x,y)=3x^2-3y=0 \\ f_y'(x,y)=3y^2-3x=0 \end{cases}$，求得驻点为 $(1,1)$，$(0,0)$，

再求出二阶偏导数

$$A=f_{xx}''(x,y)=6x, \quad B=f_{xy}''(x,y)=-3, \quad C=f_{yy}''(x,y)=6y$$

在点 $(1,1)$ 处，$B^2-AC=(-3)^2-6\times6=-27<0$，又 $A>0$，所以函数在 $(1,1)$ 处有极小值 $f(1,1)=-1$；

在点 $(0,0)$ 处，$B^2-AC=9>0$，所以 $f(x,y)$ 在 $(0,0)$ 处无极值.

注意：与一元函数类似，不是驻点的点也可能是极值点.

例如，函数 $z=-\sqrt{x^2+y^2}$ 在点 $(0,0)$ 处有极大值，但 $(0,0)$ 并不是函数的驻点. 因此，在计算函数的极值问题时，除了考虑函数的驻点外，如果有偏导数不存在的点，那么对这些点也应当考虑.

2. 多元函数的最值

如果函数 $z=f(x,y)$ 在有界闭区域 D 上连续，则 $f(x,y)$ 在 D 上必定能取得最大值和最小值. 这种使函数取得最大值或最小值的点既可能在 D 的内部，也可能在 D 的边界上. 与一元函数类似，我们可以利用函数的极值来求函数的最大值与最小值. 鉴于全面讨论二元函数的最大值与最小值问题已经超出本教材的范围，这里仅指出在实际应用中通常遇到的一种情况. 即根据问题的性质，知道函数 $f(x,y)$ 的最大值（最小值）一定在 D 的内部取得，而函数在 D 内只有一个驻点，那么可以肯定该驻点处的函数值就是函数 $f(x,y)$ 在 D 上的最大值（最小值）.

【例 6.23】 某工厂要用铁板制作一个体积为 8m³ 的有盖长方体水箱. 问当长、宽、高各取多少时，才能使用料最省？

【解】　设水箱的长为 xm，宽为 ym，则其高应为 $\dfrac{8}{xy}$ m，此水箱所用材料的面积为

$$A = 2(xy + y \cdot \frac{8}{xy} + x \cdot \frac{8}{xy}) = 2(xy + \frac{8}{x} + \frac{8}{y}) \quad (x > 0, \ y > 0)$$

令 $A'_x = 2(y - \dfrac{8}{x^2}) = 0$ ，　$A'_y = 2(x - \dfrac{8}{y^2}) = 0$ ，得 $x=2$，$y=2$.

根据题意可知，水箱所用材料面积的最小值一定存在，并在开区域 $D = \{(x,y) | x>0, y>0\}$ 内取得.因为函数 A 在 D 内只有一个驻点，所以此驻点一定是 A 的最小值点，即当水箱的长为 2m、宽为 2m、高为 $\dfrac{8}{2 \times 2} = 2$ m 时，水箱所用的材料最省.

二、条件极值、拉格朗日乘数法

对自变量有附加条件的极值称为条件极值.

例如，求表面积为 a^2 的长方体，体积何时为最大的问题.设长方体的三个棱的长为 x，y，z，则体积 $V=xyz$.又因假定表面积为 a^2，所以自变量 x，y，z 还必须满足附加条件 $2(xy+yz+xz)=a^2$.

这个问题就是求函数 $V=xyz$ 在条件 $2(xy+yz+xz)=a^2$ 下的最大值问题，这是一个条件极值问题.

对于有些实际问题，可以把条件极值问题转化为无条件极值问题.

例如上述问题，由条件 $2(xy + yz + xz) = a^2$，解得 $z = \dfrac{a^2 - 2xy}{2(x + y)}$，于是得

$$V = \frac{xy}{2} \frac{a^2 - 2xy}{x + y}$$

只需求 V 的无条件极值问题.

在很多情形下，将条件极值转化为无条件极值并不容易。需要另一种求条件极值的方法，这就是拉格朗日乘数法.

拉格朗日乘数法　设函数 $z=f(x,y)$ 和 $\varphi(x,y) = 0$ 均有连续的一阶偏导数，求函数 $z=f(x,y)$ 在条件 $\varphi(x,y) = 0$ 下的极值的步骤如下：

（1）构造辅助函数

$$L(x,y) = f(x,y) + \lambda\varphi(x,y)$$

称为拉格朗日函数，其中 λ 为某一常数.

（2）将 $L(x,y)$ 分别对 x 和 y 求一阶偏导数，并令它们为零，解联立方程组

$$\begin{cases} L'_x(x,y) = f'_x(x,y) + \lambda\varphi'_x(x,y) = 0 \\ L'_y(x,y) = f'_y(x,y) + \lambda\varphi'_y(x,y) = 0 \\ \varphi(x,y) = 0 \end{cases}$$

由方程组解出 x, y，则其中 (x, y) 就是所要求的可能的极值点.

这种方法可以推广到自变量多于两个而条件多于一个的情形.

至于如何确定所求的点是否是极值点，在实际问题中往往可根据问题本身的性质来判定.

【例 6.24】 求表面积为 a^2 的长方体的最大体积.

【解】 设长方体的三棱长分别为 x，y，z，则问题就是在条件

$$2(xy+yz+xz)=a^2$$

下求函数 $V=xyz$ 的最大值.

构造辅助函数

$$L(x, y, z)=xyz+\lambda\ (2xy+2yz+2xz-a^2)$$

解方程组

$$\begin{cases} L'_x(x, y, z) = yz + 2\lambda(y + z) = 0 \\ L'_y(x, y, z) = xz + 2\lambda(x + z) = 0 \\ L'_z(x, y, z) = xy + 2\lambda(y + x) = 0 \\ 2xy + 2yz + 2xz = a^2 \end{cases}$$

得

$$x = y = z = \frac{\sqrt{6}}{6}a$$

$\left(\dfrac{\sqrt{6}}{6}a, \dfrac{\sqrt{6}}{6}a, \dfrac{\sqrt{6}}{6}a\right)$ 是唯一可能的极值点. 由问题本身可知最大值一定存在，所以最大

值就在这个可能的极值点处取得，此时 $V = \dfrac{\sqrt{6}}{36}a^3$.

【例 6.25】 求抛物线 $y = x^2$ 到直线 $x - y - 2 = 0$ 的最短距离。

【解】 设抛物线上的点为 (x, y)，它到直线 $x - y - 2 = 0$ 的距离为 d，则

$$u = d^2 = \frac{1}{2}(x - y - 2)^2$$

当 u 取最小值时，d 也为最小值，于是问题为求函数

$$u = \frac{1}{2}(x - y - 2)^2$$

在条件 $y - x^2 = 0$ 下的最小值.

构造函数 $F(x, y) = \dfrac{1}{2}(x - y - 2)^2 + \lambda(y - x^2)$，求其对 x, y 的偏导数，并令其为零得

$$\begin{cases} x - y - 2 - 2x = 0 \\ -(x - y - 2) + \lambda = 0 \\ y - x^2 = 0 \end{cases}$$

解得 $x = \dfrac{1}{2}$，$y = \dfrac{1}{4}$，所以驻点为 $\left(\dfrac{1}{2}, \dfrac{1}{4}\right)$.

由于在开区域 $\{(x,y)|x>0,y>0\}$ 内只有一个驻点，且根据题意最短距离一定存在，所以此驻点就是最小值点，即 u 在点 $\left(\dfrac{1}{2},\dfrac{1}{4}\right)$ 处取得最小值，所求最短距离为

$$d=\frac{\left|\dfrac{1}{2}-\dfrac{1}{4}-2\right|}{\sqrt{2}}=\frac{7}{8}\sqrt{2}$$

习题 6.5

1.求下列各函数的极值.

（1）$f(x,y)=x^2+y^2-xy$

（2）$f(x,y)=\mathrm{e}^{2x}(x+y^2+2y)$

2.在半径为 a 的球体内，求体积最大的内接长方体.

3.在椭圆 $x^2+4y^2=4$ 上求一点，使其到直线 $2x+3y-6=0$ 的距离最近.

4.求对角线长为 d 的最大长方体的体积.

6.6　二重积分的概念与性质

由一元函数定积分的相关内容可知，定积分是某种确定形式的和的极限，重点是被积函数和积分区间，因而可以用来计算与一元函数有关的某些量. 在一些实际问题中，往往需要计算与多元函数及平面区域有关的量. 把定积分的概念加以推广，当被积函数是二元函数、积分范围是平面区域时，这种积分就是二重积分.

一、两个实例

1. 曲顶柱体的体积

设有一立体，它的底是 xOy 平面上的闭区域 D，它的侧面是以 D 的边界曲线为准线而母线平行于 z 轴的柱面，它的顶是曲面 $z=f(x,y)$，这里 $f(x,y)\geqslant 0$ 且在 D 上连续. 这种立体叫作曲顶柱体.现在我们来讨论如何计算曲顶柱体的体积.

首先，用一组曲线网把 D 分成 n 个小区域 $\Delta\sigma_1$，$\Delta\sigma_2$，$\cdots$，$\Delta\sigma_n$，分别以这些小闭区域的边界曲线为准线，作母线平行于 z 轴的柱面，这些柱面把原来的曲顶柱体分为 n 个细曲顶柱体.

在每个 $\Delta\sigma_i$ 中任取一点 (ξ_i,η_i)，以 $f(\xi_i,\eta_i)$ 为高、$\Delta\sigma_i$ 为底的平顶柱体（见图 6.4）的体积为

$$f(\xi_i,\eta_i)\,\Delta\sigma_i\,(i=1,2,\cdots,n)$$

所有这些小平顶柱体体积之和可以看成是大曲顶柱体体积的近似值，即

$$V \approx \sum_{i=1}^{n} f(\xi_i, \eta_i) \Delta \sigma_i$$

在 $\lambda \to 0$（λ 是各个小区域直径中的最大值）时，如果和式的极限存在，此极限值就是所求曲顶柱体的体积，即

$$V = \lim_{\lambda \to 0} \sum_{i=1}^{n} f(\xi_i, \eta_i) \Delta \sigma_i$$

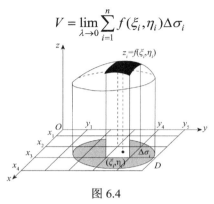

图 6.4

2. 平面薄片的质量

设有一质量非均匀的平面薄片占有 xOy 平面上的闭区域 D，它在点 (x, y) 处的面密度为 $\rho(x, y)$，这里 $\rho(x, y) > 0$ 且在 D 上连续. 现在要计算该薄片的质量 M.

用一组曲线网把 D 分成 n 个小区域 $\Delta \sigma_1$，$\Delta \sigma_2$，$\cdots$，$\Delta \sigma_n$，如图 6.5 所示.

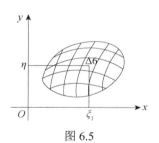

图 6.5

把各小块的质量近似地看作均匀薄片的质量：

$$\rho(\xi_i, \eta_i) \Delta \sigma_i$$

各小块质量的和作为平面薄片的质量的近似值，即

$$M \approx \sum_{i=1}^{n} \rho(\xi_i, \eta_i) \Delta \sigma_i$$

在 $\lambda \to 0$（λ 是各个小区域直径中的最大值）时，如果和式的极限存在，此极限值就是所求平面薄片的质量，即

$$M = \lim_{\lambda \to 0} \sum_{i=1}^{n} \rho(\xi_i, \eta_i) \Delta \sigma_i$$

二、二重积分的定义

上面两个例子的意义虽然不同，但解决问题的方法是一样的，都归结为求二元函数的某种和式的极限，我们抽去它们的几何或物理意义，研究它们的共性，便得二重积分的定义.

【定义 1】 设 $z = f(x, y)$ 是有界闭区域 D 上的有界函数.

（1）将 D 分成几个小闭区域，用 $\sigma_i\ (i=1,2,\cdots,n)$ 代表第 i 个小区域，$\Delta\sigma_i$ 代表它的面积；

（2）在每个 σ_i 上取点 (ξ_i,η_i) 作乘积 $f(\xi_i,\eta_i)\Delta\sigma_i$；

（3）求和 $\displaystyle\sum_{i=1}^{n}f(\xi_i,\eta_i)\Delta\sigma_i$.

记 λ_i 表示 σ_i 的直径，且 $\lambda=\max\{\lambda_1,\lambda_2,\cdots,\lambda_n\}$. 如果 $\displaystyle\lim_{\lambda\to0}\sum_{i=1}^{n}f(\xi_i,\eta_i)\Delta\sigma_i$ 存在，且与 D 的分割方法、(ξ_i,η_i) 的取法无关，则称 $f(x,y)$ 在平面区域 D 内可积，并称此极限为 $f(x,y)$ 在 D 上的二重积分，记作 $\displaystyle\iint\limits_{D}f(x,\ y)\mathrm{d}\sigma$. 其中 $f(x,y)$ 称为被积函数，$\mathrm{d}\sigma$ 称为面积元素，D 称为积分区域，$f(x,y)\mathrm{d}\sigma$ 称为被积表达式.

关于二重积分的几点说明：

（1）只有当和式极限 $\displaystyle\lim_{\lambda\to0}\sum_{i=1}^{n}f(\xi_i,\eta_i)\Delta\sigma_i$ 存在时，$f(x,y)$ 在闭区域 D 上的二重积分才存在，则称 $f(x,y)$ 在 D 上可积. $f(x,y)$ 在闭区域 D 上连续时，$f(x,y)$ 在 D 上一定可积. 以后总假定 $f(x,y)$ 在 D 上连续.

（2）二重积分与被积函数 $f(x,y)$ 及积分区域 D 有关，与积分变量的记号无关，即
$$\iint\limits_{D}f(x,y)\mathrm{d}\sigma=\iint\limits_{D}f(u,v)\mathrm{d}\sigma$$

（3）二重积分 $\displaystyle\iint\limits_{D}f(x,y)\mathrm{d}\sigma$ 的几何意义. 如果 $f(x,y)\geq0$，二重积分就表示曲顶柱体的体积；如果 $f(x,y)\leq0$，二重积分就表示曲顶柱体体积的负值；如果 $f(x,y)$ 有正、有负，二重积分就等于这些部分区域上的柱体体积的代数和.

三、二重积分的性质

【性质 1】　被积函数的常数因子可提到二重积分号的外面.
$$\iint\limits_{D}kf(x,y)\mathrm{d}\sigma=k\iint\limits_{D}f(x,y)\mathrm{d}\sigma\quad（k\text{ 为常数}）$$

【性质 2】　有限个函数代数和的二重积分等于各函数的二重积分的代数和.
$$\iint\limits_{D}[f(x,y)\pm g(x,y)]\mathrm{d}\sigma=\iint\limits_{D}f(x,y)\mathrm{d}\sigma\pm\iint\limits_{D}g(x,y)\mathrm{d}\sigma$$

【性质 3】　若 $D=D_1\cup D_2\cup\cdots\cup D_n$，且 $D_i\cap D_j=\varnothing$，那么
$$\iint\limits_{D}f(x,y)\mathrm{d}\sigma=\sum_{i=1}^{n}\iint\limits_{D_i}f(x,y)\mathrm{d}\sigma$$

【性质 4】　当 $f(x,y)=1$ 时，$\displaystyle\iint\limits_{D}f(x,y)\mathrm{d}\sigma=\iint\limits_{D}\mathrm{d}\sigma=D\text{的面积}$.

【性质 5】　如果在 D 上，有 $f(x,y)\leq g(x,y)$，则有

$$\iint\limits_{D} f(x,y)\mathrm{d}\sigma \leqslant \iint\limits_{D} g(x,y)\mathrm{d}\sigma$$

【性质 6】 $\left|\iint\limits_{D} f(x,y)\mathrm{d}\sigma\right| \leqslant \iint\limits_{D} |f(x,y)|\mathrm{d}\sigma$.

【性质 7】 若在 D 上有 $m \leqslant f(x,y) \leqslant M$，则 $mS \leqslant \iint\limits_{D} f(x,y)\mathrm{d}\sigma \leqslant MS$（$S$ 为 D 的面积）.

特别地，当 M，m 分别为 $f(x,y)$ 在 D 上的最大、小值时，上式亦成立.

【性质 8】 （中值定理）若 $f(x,y)$ 在闭区域 D 上连续，则至少存在一点 $(\xi,\eta) \in D$，使 $\iint\limits_{D} f(x,y)\mathrm{d}\sigma = f(\xi,\eta)S$（$S$ 为 D 的面积）.

习题 6.6

1.简述二重积分的定义、二重积分的几何意义、二重积分的性质.

2.比较大小.

（1） $\iint\limits_{D}(x+y)^2\mathrm{d}\sigma$ 与 $\iint\limits_{D}(x+y)^3\mathrm{d}\sigma$，其中 D 是由 x 轴、y 轴及直线 $x+y=1$ 围成；

（2） $\iint\limits_{D}\ln(x+y)\mathrm{d}\sigma$ 与 $\iint\limits_{D}\ln^2(x+y)\mathrm{d}\sigma$，$D$：$\{3 \leqslant x \leqslant 5, 0 \leqslant y \leqslant 1\}$.

3.估计积分值.

$$\iint\limits_{D}(x^2+4y^2+9)\mathrm{d}\sigma，\quad D：\left\{(x,\ y)\mid x^2+y^2 \leqslant 4\right\}$$

6.7 二重积分的计算

一、直角坐标系下二重积分的计算

1. X-型

积分区域 D

$$a \leqslant x \leqslant b，\quad \varphi_1(x) \leqslant y \leqslant \varphi_2(x)$$

其中函数 $\varphi_1(x)$，$\varphi_2(x)$ 在 $[a,b]$ 上连续（如图 6.6 所示）.

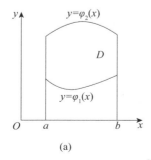
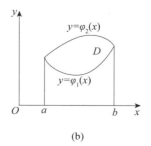

(a)   (b)

图 6.6

不妨设 $f(x,y) \geqslant 0$，由二重积分的几何意义可知，$\iint\limits_{D} f(x,y)\,\mathrm{d}x\mathrm{d}y$ 表示以 D 为底，以曲面 $z = f(x,y)$ 为顶的曲顶柱体的体积（如图 6.7 所示）.我们可以应用第 5 章中计算"平行截面面积为已知的立体的体积"的方法，来计算这个曲顶柱体的体积.

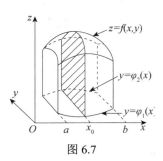

图 6.7

于是，由计算平行截面面积为已知的立体体积的方法，得曲顶柱体的体积为

$$V = \int_a^b A(x)\,\mathrm{d}x = \int_a^b \left[\int_{\varphi_1(x)}^{\varphi_2(x)} f(x,y)\,\mathrm{d}y\right]\mathrm{d}x$$

即

$$\iint\limits_{D} f(x,y)\,\mathrm{d}x\mathrm{d}y = \int_a^b \left[\int_{\varphi_1(x)}^{\varphi_2(x)} f(x,y)\,\mathrm{d}y\right]\mathrm{d}x$$

上式右端是一个先对 y、再对 x 的二次积分.就是说，先把 x 看作常数，把 $f(x,y)$ 只看作 y 的函数，并对 y 计算从 $\varphi_1(x)$ 到 $\varphi_2(x)$ 的定积分，然后把所得的结果（是 x 的函数）再对 x 计算从 a 到 b 的定积分.这个先对 y、再对 x 的二次积分也常记作

$$\int_a^b \mathrm{d}x \int_{\varphi_1(x)}^{\varphi_2(x)} f(x,y)\,\mathrm{d}y$$

从而把二重积分转化为先对 y、再对 x 的二次积分的公式写作

$$\iint\limits_{D} f(x,y)\,\mathrm{d}x\mathrm{d}y = \int_a^b \mathrm{d}x \int_{\varphi_1(x)}^{\varphi_2(x)} f(x,y)\,\mathrm{d}y$$

在上述讨论中，我们假定 $f(x,y) \geqslant 0$，但实际上公式的成立并不受此条件限制.

2. Y-型

积分区域 D

$$\psi_1(y) \leqslant x \leqslant \psi_2(y), \quad c \leqslant y \leqslant d$$

其中函数 $\psi_1(y)$，$\psi_2(y)$ 在区间 $[c,d]$ 上连续（如图 6.8 所示）.

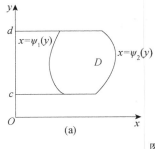
(a)

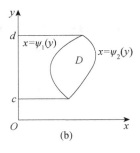
(b)

图 6.8

按照第一种类型的计算方法，有

$$\iint\limits_{D} f(x,y)\,\mathrm{d}x\mathrm{d}y = \int_c^d \left[\int_{\psi_1(y)}^{\psi_2(y)} f(x,y)\,\mathrm{d}x\right]\mathrm{d}y = \int_c^d \mathrm{d}y \int_{\psi_1(y)}^{\psi_2(y)} f(x,y)\,\mathrm{d}x$$

这就是把二重积分转化为先对 x、再对 y 的二次积分的公式.

如果积分区域 D 不能表示成上面两种形式中的任何一种，那么可将 D 分割，使其各部分符合第一种类型或第二种类型（如图 6.9 所示）.

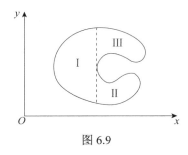

图 6.9

【例 6.26】 计算积分 $\iint\limits_{D}(x+y)^2\mathrm{d}x\mathrm{d}y$ ，其中矩形区域 D 为 $\{(x,y)|0\leqslant x\leqslant 1,0\leqslant y\leqslant 2\}$.

【解法 1】 矩形区域既属于第一种类型，也属于第二种类型，所以，可以先对 x 积分，也可以先对 y 积分. 先选择对 y 积分.

$$\iint\limits_{D}(x+y)^2\mathrm{d}x\mathrm{d}y=\int_0^1\mathrm{d}x\int_0^2(x+y)^2\mathrm{d}y=\int_0^1\frac{1}{3}(x+y)^3\Big|_0^2\mathrm{d}x$$

$$=\int_0^1[\frac{(x+2)^3}{3}-\frac{x^3}{3}]\mathrm{d}x=\frac{1}{12}(x+2)^4\Big|_0^1-\frac{1}{12}x^4\Big|_0^1=\frac{16}{3}$$

【解法 2】 再选择对 x 积分

$$\iint\limits_{D}(x+y)^2\mathrm{d}x\mathrm{d}y=\int_0^2\mathrm{d}y\int_0^1(x+y)^2\mathrm{d}x=\int_0^2\frac{1}{3}(x+y)^3\Big|_0^1\mathrm{d}y$$

$$=\frac{1}{3}\int_0^2\Big[(y+1)^3-y^3\Big]\mathrm{d}y=\frac{1}{3}\Big[\frac{1}{4}(y+1)^4-\frac{1}{4}y^4\Big]_0^2=\frac{16}{3}$$

【例 6.27】 计算 $\iint\limits_{D}\frac{1}{2}(2-x-y)\mathrm{d}x\mathrm{d}y$ ，其中 D 是直线 $y=x$ 与抛物线 $y=x^2$ 围成的区域.

【解】 积分区域 D 如图 6.10 所示，直线 $y=x$ 与抛物线 $y=x^2$ 的交点是 $(0,0)$ 与 $(1,1)$.

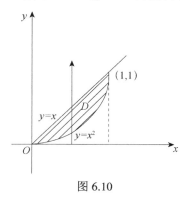

图 6.10

（1）若先对 y 后对 x 积分，则积分区域 D 表示为：

$$0 \leqslant x \leqslant 1, \quad x^2 \leqslant y \leqslant x$$

故

$$\iint\limits_{D} \frac{1}{2}(2-x-y)\mathrm{d}x\mathrm{d}y = \int_0^1 \mathrm{d}x \int_{x^2}^{x} \frac{1}{2}(2-x-y)\mathrm{d}y$$

$$= \int_0^1 \left(y - \frac{1}{2}xy - \frac{1}{4}y^2 \right) \Big|_{x^2}^{x} \mathrm{d}x$$

$$= \int_0^1 \frac{1}{4}(4x - 7x^2 + 2x^3 + x^4)\mathrm{d}x$$

$$= \frac{11}{120}$$

（2）若先对 x 后对 y 积分，则积分区域 D 表示为：

$$0 \leqslant y \leqslant 1, \quad y \leqslant x \leqslant \sqrt{y}$$

故

$$\iint\limits_{D} \frac{1}{2}(2-x-y)\mathrm{d}x\mathrm{d}y = \int_0^1 \mathrm{d}y \int_{y}^{\sqrt{y}} \frac{1}{2}(2-x-y)\mathrm{d}x$$

$$= \int_0^1 \left(x - \frac{1}{4}x^2 - \frac{1}{2}xy \right) \Big|_{y}^{\sqrt{y}} \mathrm{d}y$$

$$= \int_0^1 \frac{1}{4}(4\sqrt{y} - 5y - 2y\sqrt{y} + 3y^2)\mathrm{d}y$$

$$= \frac{11}{120}$$

计算二重积分关键是如何化为二次积分，而在化二重积分为二次积分的过程中又要注意积分次序的选择. 由于二重积分化为二次积分时有两种积分顺序，所以通过二重积分可以将已给的二次积分进行积分顺序更换，这种积分顺序的更换有时可以简化问题的计算过程.

【例 6.28】　计算二重积分 $\iint\limits_{D} \dfrac{\sin y}{y}\mathrm{d}\sigma$，其中 D 为由直线 $y = x$ 与抛物线 $y = \sqrt{x}$ 所围成的区域.

【解】　积分区域 D 如图 6.11 所示，如果选择先对 y 后对 x 的积分次序，则有

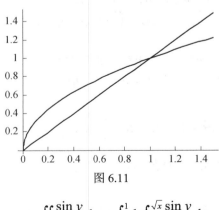

图 6.11

$$\iint\limits_{D} \frac{\sin y}{y}\mathrm{d}\sigma = \int_0^1 \mathrm{d}x \int_{x}^{\sqrt{x}} \frac{\sin y}{y}\mathrm{d}y$$

但由于无法求出 $\dfrac{\sin y}{y}$ 的原函数，这种累次积分不能用来计算二重积分 $\iint\limits_{D} \dfrac{\sin y}{y} \mathrm{d}\sigma$. 现在改用先对 x 后对 y 的累次积分，计算如下：

$$
\begin{aligned}
\iint\limits_{D} \frac{\sin y}{y} \mathrm{d}\sigma &= \int_0^1 \mathrm{d}y \int_{y^2}^{y} \frac{\sin y}{y} \mathrm{d}x \\
&= \int_0^1 \frac{\sin y}{y}(y - y^2)\mathrm{d}y \\
&= \int_0^1 (\sin y - y\sin y)\mathrm{d}y \\
&= [-\cos y + y\cos y - \sin y]\Big|_0^1 \\
&= 1 - \sin 1
\end{aligned}
$$

二、极坐标系下二重积分的计算

对于某些被积函数和某些积分区域，利用直角坐标系计算二重积分往往是很困难的，

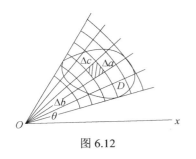

图 6.12

而在极坐标系下计算则比较简单. 下面介绍在极坐标系下二重积分 $\iint\limits_{D} f(x,y)\mathrm{d}\sigma$ 的计算方法.

在极坐标系下计算二重积分，只要将积分区域和被积函数都化为极坐标表示即可. 为此，分割积分区域，用 r 取一系列的常数（得到一簇中心在极点的同心圆）和 θ 取一系列的常数（得到一簇过极点的射线）的两组曲线将 D 分成无数个小区域 $\Delta\sigma$，如图 6.12 所示.

设 $\Delta\sigma$ 是半径为 r 和 $r + \Delta r$ 的两个圆弧及极角 θ 和 $\theta + \Delta\theta$ 的两条射线所围成的小区域，其面积可近似地表示为 $\Delta\sigma = r\Delta r \cdot \Delta\theta$. 因此，在极坐标系下的面积元素为 $\mathrm{d}\sigma = r\mathrm{d}r\mathrm{d}\theta$，再分别用 $x = r\cos\theta$，$y = r\sin\theta$ 代替被积函数中的 x，y，于是得到二重积分在极坐标系下的表达式

$$
\iint\limits_{D} f(x,y)\mathrm{d}\sigma = \iint\limits_{D} f(r\cos\theta, r\sin\theta)r\mathrm{d}r\mathrm{d}\theta
$$

下面分三种情况，给出在极坐标系下如何把二重积分化成二次积分.

①极点 O 在区域 D 之外，D 是由 $\alpha \leqslant \theta \leqslant \beta$，$r_1(\theta) \leqslant r \leqslant r_2(\theta)$ 围成（如图 6.13 所示），这时公式为

$$
\iint\limits_{D} f(r\cos\theta, r\sin\theta)r\mathrm{d}r\mathrm{d}\theta = \int_{\alpha}^{\beta} \mathrm{d}\theta \int_{r_1(\theta)}^{r_2(\theta)} f(r\cos\theta, r\sin\theta)r\mathrm{d}r
$$

②极点 O 在区域 D 的边界上，D 是由 $\alpha \leqslant \theta \leqslant \beta$，$0 \leqslant r \leqslant r(\theta)$ 围成（如图 6.14 所示），这时公式为

$$
\iint\limits_{D} f(r\cos\theta, r\sin\theta)r\mathrm{d}r\mathrm{d}\theta = \int_{\alpha}^{\beta} \mathrm{d}\theta \int_{0}^{r(\theta)} f(r\cos\theta, r\sin\theta)r\mathrm{d}r
$$

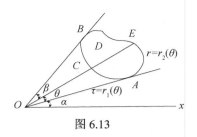
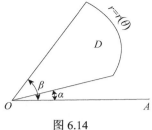

图 6.13　　　　　　　　　　　　　　　　图 6.14

③极点 O 在区域 D 之内，D 是由 $0 \leqslant \theta \leqslant 2\pi$，$0 \leqslant r \leqslant r(\theta)$ 所围成（如图 6.15 所示），这时公式为

$$\iint\limits_{D} f(r\cos\theta, r\sin\theta) r \mathrm{d}r \mathrm{d}\theta = \int_0^{2\pi} \mathrm{d}\theta \int_0^{r(\theta)} f(r\cos\theta, r\sin\theta) r \mathrm{d}r$$

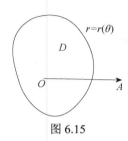

图 6.15

【例 6.29】　计算二重积分 $\iint\limits_{D} \sqrt{x^2 + y^2} \mathrm{d}\sigma$，其中 D 为

$$(x-a)^2 + y^2 \leqslant a^2 \quad (a > 0).$$

【解】　积分区域 D（如图 6.16 所示），D 的边界曲线 $(x-a)^2 + y^2 = a^2 \quad (a > 0)$ 的极坐标方程为 $r = 2a\cos\theta \quad (a > 0)$，属于第二种情况，于是

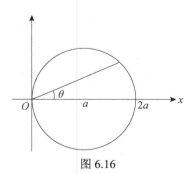

图 6.16

$$\iint\limits_{D} \sqrt{x^2 + y^2} \mathrm{d}\sigma = \int_{-\frac{\pi}{2}}^{\frac{\pi}{2}} \mathrm{d}\theta \int_0^{2a\cos\theta} r^2 \mathrm{d}r$$

$$= \frac{8a^3}{3} \int_{-\frac{\pi}{2}}^{\frac{\pi}{2}} \cos^3\theta \mathrm{d}\theta$$

$$= \frac{8a^3}{3} \int_{-\frac{\pi}{2}}^{\frac{\pi}{2}} (1 - \sin^2 \theta) \cos \theta \mathrm{d}\theta$$

$$= \frac{8a^3}{3} \int_{-\frac{\pi}{2}}^{\frac{\pi}{2}} (1 - \sin^2 \theta) \mathrm{d} \sin \theta$$

$$= \frac{8a^3}{3} \left(\sin \theta - \frac{1}{3} \sin^3 \theta \right) \Big|_{-\frac{\pi}{2}}^{\frac{\pi}{2}}$$

$$= \frac{32}{9} a^3$$

【例 6.30】 计算二重积分 $\iint\limits_{D} \sin \sqrt{x^2 + y^2} \mathrm{d}x\mathrm{d}y$，其中 D 为圆 $x^2 + y^2 = \pi^2$ 和 $x^2 + y^2 = 4\pi^2$ 之间的环形区域.

【解】 积分区域 D（如图 6.17 所示），属于第一种情况. 在极坐标下 D 可表示为：

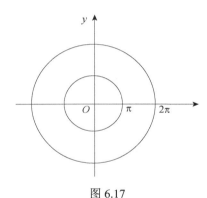

图 6.17

$$0 \leqslant \theta \leqslant 2\pi, \quad \pi \leqslant r \leqslant 2\pi$$

于是

$$\iint\limits_{D} \sin \sqrt{x^2 + y^2} \mathrm{d}x\mathrm{d}y = \int_0^{2\pi} \mathrm{d}\theta \int_{\pi}^{2\pi} \sin r \cdot r \mathrm{d}r$$

$$= \int_0^{2\pi} (-r \cos r + \sin r) \Big|_{\pi}^{2\pi} \mathrm{d}\theta$$

$$= \int_0^{2\pi} (-3\pi) \mathrm{d}\theta$$

$$= -3\pi \theta \Big|_0^{2\pi}$$

$$= -6\pi^2$$

一般来说，当被积函数为 $f(x^2 + y^2)$ 的形式，而积分区域为圆形、扇形、圆环形时，在直角坐标系下计算往往很困难，通常都是在极坐标系下计算.

习题 6.7

1. 化二重积分 $\iint\limits_{D} f(x, y)\mathrm{d}\sigma$ 为二次积分（两种次序都要），其中 D 分别为

（1）$x^2 + y^2 \leqslant 1$，$x \geqslant 0, y \geqslant 0$；

（2）$y \geqslant x^2$，$y \leqslant 4 - x^2$.

2. 交换 $I = \int_1^2 \mathrm{d}x \int_{\frac{1}{x}}^{x} f(x, y)\mathrm{d}y$ 的积分次序.

3. 计算二重积分.

（1）$\iint\limits_{D} xy^2 \mathrm{d}\sigma$　　积分区域 D 由 $y = x^2$，$y = x$ 所围成；

（2）$\iint\limits_{D} \cos(x + y)\mathrm{d}\sigma$　　积分区域 D 由 $x=0$，$y = \pi$ 及 $y = x$ 所围成.

4. 用极坐标计算二重积分.

（1）$\iint\limits_{D} \mathrm{e}^{-(x^2+y^2)}\mathrm{d}\sigma$　　$D: x^2 + y^2 \leqslant 1$

（2）$\iint\limits_{D} \sin\sqrt{x^2 + y^2}\mathrm{d}\sigma$　　$D: \pi^2 \leqslant x^2 + y^2 \leqslant 4\pi^2$

综合练习 6

1. 在"充分"、"必要"和"充分必要"三者中选择一个正确的填入下列空格内.

（1）$f(x, y)$ 在 (x, y) 可微分是 $f(x, y)$ 在该点连续的_____条件, $f(x, y)$ 在点连续是 $f(x, y)$ 在该点可微分的_____条件.

（2）$z=f(x, y)$ 在点 (x, y) 的偏导数 $\dfrac{\partial z}{\partial x}$ 及 $\dfrac{\partial z}{\partial y}$ 存在是 $f(x, y)$ 在该点可微分的_____条件, $z=f(x, y)$ 在点 (x, y) 可微分是函数在该点的偏导数 $\dfrac{\partial z}{\partial x}$ 及 $\dfrac{\partial z}{\partial y}$ 存在的_____条件.

（3）$z=f(x, y)$ 的偏导数 $\dfrac{\partial z}{\partial x}$ 及 $\dfrac{\partial z}{\partial y}$ 在点 (x, y) 存在且连续是 $f(x, y)$ 在该点可微分的_____条件.

（4）函数 $z=f(x, y)$ 的两个二阶偏导数 $\dfrac{\partial^2 z}{\partial x \partial y}$ 及 $\dfrac{\partial^2 z}{\partial x \partial y}$ 在区域 D 内连续是这两个二阶混合偏导数在 D 内相等的_____条件.

2. 求函数 $f(x, y) = \dfrac{\sqrt{4x - y^2}}{\ln(1 - x^2 - y^2)}$ 的定义域, 并求 $\lim\limits_{(x,y)\to(\frac{1}{2}, 0)} f(x, y)$.

3. 证明极限 $\lim\limits_{(x,y)\to(0,0)}\dfrac{xy^2}{x^2+y^4}$ 不存在.

4. 设 $f(x,y)=\begin{cases}\dfrac{x^2y}{x^2+y^2} & x^2+y^2\neq 0 \\ 0 & x^2+y^2=0\end{cases}$ ，求 $f_x(x,y),f_y(x,y)$.

5. 求下列函数的一阶和二阶偏导数.

（1）$z=\ln(x+y^2)$;　（2）$z=xy$.

6. 求函数 $z=\dfrac{xy}{x^2-y^2}$ 当 $x=2,y=1,\Delta x=0.001,\Delta y=0.03$ 时的全增量和全微分.

7. 设 $f(x,y)=\begin{cases}\dfrac{x^2y^2}{(x^2+y^2)^{3/2}} & x^2+y^2\neq 0 \\ 0 & x^2+y^2=0\end{cases}$ ，证明 $f(x,y)$ 在点 $(0,0)$ 处连续且偏导数存在，

但不可微分.

8. 设 $u=x^y$ ，而 $x=\varphi(t)$ ，$y=\psi(t)$ 都是可微函数，求 $\dfrac{\mathrm{d}u}{\mathrm{d}t}$.

9. 设 $x=eu\cos v$ ，$y=eu\sin v$ ，$z=uv$ ，试求 $\dfrac{\partial z}{\partial x}$ 和 $\dfrac{\partial z}{\partial x}$.

第7章 数学软件 Mathematica 应用

学习目标

1. 熟练掌握 Mathematica 软件的操作；

2. 会用 Mathematica 软件解决相关的数学问题．

Mathematica 是美国 Wolfram 公司研究开发的数学软件，1987 年推出了该软件的 1.0 版本，后经不断改进和完善．本章介绍的是 Mathematica 5.0 版本．

7.1 Mathematica 软件的简单操作

1. Mathematica 的安装与启动

与一般 Windows 应用软件的安装方法类似，安装 Mathematica 软件可以通过双击 图标，按照安装的提示一步一步地进行，注意安装过程中所需的"License ID""Password"可以通过如图 7.1（a）所示的提示框给出的"Math ID"，填入经双击 后得到的提示框（见图 7.1（b））的相应位置来得到．以后单击【Next】按钮，就可以顺利地完成 Mathematica 软件的安装．

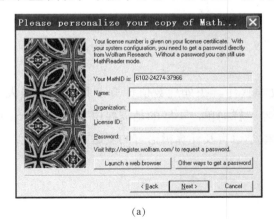
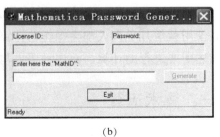

（a）　　　　　　　　　　　　　　　　（b）

图 7.1

Mathematica 装好后，要启动 Mathematica，需在 Windows 操作系统中单击【开始】→【所有程序】→【Mathematica】→【Mathematica 4】，打开 Mathematica 5.0．也可以双击

Mathematica 图标直接启动，如图 7.2 所示. 此时软件已进入交互状态，在等待用户输入命令.

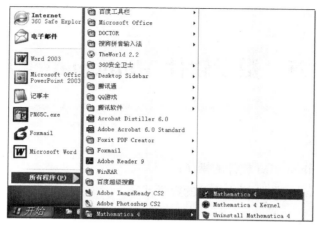

图 7.2

2. Mathematica 退出

当软件使用完毕后，需要退出 Mathematica 时，只需单击工作窗口右上方的图标或在【File】菜单中选择【Exit】命令.

3. 建立与保存文件

与 Windows 的相关操作类似，在打开的 Mathematica 界面上的【File】菜单中，选用【Save as…】命令，输入文件名，然后单击【保存】按钮即可. 若要再次打开该文件，需要在执行【File】→【Open】菜单命令，在打开的对话框中选择该文件，然后单击【打开】按钮即可.

7.2 数、变量与数学函数

Mathematica 作为一个功能强大的数学软件，在处理数值计算上具有非常强大的功能. 其使用就像几乎人人都会操作的计算器一样简单，不同的是需要用 Mathematica 的语言来描述所要进行的计算，而这种语言与数学语言及计算机语言的表达方式很接近.

一、算术运算

1. 数及其基本运算

（1）Mathematica 的常数输入

键盘输入的方法：数字可以直接由键盘输入，对于数学中的特殊常数，输入时有以下规定.

Pi　表示 π.

E　表示 e.

Degree（π/180）　表示度.

I　表示虚数 i.

Infinity　表示无穷大 ∞.

Mathematica 模板调出与运用：对于 Mathematica 3.0 以上版本，可以使用一个工具输入多种运算符和字符. 单击【File】菜单，选择一个含有多种常用运算符和字符的模板，如图 7.3 所示.

图 7.3

分别单击该模板中的 π ℯ 𝕚 ∞ ° 工具按钮，可得到 π，e，°（度），i，∞，这种模板输入的方法比用键盘输入的方法显得更加简单且容易掌握.

有效地把模板输入与键盘输入结合起来，会很好地帮助我们使用 Mathematica 软件.

（2）Mathematica 的运算符号

键盘输入的方法：数字和运算符号可直接由键盘输入，常见的运算符号有以下几种.

+　表示加.

−　表示减.

*　表示乘（或两数相乘中间添加空格）.

/　表示除.

x^y　表示幂乘.

模板输入的方法：分别单击该模板中的 × ÷ 、□ 等工具按钮，可得到乘、除、幂的运算符号. 优先运算与数学中的习惯用法相近，同时可以使用圆括号进行优先运算，且可重复使用.

（3）Mathematica 的算术运算

启动 Mathematica 5.0，在 Mathematica 界面直接输入数字与运算符号，按【Shift+Enter】

组合键或右边小键盘上的【Enter】键，执行结果就会在屏幕上显示出来．如计算 2+3，输入 2+3，按【Shift+Enter】组合键或右边小键盘上的【Enter】键后，Mathematica 界面显示如下信息．

    In[1]：=2+3

    Out[1]：=5

其中，"In[1]："与"Out[1]："是计算机自动显示的内容，表示第一个输入与输出语句．
    再如，

    In[2]：=2*4+3（4+9）

    Out[2]：=47

注意：若直接按左边的【Enter】键，只是在输入的命令中起换行的作用．

2. 近似与精确

如果需要对具体的计算结果做出精确的要求，可采用以下的命令格式来实现．

命令格式：N[表达式，n]　　　　精确 n 位有效数字．

　　　　　N[表达式]　　　　　　近似值按计算机默认的位数（6 位）处理．

　　　　　[表达式]//N　　　　　同"N[表达式]"情形．

特别地，若仅对上一次的结果进行精确或近似，可以将上式的表达式替换成"%"，"%"表示上一次的结果．

注意：（1）当输出的结果是 106 以下数字，近似值按计算机默认的 6 位有效数字处理；106 及 106 以上的近似值计算机按科学计算法处理；

（2）N[表达式，n]——精确 n 位有效数字，而当 $n=1,2,\cdots,16$ 时，结果都按计算机默认的 6 位处理．

如 In[1]：=N[π,18]

　Out[1]：=3.14159265358979324

　In[2]：= N[π,12]

　Out[2]：=3.14159（按计算机默认的 6 位处理）

　In[3]：=4566000.66777777777777//N

　Out[3]：=4.566×10^6

二、函数及其运算

1. Mathematica 中的数学函数

（1）常用的数学函数输入

对数函数的命令格式：log[x]（以 e 为底的对数函数），log[a, x]（以 a 为底的对数函数）；

三角函数的命令格式：sin[x]，cos[x]，tan[x]，cot[x]，sec[x]，csc[x]；

反三角函数的命令格式：arcsin[x]，arccos[x]等；

幂函数、指数函数的输入方法：选择 BasicInput 模板的左上角的模块，将具体的数值或变量填入即可. 特别地，对于根式可以选择该模板的 $\boxed{\sqrt{\Box}}$ $\boxed{\sqrt[\Box]{\Box}}$ 进行输入.

注意函数表达式的运算规则：

■ 它们都以大写字母开头，后面为小写字母. 当函数名可以分成几段时，每段的头一个字母大写，后面的字母小写，如 ArcSin[x].

■ 函数的名称是一个字符串，其中不能有空格.

■ 函数的自变量表用方括号括起来，不能用圆括号.

■ 多元函数的自变量之间用逗号分隔.

对于 Mathematica 3.0 以上版本，可以使用工具按钮输入各种函数，即在【Palettes（调色板）】子菜单中选择【BasicaCalculations（基本计算）】命令，具体的函数选择读者可以在计算机上试试.

（2）变量赋值

命令格式：变量 x=值 a　　　将值 a 赋给变量 x.

u=v=a　　　将值 a 赋给变量 u 和 v（给多个变量赋值）.

变量 x=变量 y　用变量 y 替换变量 x.

[f[x]]/.x→a　　变量 x 临时赋值为 a.

u=.　　　清除变量 u 的值.

clear[x]　　　清除变量 x 及赋给的值.

如输入：x=3，将 x 赋值为 3.

输入：u=.，将 x 赋值 3 清除.

输入：clear[x]，将变量 x 及其赋值的 3 全部清除.

输入：f[x]=3x/.x→2，将 2 赋值给 f(x)中的 x，按【Enter+Shift】组合键或右边小键盘上的【Enter】键后，Mathematica 界面就会显示赋值后的计算结果 6.

注意：在实际的计算中，养成良好的习惯，随时清理变量和赋值，否则容易造成混乱.

2. 函数运算

（1）自定义函数及函数值的计算

自定义函数的命令格式：

①f[x]：=表达式（或 f[x]=表达式）　　定义的规则只对 x 成立.

②f[x_]：=表达式（或 f[x_]=表达式）　定义的 x 可以被替代.

③分段函数 $f(x) = \begin{cases} \cdots & \text{表达式 1} & \text{条件 1} \\ & \text{表达式 1} & \text{条件 2} \\ & \text{表达式 } n & \text{条件 } n \end{cases}$

的命令格式：

f[x_]：=Which[条件 1，表达式 1，条件 2，表达式 2，…，条件 n，表达式 n].

④Clear[f] 表示清除所有以 f 为函数名的函数定义.

注意：在自定义函数中，"：="的含义是延迟赋值，在输出的形式上与含"="的自定义函数不同，读者可以在计算机上体验两者的区别.

【例 7.1】 定义函数 $f(x) = x^2 + \sqrt{x} + \cos x$，求 $f(1)$ 的值.

【解】 In[1]: = f [x_]: = x² + √x + cos[x]

   f [2.]

   Out[1]: =4.99807

   In[2]: =f [2]

   Out[2]: =4 + √2 + cos[2]

注意：输入 f[2]与 f[2.]的区别，体现输出结果近似或精确的不同形式.

【例 7.2】 定义

$$g(x) = \begin{cases} x & x > 0 \\ 0 & x = 0 \\ -x & x < 0 \end{cases}$$

求 g(1)，g(2)，g(0)的值.

【解】 In[1]: =g[x_]: =Which[x>0,x,x==0,0,x<0,-x]

   g[1]

   Out[1]: =1

   In[2]: = g[-3]

   Out[2]: =3

   In[1]: = g[0]

   Out[1]: =0

注意：等号要使用双等号.

（2）函数的基本运算

函数的四则运算 $f_1[x] + f_2[x]$，$f_1[x] - f_2[x]$，$f_1[x] * f_2[x]$，$f_1[x]/f_2[x]$.

Factor[表达式]   表示分解因式.

Expand[表达式]   表示展开多项式的和.

Simplefy[表达式]   表示化简.

Apart[表达式]   表示分解为部分分式.

【例 7.3】 已知 $p_1 = 3x^2 + 2x - 1$，$p_2 = x^2 - 1$，计算 $p_1 + p_2$，$p_1 \times p_2$，$p_1 \div p_2$，将 $p_1 \times p_2$ 结果分解因式、展开多项式，将 $p_1 \div p_2$ 分解为部分分式.

【解】

In[1]: = p1 = 3x² + 2x - 1

Out[1]: = -1 + 2x + 3x²

In[2]: = p2 = x² - 1

Out[2]: = -1 + x²

In[3]: = p1 + p2

Out[3]: = -2 + 2x + 4x²

In[4]: = p1 * p2

Out[4]: = (-1 + x²)(-1 + 2x + 3x²)

In[5]: = p1 / p2

Out[5]: = $\dfrac{-1 + 2x + 3x^2}{-1 + x^2}$

In[6]: = Factor[p1 * p2]

Out[6]: = (-1 + x)(1 + x)²(-1 + 3x)

In[7]: = Expand[p1 * p2]

Out[7]: = 1 - 2x - 4x² + 2x³ + 3x⁴

In[8]: = Apart[p1 / p2]

Out[8]: = 3 + $\dfrac{2}{-1 + x}$

习题 7.2

1．计算.

（1）$3^4 + \lg 256 - e^6$（保留 5 位有效数字）；

（2）$\sin 30° + \tan \dfrac{\pi}{6}$（精确到小数点后 2 位）；

（3）$\arcsin 1 + \arctan \dfrac{1}{2} + \lg 7$.

2．给变量赋值并计算.

（1）若 $x = 6$，$y = e$，$z = x + 3y$，计算 $3z - 5y^2 + 6(x - 7)^5$ 的值.

（2）若 $x = 3$，$y = \dfrac{\pi}{5}$，计算 $\lg x \arccos(2y) - 9$（保留 18 位有效数字）.

3．已知分段函数 $f(x) = \begin{cases} \cos x + 2^{3x} & x > 0 \\ x - \sqrt[3]{2x - x^2} & x \leqslant 0 \end{cases}$，求 $f(1)$，$f(0)$，$f(-1)$.

4．已知 $p_1 = x^2 + 2x - 15$，$p_2 = x^5 - 1$，计算 $p_1 + p_2$，$p_1 \times p_2$，$p_1 \div p_2$. 将 $p_1 \times p_2$ 结果分解因式、展开多项式，将 $p_1 \div p_2$ 分解为部分分式.

7.3 Mathematica 在方程与图形中的应用

一、解方程

1. 解方程命令格式

解方程 $f(x)=0$ 的命令格式：Solve[f(x)==0，x].

2. 解方程组的命令格式

解方程组 $\begin{cases} f(x)=0 \\ g(y)=0 \\ \cdots \end{cases}$ 的命令格式：Solve[{f(x)==0, g(y)==0, $\cdots$}, {x, y, $\cdots$}].

注意：每个方程的等号应为双等号.

【例7.4】 （1）解方程组 $\begin{cases} 2x+y=4 \\ x+y=3 \end{cases}$ ；（2）解方程 $x-1=0$；（3）解方程组 $\begin{cases} x-y-1=0 \\ x+4y=2 \end{cases}$.

【解】 （1）In[1]: = Solve[{2x+y==4, x+y==3}, {x, y}]

　　　　Out[1]: ={{x 1, y 2}}

（2）In[2]: = Solve[x-1==0, x]

　　　　Out[2]: ={{x 1}}

（3）In[3]: =Solve[{x-y-1==0, x+4y ==2}, {x, y}]

　　　　Out[3]: ={{x 6/5, y 1/5}}

注意：上述命令可以通过模板调出对应工具按钮，采用以下步骤.

（1）选择菜单栏中的【File】菜单.

（2）在下拉菜单中选择【Palettes】子菜单.

（3）在下一级菜单中选择基本计算【BasicCalculations】命令，将会另外出现一个工具窗口.

（4）在其窗口中选择图形【Algebra】选项前的符号"▷"，使其符号变成"▽"形状并列示出【Solving Equations】工具清单，单击对应工具按钮即可.

二、绘图

1. 作函数 $y=f(x)$ 图像的命令格式

（1）只规定变量范围的作图命令：

Plot[f(x)，{x，x1，x2}]

（2）不仅规定自变量范围，还规定因变量范围的作图命令：

Plot[f(x) ，{x，x1，x2}，PlotRange→{y1，y2}]

（3）不仅规定自变量范围，还可以加标注（函数名称，坐标轴）的作图命令：

Plot[f(x) ，{x，x1，x2}，PlotLabel→"表达式"，AxesLabel→{"x"，"y"}]

当然作图除了上述 3 种命令格式，还可以添加线条的颜色及控制线条的粗细等，有兴趣的读者可以参考介绍此软件的其他书籍.

2. 观察多个函数图形在同一个坐标系的情况

设 $y = f_1(x)$，$y = f_2(x)$，…，在一个坐标系中观察这几个函数图像，其命令格式：

Plot[{f₁(x)，f₂(x)，…}，{x，x1，x2}]

【例 7.5】　绘出 $y = \sin\dfrac{4x}{3}$ 在 $[-4\pi，4\pi]$ 之间的图像.

【解】　输入命令

Plot[sin[4x/3]，{x，−4π，4π}]

执行命令后得出的结果如图 7.4 所示.

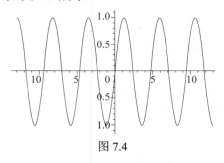

图 7.4

【例 7.6】　绘出 $y = \tan\dfrac{3x}{2}$ 在 $[0,4\pi]$，$y \in [-5,5]$ 之间的图像.

【解】　输入命令

Plot[tan[3x/2]，{x，0，4π}，PlotRange　{−5，5}]

执行命令后得出的结果如图 7.5 所示.

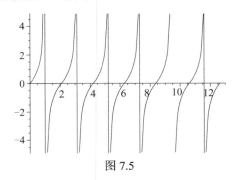

图 7.5

【例 7.7】　在一个坐标系中绘出 $y = \sin 3x$，$y = 2x$ 在 $[0,2\pi]$ 的图像.

【解】　输入命令：

```
Plot[{sin[3x], 2x}, {x, 0, 2Pi}]
```

执行命令后得出的结果如图 7.6 所示.

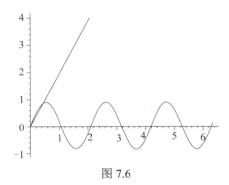

图 7.6

3. 分段函数的绘图

先利用条件 Which 语句自定义分段函数，然后用 Plot 语句画出分段函数的图形．即首先输入 f [x_]：=Which[条件 1，表达式 1，条件 2，表达式 2，…，条件 n，表达式 n]，然后再输入 Plot[f(x)，{x，x1，x2}].

【例 7.8】 绘出 $g(x) = \begin{cases} x^2 & x > 0 \\ 0 & x = 0 \\ -x & x < 0 \end{cases}$ 的图像.

【解】 输入命令

```
g[x_]: =Which[x>0,x2,x==0,0,x<0,-x]
Plot[g(x), {x, -2, 2}]
```

执行命令后得出的结果如图 7.7 所示.

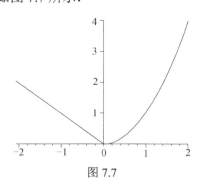

图 7.7

4. 参数方程绘图

使用 ParametricPlot 函数可以绘制参数形式的图形，其命令格式：
ParametricPlot[{x(t)，y(t)}，{t，a，b}，可选项]
ParametricPlot[{{x1(t)，y1(t)}，{x2(t)，y2(t)}，…}，{t，a，b}，可选项]

【例 7.9】　绘出圆的参数方程 $\begin{cases} x = \cos t \\ y = \sin t \end{cases}$（$0 < t < 2$）的曲线图形.

【解】　输入命令

```
ParametricPlot[{sin[t], cos[t]}, {t, 0, 2Pi}, AspectRatio→Automatic]
```

执行命令后得出的结果如图 7.8 所示.

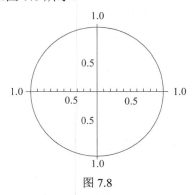

图 7.8

AspectRatio：指定绘图的纵横比例，默认值约为 0.618∶1，可以为 AspectRatio 指定任何一个其他数值. 如果希望软件按实际情况绘图，即纵横比例为 1∶1，则需要将这个可选性设置为 Automatic.

5. 二元函数的图像

使用 Plot3D 函数可以绘制二元函数的图形，其具体步骤如下.

（1）定义二元函数，其命令格式：z[x，y]=表达式.

（2）Plot3D[z[x，y],{x，x1，x2}，{y，y1，y2}].

【例 7.10】　绘出 $z = \sqrt{x^2 + y^2}$ 的图像.

【解】　输入命令：

```
Z[x_,y_]=(x^2+y^2)^(1/2)
Plot3D[z[x, y],{x, -4, 4}, {y, -4, 4}]
```

执行命令后得出的结果如图 7.9 所示.

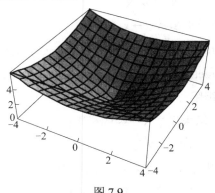

图 7.9

注意：上述命令大多可以通过模板调出对应的工具按钮，具体步骤如下所示．

（1）执行【File】菜单命令．

（2）在下拉菜单中选择【Palettes】子菜单．

（3）在下一级菜单中选择【BasicaCalculations】命令，将会另外出现一个工具窗口．

（4）在其窗口中单击【Graphics】命令前的符号"▷"，使其符号变成"▽"形状并列示出相应工具清单，单击对应工具按钮即可．

习题 7.3

1．解方程组 $\begin{cases} y^2 = 4x \\ x + y = 3 \end{cases}$．

2．设 $f(x) = 2x^2 + 5x - 8$，求（1）$f(3)$；（2）绘出函数 $f(x)$ 的图像．

3．绘出 $f(x) = \begin{cases} \sin x & x < 0 \\ \sqrt[3]{2x - x^2} & 0 \leqslant x \leqslant 2 \\ x - 2 & x > 2 \end{cases}$ 图像，并求 $f(0.3)$ 的值．

4．在同一个坐标系中，绘出 $y = \cos x$ 和 $y = \cos 2x$ 在 $[0, 2\pi]$ 上的图像．

5．绘出 $z = \dfrac{x^2 + y^2}{2}$ 的图像．

7.4 Mathematica 在微积分中的应用

一、极限与连续

1. 极限

（1）关于 $x \to x_0$ 的极限

在 Mathematic 软件中，求一元函数极限的命令格式：

Limite[f(x)，x→x₀]　　表示求函数 $x \to x_0$ 的极限；

Limite[f(x)，x→x₀，Direction→1]　　表示求函数 $x \to x_0-$ 的极限（左极限）；

Limite[f(x)，x→x₀，Direction→-1]　　表示求函数 $x \to x_0+$ 的极限（右极限）．

（2）关于 $x \to \infty$ 函数的极限

Limite[f(x)，x→∞]　　表示求函数 $x \to \infty$ 的极限；

Limite[f(x)，x→-∞]　　表示求函数 $x \to -\infty$ 的极限；

Limite[f(x)，x→+∞]　　表示求函数 $x \to +\infty$ 的极限．

注：→、∞ 也可通过选择【File】→【Palettes】→【BasicInput】命令，在相应模板中

单击 ∞ 、 → 工具按钮输入.

【例 7.11】　求下列函数的极限.

（1）$\lim\limits_{x\to 2}\dfrac{x^2-x-2}{x-2}$　　　　（2）$\lim\limits_{n\to +\infty}(\sqrt{n+5}-2\sqrt{n+3}+\sqrt{n+1})$

（3）$\lim\limits_{x\to \infty}\left(1+\dfrac{8}{4x-5}\right)^{6x}$

【解】　（1）In[1]:=Limit[$\dfrac{x^2-x-2}{x-2}$，x→2]

Out[1]：=3

（2）In[2]:=Limit[$\sqrt{n+5}-2\sqrt{n+3}+\sqrt{n+1}$，n→+∞]

Out[2]：=0

（3）In[3]:=Limit[$(1+\dfrac{8}{4x-5})^{6x}$，x→∞]

Out[3]：=e^{12}

【例 7.12】　求 $\lim\limits_{x\to 1^-}e^{\frac{1}{x-1}}$ 和 $\lim\limits_{x\to 1^+}e^{\frac{1}{x-1}}$.

【解】　In[1]:=Limit[$e^{\frac{1}{x-1}}$，x→1，Direction→1]

Limit[$e^{\frac{1}{x-1}}$，x→1，Direction→-1]

Out[1]：=0　（左极限）

Out[2]：=∞　（右极限）

还有一些函数没有极限，此时系统会进行相应地处理，返回一些特殊的结果.

【例 7.13】　求当 $x\to 0$ 时，$y=\cos\dfrac{2}{x}$ 的极限.

【解】　In[1]:=Limit[Cos[2/x]，x→0]

Out[1]：=Interval[{-1，1}]

上面这个例子表示当 $x\to 0$ 时，函数 $\cos\dfrac{2}{x}$ 在 -1 与 1 之间无穷震荡，所以没有确定的极限.

2. 分段函数分界点的连续性

根据连续的概念，利用上述命令，判断函数在某一点的极限，并判断极限值与此点的函数值是否相等，若相等，则函数在此点连续.

【例 7.14】　判定函数 $f(x)=\begin{cases}\dfrac{\sin 3x}{x} & x>0 \\ 2x+3 & x\leqslant 0\end{cases}$，在点 $x=0$ 处是否连续.

【解】　In[1]:=Limit[$\dfrac{\text{Sin}[3x]}{x}$，x→0，Direction→-1]　（右极限）

Out[1]：=3

In〔2〕：＝Limit〔2x＋3，x→0，Direction→1〕〕　　　（左极限）

Out〔2〕：＝3

In〔3〕：＝2x＋3/.　x→0　　　　　（计算函数值）

Out〔3〕：＝3

所以函数在 zx＝0 这点连续.

另外，用 Mathematica 求极限，有时求不出来. 如

In〔1〕：＝Limit〔1/n!，n→Infinity〕

Out〔1〕：＝Limit $\left[\dfrac{1}{n!}, n→∞\right]$

Out〔1〕＝0

说明计算超出了 Mathematiac 的计算范围.

二、导数与微分

1. 导数运算

■ 显函数的导数运算

一阶导数 $f'(x)$ 的命令格式为 D〔f，x〕　　　（f 为函数表达式，x 为自变量）；

n 阶导数 $f^{(n)}(x)$ 的命令格式为 D〔f，{x，n}〕　　　（n 为导数的阶数）；

用 BasicInput 工具栏中的 ▨ 工具按钮求一阶导数 $f'(x)$ 的形式：∂_x（函数表达式）；

用 BasicInput 工具栏中的 ▨ 工具按钮求二阶导数 $f''(x)$ 或 $f''_{xy}(x, y)$ 的形式：$\partial_{x, x}$（函数表达式），$\partial_{x, y}$（函数表达式）.

函数表达式可以是一元或多元函数，变量可有一个或多个，使用灵活. 如

输入：∂_x（$x^3＋4x^2$）（求一元函数 $x^3＋4x^2$ 对 x 的一阶导数）；

结果：$8x＋3x^2$.

输入：$\partial_{x, x}$（$x^3＋4x^2$）（求一元函数 $x^3＋4x^2$ 对 x 的二阶导数）；

结果：8x＋6x.

输入：∂_y（$x^3y＋4x^2y^2$）（求二元函数 $x^3y＋4x^2y^2$ 对 y 的一阶偏导数）；

结果：$x^3＋8x^2y$.

输入：$\partial_{x, y}$（$x^3y＋4x^2y^2$）（求二元函数 $x^3y＋4x^2y^2$ 先对 x 后对 y 的二阶偏导数）；

结果：$3x^2＋16xy$.

【例 7. 15】　求下列函数的一阶导数.

（1）$y＝2x^5－4x^3$　　（2）$y＝x^3＋e^x$　　（3）$y＝\dfrac{\log_3 x}{2x＋1}$

【解】　（1）In〔1〕：＝D〔$2x^5－4x^3$，x〕

Out〔1〕：＝$－12x^2＋10x^4$

（2）In［2］:＝∂ₓ（x³＋eˣ）（e 为 BasicInput 符号栏中的 e）

　　Out［2］:＝3x²＋eˣ

（3）In［3］:＝∂x$\left(\dfrac{\log[3,x]}{(2x+1)}\right)$

　　Out［3］:＝$-\dfrac{2\text{Log}_3[x]}{(1+2x)^2}+\dfrac{\text{Log}_3'[x]}{1+2x}$

【例 7.16】　求函数 $f(x,y)=\ln\sqrt{x^2+y^2}$ 的偏导数 $\dfrac{\partial f}{\partial x}$，$\dfrac{\partial f}{\partial y}$，$\dfrac{\partial^2 f}{\partial x\partial y}$.

【解】　In［1］:＝∂x（Log［$\sqrt{x^2+y^2}$］）

　　Out［1］:＝$\dfrac{x}{x^2+y^2}$

　　In［2］:＝∂y（［Log［$\sqrt{x^2+y^2}$］）

　　Out［2］:＝$\dfrac{y}{x^2+y^2}$

　　In［3］:＝∂x,y（［Log［$\sqrt{x^2+y^2}$］）

　　Out［3］:＝$-\dfrac{2xy}{\left(x^2+y^2\right)^2}$

【例 7.17】　求函数 $C(Q)=20Q-\dfrac{Q^2}{5}$，当 $Q=15$ 和 $Q=20$ 时的边际成本.

【解】　求函数在一点 x_0 的导数值，只需在输入表达式后面再继续输入 "/.x→x₀" 即可.

方法一：In［1］:＝D［$20Q-\dfrac{Q^2}{5}$，Q］/.Q→5

　　Out［1］:＝14（即 Q=15 时的边际成本）

　　In［2］:＝D［$20Q-\dfrac{Q^2}{5}$，Q］/.Q→20

　　Out［3］:＝12（即 Q=20 时的边际成本）

方法二：∂ₓ（函数表达式）/.x→a

　　In［1］:＝∂_Q$\left(20Q-\dfrac{Q^2}{5}\right)$/.Q→15

　　Out［1］:＝14

　　In［2］:＝∂_Q$\left(20Q-\dfrac{Q^2}{5}\right)$/.Q→20

　　Out［2］:＝12

【例 7.18】　求下列函数的高阶导数.

（1）$y=x^5$，求 y'''；　（2）$y=\dfrac{\sin x}{\sin x+\cos x}$，求 y''.

【解】　（1）In［1］:＝D［x＾5，{x，3}］

$$\text{Out}[1] = 60x_2$$

（2）In [2]：=Simplify [D [Sin [x] / (Sin [x] + Cos [x]), {x, 2}]]

$$\text{Out}[2]:= -\frac{2(\text{Cos}[x] - \text{Sin}[x])}{(\text{Cos}[x] - \text{Sin}[x])^3}$$

Simplify [x] 为化简函数，特指对 x 化简，而 Simplify [%] 表示对最近一次输出的结果进行简化.

■ 隐函数的导数运算

由方程 $F(x, y) = 0$ 确定的函数 $y = f(x)$，称为隐函数. 用 Mathematica 求隐函数的导数，原理与其数学方法基本是一致的，具体步骤如下.

（1）自定义一个 $F(x, y)$ 的导函数 G [x_]，命令格式为 G [x_] =∂x (F (x, y [x]) 或 G [x_] =D [F [x, y [x]]，x].

注意：必须将变量 y 输入为 y [x]，即 y 是 x 的函数.

（2）用 Solve 函数将 y′ [x] 解出，命令格式为 Solve [G [x_] ==0，y′ [x]].

即先求导再解方程，当然也可以将上面两步合在一起，命令格式为 Solve [∂x (F (x,y [x]) ==0，y′ [x]]，形式上显得更为简洁.

【例7.19】 求由方程 $\dfrac{x^2}{a^2} + \dfrac{y^2}{b^2} = 1$ 所确定的隐函数的导数.

【解】

方法一：分为两步，即先求导再解方程.

In [1]：= G [x_] =D $\left[\dfrac{x^2}{a^2} + \dfrac{y[x]^2}{b^2} - 1,\ x\right]$

（先定义导函数 G [x]，也可以采用模板输入的方法求导，注意表达式中的 y 应写成 y [x]）

$$\text{Out}[1]:= \frac{2x}{a^2} + \frac{2y[x]y'[x]}{b^2}$$

In [2]：=Solve [G [x] ==0, y′ [x]]

（用解方程 Solve 命令，解出 y′ [x]，这里方程必须使用双等号"=="）

$$\text{Out}[2]:= \{\{y'[x] \rightarrow -\frac{b^2 x}{a^2 y[x]}\}\}$$

方法二：直接输入

Solve $\left[∂x \left(\dfrac{x^2}{a^2} + \dfrac{y[x]^2}{b^2} - 1 == 0\right),\ y'[x]\right]$

得到结果

$$\{\{y'[x] \rightarrow -\frac{b^2 x}{a^2 y[x]}\}\}$$

【例 7.20】　设函数满足方程 $x\sin y+y\mathrm{e}^{-x}=0$，求 $y'(x)$.

【解】　直接输入

```
Solve [∂x (xSin [y [x]] +y [x] e⁻ˣ) ==0, y´ [x]]
```

得到结果

$$\{\{y´[x]\to -\frac{\mathrm{e}^x\mathrm{Sin}[y[x]]-y[x]}{1+\mathrm{e}^x x\mathrm{Cos}[y[x]]}\}\}$$

2. 函数的微分、全微分

求函数的微分 $\mathrm{d}y$，其命令格式为 Dt [f (x)]. 输出的表达式中所含的 Dt [x]，这里可以视为数学中的 $\mathrm{d}x$，求函数 $f(x, y)$ 的全微分 $\mathrm{d}z$，其命令形式为 Dt [f [x, y]].

【例 7.21】　求 $y=\sin 5x$ 的微分 $\mathrm{d}y$.

【解】　In [1] := Dt [Sin [5x]]

　　　　Out [1] := 5Cos [5x] Dt [x]

【例 7.22】　求函数 $y=x^3\ln x+\mathrm{e}^{-7x}$ 的微分 $\mathrm{d}y$.

【解】　In [1] := Dt [x^3Log [x]] +Exp [−7x]]　　　．

　　　　Out [1] =−7e⁻⁷ˣDt [x] +x²Dt [x] +3x²Dt [x] Log [x]

化简一下得

　　　　In [2] := Simplify [%]

　　　　Out [2] := Dt [x] (−7e⁻⁷ˣ+x²+3x²Log [x])

即 dy= (−7e⁻⁷ˣ+x²+3x²lnx) dx

【例 7.23】　求函数 $z=xy^2$ 的全微分.

【解】　In [1] := Dt [x*y^2]

　　　　Out [2] := y²Dt [x] +2xyDt [y]

3. 用 Mathematica 解微分方程

（1）没有初始条件的微分方程

命令格式：DSolve [微分方程，y [x]，x].

注意：要将 y 输入成 y [x]，另外，微分方程中的等号应为双等号.

（2）含初始条件的微分方程

命令格式：DSolve [{微分方程，初始条件}，y [x]，x].

注意：要将 y 输入成 y [x]，另外，微分方程及初始条件中的等号应为双等号.

【例 7.24】　解微分方程 $y'(x)+y(x)=1$.

【解】　In [1] :=DSolve [y´ [x] +y [x] ==1, y [x]，x]

　　　　Out [1] := {{y [x] →1+e⁻ˣC [1]}}

注意：导数符号 " ' " 的输入可以按键盘上的 "引号" 键直接得到.

【例 7.25】 求微分方程 $\left(x^2+y^2\right)\mathrm{d}x-xy\mathrm{d}y=0$ 的通解.

【解】 In [1]：=DSolve [（x^2+y [x] ^2）Dt [x] −xy [x] Dt [y [x]]]==0, y [x]，x]

Out [1]：={{y [x] →−x $\sqrt{\mathrm{C}[1]+2\mathrm{Log}[x]}$ }, {y [x] →x $\sqrt{\mathrm{C}[1]+2\mathrm{Log}[x]}$ }}

注意：微分方程中的 dx，dy 的输入应为 Dt [x]，Dt [y].

【例 7.26】 求微分方程 $\left(x^2+1\right)y'=2xy$ 满足初始条件 $y\big|_{x=0}=1$ 的特解.

【解】 In [1]：=DSolve [{（x^2+1）y′[x] ==2xy [x]，y [0] ==1}, y [x]，x]

Out [1]：={{y [x] →1+x²}}

注意：微分方程中含初始条件，需将微分方程与初始条件用大括号括起，形成一个整体.

三、积分运算及简单应用

1. 不定积分

输入格式：在 BasicInput 模板中单击 工具按钮，输入数学积分式.

注意：输出结果均不带积分常数.

【例 7.27】 求下列不定积分 $\int x^5\mathrm{d}x$.

【解】 单击 工具按钮后，在得到的 $\int \square d/\square$ 的相应位置输入被积函数、积分变量，即可

输入：$\int \mathrm{x}^5\mathrm{d}\mathrm{x}$

结果：$\dfrac{\mathrm{x}^6}{6}$

2. 定积分

输入格式：在 BasicInput 模板中单击 工具按钮，输入数学积分式.

【例 7.28】 求下列定积分 $\int_1^5 x^3\sqrt{x^2-1}\,\mathrm{d}x$.

【解】 单击 工具按钮后，在得到的 $\int_\square^\square \square d/\square$ 的相应位置输入被积函数、积分变量、

上下限，即可.

输入：$\int_1^5 \mathrm{x}^3\sqrt{\mathrm{x}^2-1}\mathrm{d}\mathrm{x}$.

结果：$\dfrac{1232\sqrt{6}}{5}$.

【例 7.29】 计算广义积分 $\int_0^{+\infty}\dfrac{1}{1+x^2}\mathrm{d}x$.

【解】 单击 工具按钮后，在得到的 $\int_\square^\square \square d/\square$ 的相应位置输入被积函数、积分变量、上下

限即可。

输入：$\int_0^{+\infty} \dfrac{1}{1+x^2}\mathrm{d}x$.

结果：$\dfrac{\pi}{2}$.

【例 7.30】 计算由抛物线 $y = x^{\frac{1}{2}}$ 和直线 $y = x$ 所围成的平面图形（见图 7.10）的面积及该图形绕 x 轴旋转一周所得的旋转体体积（表示出必要的步骤）.

【解】 （1）绘图命令输入：$\mathrm{Plot}\left[\{x, x \verb|^| (1/2)\}, \{x, 0, 2\}\right]$.

结果输出：如图 7.10 所示.

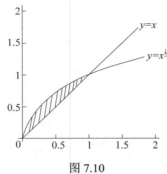

图 7.10

（2）求交点输入：$\mathrm{Solve}\left[\{y{=}{=}x, y{=}{=}x \verb|^| (1/2)\}, \{x, y\}\right]$.

结果输出：$\left[\{y{\to}0, x{\to}0\}, \{y{\to}1, x{\to}1\}\right]$.

（3）定积分求面积输入：$\int_0^1 (x \verb|^| (1/2) - x)\,\mathrm{d}x$.

结果输出：$\dfrac{1}{6}$.

（4）定积分求体积输入：$\pi\int_0^1 \left(x - x^2\right)\mathrm{d}x$.

结果输出：$\dfrac{\pi}{6}$.

习题 7.4

1. 求导数.

（1）$y = \dfrac{1}{2}\arctan\sqrt[4]{1+x^4}$ 　　　　（2）$y^2\cos(xy) = \sin^2 3x$ ，求 y'

（3）$y = \mathrm{e}^x x^6$ ，求 $y^{(4)}(1)$ 　　　　（4）$z = y\cos x$ ，求 z_x'，z_y'

（5）求 $z = \mathrm{e}^{\sin x}\cos y$ 的二阶偏导数

2. 求微分及全微分.

（1）$y = 3x^5 + 4x^3 - 7x + 6$ 　　　　（2）$y = \mathrm{e}^{2x^3}\cot(\ln x)$

（3） $y = 1n\sin x + \dfrac{x}{1+x}$ （4） $z = e^x \sin y$

3. 解微分方程.

（1）求微分方程 $\dfrac{dy}{dx} = -\dfrac{x}{y}$ 的通解.

（2）求微分方程 $xy^2 dx + \left(1+x^2\right) dy = 0$ 的通解.

（3）求微分方程 $\dfrac{dy}{dx} - y\cot x = 2x\sin x$ 的通解.

（4）求微分方程 $xy' + 2y = x^4$ 满足初始条件 $y(1) = \dfrac{1}{6}$ 的特解.

4. 求下列极限.

（1） $\displaystyle\lim_{x \to -1} \dfrac{x+1}{x^3+1}$ （2） $\displaystyle\lim_{x \to \infty} \left(\dfrac{x}{1+x}\right)^{-2x+1}$

5. 求下列积分.

（1） $\displaystyle\int \dfrac{\ln\sin x}{\sin^2 x} dx$ （2） $\displaystyle\int_{-1}^{1} \dfrac{x}{\sqrt{5-4x}} dx$

（3） $\displaystyle\int_{-\infty}^{0} xe^{-x^2} dx$ （4） $\displaystyle\int_{-\infty}^{+\infty} \dfrac{1}{4+x^2} dx$

6. 计算由曲线 $y = x-1$ 和 $y = x+1$ 所围成的平面图形的面积（表示出必要的步骤）.

7.5 Mathematica 在线性代数中的应用

一、Mathematica 中矩阵的相关计算

1. 矩阵的输入方法

（1）按表的格式输入（一般方法）.

$A = \{\{ a_{11}, a_{12}, \cdots, a_{1n} \}, \{ a_{21}, a_{22}, \cdots, a_{2n} \}, \cdots, \{ a_{m1}, a_{m2}, \cdots, a_{mn} \}\}$，生成 m 行 n 列的矩阵.

注意：此时输出格式与我们常见的矩阵形式不同，若要转换为数学格式，则其命令格式：

$A = \{\{ a_{11}, a_{12}, \cdots, a_{1n} \}, \{ a_{21}, a_{22}, \cdots, a_{2n} \}, \cdots \{ a_{m1}, a_{m12}, \cdots, a_{mn} \}\}$//MatrixForm

（2）菜单输入（适用于大矩阵）.

具体方法：

选择【Input】→【Create Table/Matrix】菜单命令，输入行数及列数，可形成数学形式的矩阵，然后在相应的位置输入数字即可.

（3）单击【BasicInput】模板中的 ⊞ 工具按钮，进行输入（适用于二阶小矩阵）.

2. 计算矩阵 A 的行列式

计算矩阵 A 的行列式值的方法：

①输入矩阵 A；

②计算矩阵行列式的值：命令格式为 Det［A］．

【例7.31】　计算行列式 $\begin{vmatrix} 1 & 2 & 6 & 0 \\ 4 & 7 & -8 & 1 \\ 2 & -7 & 0 & 6 \\ 1 & 9 & 3 & 5 \end{vmatrix}$ 的值．

【解】　首先输入矩阵，然后计算行列式的值

In［1］：=A＝{{1,2,6,},{4,7,-8,1},{2,-7,0,6},{1,9,3,5}}

Out［1］：={{1,2,6,0},{4,7,-8,1},{2,-7,0,6},{1,9,3,5}}

In［2］：=Det［A］

Out［2］：=-2945

3. 矩阵的基本运算

命令格式：

A＋B　表示矩阵 A 与 B 相加．

k*A　表示数 k 与矩阵 A 相乘．

Transpose［M］　表示矩阵 M 的转置 M^T．

A．B　表示矩阵 A 与 B 相乘．

M//MatrixForm　表示矩阵以标准形式输出（数学常见形式）．

【例7.32】　已知 $A = \begin{bmatrix} 1 & 3 & 4 \\ 2 & 7 & 9 \\ 4 & 5 & 7 \end{bmatrix}$，$B = \begin{bmatrix} 1 & 1 & -1 \\ 0 & 2 & 5 \\ 2 & 5 & 6 \end{bmatrix}$，求 $3AB - A$，A^TB．

【解】　输入命令：A＝{{1,3,4},{2,7,9},{4,5,7}}

　　　　　　　　　B＝{{1,1,-1},{0,2,5},{2,5,6}}

（3 A．B-A）//MatrixForm

M＝Transpose［A］

M．B//MatrixForm

执行，得到的结果：

$$\begin{pmatrix} 26 & 78 & 110 \\ 58 & 176 & 252 \\ 50 & 142 & 182 \end{pmatrix}, \quad \begin{pmatrix} 9 & 25 & 33 \\ 13 & 42 & 62 \\ 18 & 57 & 83 \end{pmatrix}$$

即 $3AB-A=\begin{pmatrix} 26 & 78 & 110 \\ 58 & 176 & 252 \\ 50 & 142 & 182 \end{pmatrix}$, $A^{\mathrm{T}}B=\begin{pmatrix} 9 & 25 & 33 \\ 13 & 42 & 62 \\ 18 & 57 & 83 \end{pmatrix}$.

4. 矩阵求逆

命令格式：

Inverse[A]　求方阵 A 的逆矩阵.

Inverse[A]//MatrixForm　求方阵 A 的逆矩阵，并以标准形式（即数学中常见的矩阵形式）输出.

【例7.33】 已知 $A=\begin{bmatrix} 4 & 3 & 5 \\ 2 & 7 & 9 \\ 4 & -7 & 11 \end{bmatrix}$，求 A 的逆矩阵.

【解】 （1）应先判断是否可逆（计算相应行列式是否为零）.

输入命令：Det[{{4,3,5},{2,7,9},{4,-7,11}}].

执行结果：392.

判断可逆.

（2）求逆：

Inverse[{{4,3,5},{2,7,9},{4,-7,11}}]

执行，得结果 $\left\{\left\{\dfrac{5}{14}, -\dfrac{17}{98}, -\dfrac{1}{49}\right\}, \left\{\dfrac{1}{28}, \dfrac{3}{49}, -\dfrac{13}{196}\right\}, \left\{-\dfrac{3}{28}, \dfrac{5}{49}, \dfrac{11}{196}\right\}\right\}$.

5. 矩阵求秩

方法：用初等变换将矩阵化为行最简形，非零行数即为矩阵的秩.

命令格式：RowReduce[A]//MatrixForm.

【例7.34】 已知 $A=\begin{bmatrix} 4 & 3 & 5 & 6 \\ 2 & 7 & 9 & 3 \\ 4 & -7 & 11 & 6 \end{bmatrix}$，求 A 的秩.

【解】 输入命令：

A={{4,3,5,6},{2,7,9,3},{4,-7,11,6}}

RowReduce[A]//MatrixForm

执行，得到的结果：

$$\begin{pmatrix} 1 & 0 & 0 & \dfrac{3}{2} \\ 0 & 1 & 0 & 0 \\ 0 & 0 & 1 & 0 \end{pmatrix}$$

结论：秩为3.

二、用 Mathematica 求解线性方程组

1. 判断方程组解是否存在

判断系数矩阵和增广矩阵的秩 $r(A)$ 和 $r(AB)$ 是否相等，即可判断方程组的解是否存在．具体的步骤如下：

（1）求系数矩阵和增广矩阵的秩．

命令格式：RowReduce［M］，秩为执行结果矩阵中的非零行数．

（2）判断若 $r(A) = r(AB)$，则有解．

当 $r(A) = r(AB) = n$，有唯一解；$r(A) = r(AB) < n$，有无穷多解．其中，n 为未知数的个数．

特别：若方程组是齐次线性方程组，则当 $r(A) = n$ 时，齐次线性方程组只有零解；当 $r(A) < n$ 时，齐次线性方程组有非零解．

【例 7.35】　判断方程组 $\begin{cases} x_1 + 2x_2 - 3x_3 = -11 \\ -x_1 - x_2 + x_3 = 7 \\ 2x_1 - 3x_2 + x_3 = 6 \\ -3x_1 + x_2 + 2x_3 = 4 \end{cases}$　是否有解？

【解】　输入命令如下：

```
A＝{{1,2,-3},{-1,-1,1},{2,-3,1}, {-3,1,2}}
B＝{{1,2,-3,-11},{-1,-1,1,7},{2,-3,1,6},{-3,1,2,4}}
```

执行结果：

$$\begin{pmatrix} 1 & 0 & 0 \\ 0 & 1 & 0 \\ 0 & 0 & 1 \\ 0 & 0 & 0 \end{pmatrix}, \begin{pmatrix} 1 & 0 & 0 & 0 \\ 0 & 1 & 0 & 0 \\ 0 & 0 & 1 & 0 \\ 0 & 0 & 0 & 1 \end{pmatrix}$$

说明：A 的秩为 3，B 的秩为 4，该方程组无解．

【例 7.36】　判断齐次线性方程组 $\begin{cases} 2x_1 + x_2 + 3x_3 + 5x_4 - 5x_5 = 0 \\ x_1 + x_2 + x_3 + 4x_4 - 3x_5 = 0 \\ 3x_1 + x_2 + 5x_3 + 6x_4 - 7x_5 = 0 \end{cases}$　是否有解？

【解】　输入命令如下：

```
A1＝{{2,1,3,5,-5},{1,1,1,4,-3},{3,1,5,6,-7}}

RowReduce［A1］//MatrixForm
```

执行结果：

$$\begin{pmatrix} 1 & 0 & 2 & 1 & -2 \\ 0 & 1 & -1 & 3 & -1 \\ 0 & 0 & 0 & 0 & 0 \end{pmatrix}$$

说明：秩为 2，该方程组有无穷多组解．

2. 求齐次线性方程组的基础解系和通解

若判断齐次线性方程组有无穷多组解，则求其解的具体步骤如下：

（1）求出 $AX = O$ 的基础解系．

命令格式：`NullSpace [A]`．

执行结果：$\{\alpha_1, \alpha_2, \cdots, \alpha_n\}$．

（2）写出通解形式：

$$X = k_1\alpha_1 + k_2\alpha_2 + \cdots + k_n\alpha_n$$

【例 7.37】 求齐次线性方程组 $\begin{cases} 2x_1 + x_2 + 3x_3 + 5x_4 - 5x_5 = 0 \\ x_1 + x_2 + x_3 + 4x_4 - 3x_5 = 0 \\ 3x_1 + x_2 + 5x_3 + 6x_4 - 7x_5 = 0 \end{cases}$ 的基础解系和全部解．

【解】 由例 7.36 知此方程组有无穷多组解，现在求其基础解系和全部解，命令如下：

`A1={{2,1,3,5,-5},{1,1,1,4,-3},{3,1,5,6,-7}}`

`NullSpace [A1]`

执行结果：得基础解系为

`{{2,1,0,0,1}, {-1,-3,0,1,0},{-2,1,1,0,0}}`

全部解：$X = C_1\{2,1,3,5,-5\} + C_2\{1,1,1,4,-3\} + C_3\{3,1,5,6,-7\}$

3. 求非齐次线性方程组的基础解系和通解

求非齐次线性方程组的基础解系和通解的具体步骤如下：

（1）求非齐次线性方程组导出组的全部解．

命令格式：`NullSpace [A]`．

执行结果：$\{\alpha_1, \alpha_2, \cdots, \alpha_n\}$．

（2）求非齐次线性方程组的特解或唯一解的命令格式：

`LinearSolve [系阵数矩阵，常数项矩阵]`

（3）写出通解 $X = X_0 + k_1\alpha_1 + k_2\alpha_2 + \cdots + k_n\alpha_n$．

注意：如方程组有唯一解，则用命令 LinearSolve ［系数矩阵，常数项矩阵］，就可以得到其唯一解．

【例 7.38】 求 $\begin{cases} 2x_1 - 4x_2 + 5x_3 + 3x_4 = 7 \\ 3x_1 - 6x_2 + 4x_3 + 2x_4 = 7 \\ 4x_1 - 8x_2 + 17x_3 + 11x_4 = 21 \end{cases}$ 的全部解．

【解】 （1）判断此方程组解的情况，输入命令

```
A={{2,-4,5,3},{3,-6,4,2},{4,-8,17,11}}
B={{2,-4,5,3,7},{3,-6,4,2,7},{4,-8,17,11,21}}
RowReduce [A] //MatrixForm
RowReduce [B] //MatrixForm
```

执行结果：

$$\begin{pmatrix} 1 & -2 & 0 & -\dfrac{2}{7} \\ 0 & 0 & 1 & \dfrac{5}{7} \\ 0 & 0 & 0 & 0 \end{pmatrix}$$ （系数矩阵 $\boldsymbol{A}$ 的秩为2）

$$\begin{pmatrix} 1 & -2 & 0 & -\dfrac{2}{7} & 1 \\ 0 & 0 & 1 & \dfrac{5}{7} & 1 \\ 0 & 0 & 0 & 0 & 0 \end{pmatrix}$$ （增广矩阵 $\boldsymbol{B}$ 的秩为2）

说明：$r(\boldsymbol{A})=r(\boldsymbol{B})=2<4$，方程有无穷多组解.

（2）求非齐次线性方程组的特解及导出组的基础解系，输入命令：

```
b={7, 7, 21}
LinearSolve [A, b]
NullSpace [A]
```

执行，得到的结果（前者是特解，后者为基础解系）：

{1, 0, 1, 0}

{{2, 0, -5, 7}, {2, 1, 0, 0}}

（3）写出通解.

方程组的通解：

$$X = k_1 \begin{pmatrix} 2 \\ 0 \\ -5 \\ 7 \end{pmatrix} + k_2 \begin{pmatrix} 2 \\ 1 \\ 0 \\ 0 \end{pmatrix} + \begin{pmatrix} 1 \\ 0 \\ 1 \\ 0 \end{pmatrix}$$

习题 7.5

1. 求矩阵 $\boldsymbol{B}$ 的行列式的值，并求矩阵的秩.

$$\boldsymbol{B} = \begin{pmatrix} 5 & 3 & 2 & 0 \\ 3 & 1 & -1 & 12 \\ 21 & -17 & 0 & 5 \\ 10 & 9 & -3 & 2 \end{pmatrix}$$

2. 已知 $A = \begin{bmatrix} 3 & 5 & 4 \\ 2 & 8 & -9 \\ 1 & -5 & 3 \end{bmatrix}$，$B = \begin{bmatrix} 2 & 1 & -3 \\ 1 & -2 & 5 \\ 3 & 5 & 7 \end{bmatrix}$，求 $AB - 2A$，$A^{\mathrm{T}}B$，A 的逆矩阵.

3. 求 $\begin{cases} 5x_1 + 3x_2 + 2x_3 - x_4 + 4x_5 = 1 \\ 3x_1 + x_2 + 5x_3 + 3x_4 + x_5 = 5 \\ 2x_1 - 3x_2 + 11x_3 + 11x_4 - 5x_5 = 13 \\ 3x_1 - x_2 + 8x_3 + 7x_4 - 2x_5 = 9 \end{cases}$ 的全部解.

附录 A 参考答案

第 1 章

习题 1.1

1. （1）$[-1,3]$； （2）$(-1,1)$； （3）$\{x \mid x \neq \frac{1}{3}(k\pi + \frac{\pi}{2} - 1), k \in \mathbf{Z}\}$； （4）$(-\infty,-3] \bigcup [3,+\infty)$.

2. $f(1) = 6$，$f(-2) = 0$，$f(\frac{1}{3}) = \frac{28}{9}$，$f(a+1) = a^2 + 5a + 6$.

3. $f(\frac{\pi}{2}) = 2$，$f(0) = 0$，$f(-\frac{\pi}{3}) = -\frac{1}{2}$，$f(1) = 1 + \sin 1$.

4. （1）奇函数； （2）非奇非偶函数； （3）奇函数； （4）偶函数.

5. （1）单调增区间为 $[\frac{1}{3}(2k\pi - \frac{\pi}{2} + 1), \frac{1}{3}(2k\pi + \frac{\pi}{2} + 1)](k \in \mathbf{Z})$,

单调减区间为 $[\frac{1}{3}(2k\pi + \frac{\pi}{2} + 1), \frac{1}{3}(2k\pi + \frac{3\pi}{2} + 1)](k \in \mathbf{Z})$.

（2）单调增区间为 $[1,+\infty)$.　　　　　（3）单调减区间为 $(-\infty,+\infty)$.

（4）单调减区间为 $(-\infty,1]$，单调增区间为 $[1,+\infty)$.

6. （1）$y = \sin u$，$u = \ln x$；　　　　　　　（2）$y = \mathrm{e}^u$，$u = \sqrt{x}$；

　　（3）$y = 3u$，$u = \tan v$，$v = x^2$；　　　　（4）$y = \sqrt{u}$，$u = \frac{1}{v}$，$v = \cos w$，$w = x+1$.

7. $A = \pi r^2 + \frac{2V}{r}$ $(r > 0)$.

8. （1）$y = \begin{cases} 9, & 0 < x \leqslant 2.3 \\ 9 + 2.6(x - 2.3), & x > 2.3 \end{cases}$；

　　（2）42.02 元； （3）18.07 公里.

习题 1.2

1. （1）1； （2）2； （3）$-\frac{3}{2}$； （4）-1； （5）1； （6）$\frac{1}{2}$.

2. B.

3. （1）4； （2）-9； （3）$\frac{1}{6}$； （4）$\frac{3}{5}$； （5）0； （6）∞；

　　（7）$3x^2$； （8）$\frac{2^{30} \times 3^{20}}{5^{50}}$； （9）$-\frac{1}{2}$； （10）不存在.

4. 3.

5. $a=-1$，$b=-4$.

习题 1.3

1.（1）无穷小；　（2）无穷小；　（3）无穷大；　（4）无穷大.

2. $x\to 0$ 时是无穷小，$x\to -1$ 时是无穷大.

3. x^3+3x^2 是高阶无穷小.

4. 不能，因为此时两函数都不是无穷小.

5.（1）0；　　（2）0；　　（3）$\dfrac{2}{3}$；　　（4）$\dfrac{1}{4}$；　　（5）$\dfrac{1}{2}$；　　（6）$\dfrac{1}{5}$.

习题 1.4

1.（1）$\dfrac{2}{3}$；　（2）1；　　（3）$\cos a$；　　（4）0；　　（5）$\dfrac{25}{2}$；　　（6）1.

2.（1）e^3；　（2）e^{-2}；　　（3）e^8；　　　（4）e；　　（5）$\mathrm{e}^{-\frac{1}{2}}$；　　（6）$\mathrm{e}^{-1}$.

3. $a=\ln 2$.

习题 1.5

1. $(-\infty,-1)$，$(-1,3)$，$(3,+\infty)$.

2.（1）$\dfrac{\mathrm{e}^2+1}{2}$；　　（2）1；　　（3）0；　　（4）1.

3. 连续.

4.（1）$x=0$，可去间断点；（2）$x=1$，可去间断点，$x=-1$，无穷间断点；（3）$x=0$，跳跃间断点.

5. $a=3$.

6. 令 $f(x)=x\cdot 2^x-1$，则 $f(x)$ 在 $[0,1]$ 上连续，

又 $f(0)=-1<0,f(1)=1>0$，由零点定理，存在 $\xi\in(0,1)$

使得 $f(\xi)=\xi\cdot 2^\xi-1=0$，

故 ξ 是已知方程的一个小于1的正实根.

综合练习 1

一、1. $(1,+\infty)$；　2. $0,一$；　3. e^3；　4. 4；5. $(-\infty,1),(2,+\infty)$；　6. 0；　7. 2.

二、1.D；　2.B；　3.C；　4.C；　5.D；　6.A；　7.A.

三、1.（1）$-\dfrac{2}{3}$；　　（2）$\dfrac{1}{2}$；　　（3）$\dfrac{1}{3}$；　　（4）1；　　（5）0；　　（6）$-\dfrac{1}{5}$；

（7）18；　　（8）e^{-4}；　　（9）$\dfrac{3}{2}$；　　（10）$\dfrac{1}{2}$；

2. 连续区间为 $(-\infty,0)$，$(0,1)$，$(1,2)$，$(2,+\infty)$，间断点为 $x=0,x=2$，均为无穷间断点.

3. $a=2$，$b=-3$. 11. $a=1$，$b=1$.

第 2 章

习题 2.1

1. 不可导.　2.（1）$y' = \dfrac{1}{2\sqrt{x}}$ ；　（2）$y' = -\dfrac{1}{2}x^{-\frac{3}{2}}$ ；　（3）$y' = 2^x \ln 2$ ；　（4）$y' = \dfrac{1}{x \ln 5}$.

3. $f'(x) = \dfrac{7}{8}x^{-\frac{1}{8}}$ ，　$f'(1) = \dfrac{7}{8}$ ，　$[f(1)]' = 0$ ；　4.　$(1,1)$，$(-1,-1)$

5. -2, 2 .

习题 2.2

1.（1）$-\dfrac{2}{x^3} - \sin x$ ；

（2）$2x \ln x + \dfrac{5}{2}x\sqrt{x} + x$ ；

（3）$2x \tan x + x^2 \sec^2 x - \sin x$ ；

（4）$x \sec x(x \tan x + 2)$ ；

（5）$-\dfrac{1 + \cos x}{(x + \sin x)^2}$ ；

（6）$\dfrac{2(1 + x^2)}{(1 - x^2)^2}$ ；

（7）$2e^x \sin x$ ；

（8）$\dfrac{\sec^2 x}{\ln x + 1} - \dfrac{\tan x}{x(\ln x + 1)^2}$ ；

（9）$-\dfrac{1 + \cos x}{\sin^2 x}$ ；

（10）$-\dfrac{2}{x(1 + \ln x)^2}$ ；

（11）$\ln x$ ；

（12）$a^x e^x(\ln a + 1)$ ；

（13）$2e^x(\cos x + x\cos x - x\sin x)$ ；

（14）$\dfrac{(x^2 + 2x - 1)\arctan x + x + 1}{(1 + x)^2}$ ；

（15）$\dfrac{9x^2 \ln x - 4x \ln x + x^4 - 3x^2 + 2x}{(3\ln x + x^2)^2}$ ；

（16）$2x \ln x \cdot \sin x + x\sin x + x^2 \ln x \cdot \cos x$.

2.（1）$84x^3(3x^4 - 1)^6$ ；

（2）$\dfrac{3}{2}\sqrt{x} - \dfrac{e^{\frac{1}{x}}}{x^2}$ ；

（3）$\dfrac{\ln x}{x\sqrt{\ln^2 x + 1}}$ ；

（4）$2x \sin \dfrac{1}{x} - \cos \dfrac{1}{x}$ ；

（5）$\dfrac{1}{2\sqrt{x + \sqrt{x + \sqrt{x}}}}\left[1 + \dfrac{1}{2\sqrt{x + \sqrt{x}}}\left(1 + \dfrac{1}{2\sqrt{x}}\right)\right]$ ；

（6）$\dfrac{7}{8}x^{-\frac{1}{8}}$ ；

（7）$\dfrac{1}{x \ln x \cdot \ln \ln x}$ ；

（8）$2^{\sin x}\cos x \cdot \ln 2 - \dfrac{\sin \sqrt{x}}{2\sqrt{x}}$ ；

（9）$\dfrac{1}{\sqrt{1 + x^2}}$ ；

（10）$\dfrac{2x \cot 3x + 3(x^2 - 1)\csc^2 3x}{(1 - x^2)^2}$ ；

（11）$-3\cos 3x \cdot \sin(2\sin 3x)$ ；

（12）$\dfrac{1}{x(1 + \ln^2 x)}$ ；

（13）$\dfrac{(\sin 2x + 2x\cos 2x)(1 + \tan x) - 2x\tan x}{(1 + \tan x)^2}$ ；

（14）$\dfrac{2xe^{\arcsin x^2}}{\sqrt{1 - x^4}}$.

3.（1）$\dfrac{1-3x^2-y}{x-3y^2-1}$；　　（2）$-\dfrac{1+y\sin xy}{1+x\sin xy}$；　　　（3）$\dfrac{y\mathrm{e}^x-\mathrm{e}^y+1}{x\mathrm{e}^y-\mathrm{e}^x}$；

（4）$\dfrac{xy-y^2}{xy+x^2}$；　　　（5）$\dfrac{y\cos x+\sin(x-y)}{\sin(x-y)-\sin x}$；　　（6）$-\dfrac{(1+xy)\mathrm{e}^{xy}}{1+x^2\mathrm{e}^{xy}}$；

（7）$\dfrac{y-\mathrm{e}^{x+y}}{\mathrm{e}^{x+y}-x}$；　　（8）$-\dfrac{b^2x}{a^2y}$．

4.（1）$\dfrac{x^{\sqrt{x}}}{\sqrt{x}}(\dfrac{\ln x}{2}+1)$；　　　　（2）$(\cos x)^{\tan x}\cdot(\sec^2 x\ln\cos x-\tan^2 x)$；

（3）$\left(1+\dfrac{1}{x}\right)^x\cdot\left[\ln\left(1+\dfrac{1}{x}\right)-\dfrac{1}{1+x}\right]$．

5.（1）3840，0；　（2）0；　（3）$-15\mathrm{e}^{2\pi}$；　（4）$\dfrac{4}{(1+x^2)^2}$．

6.（1）$(x+n)\mathrm{e}^x$；　（2）$n!$；　（3）$2^{n-1}\cos\left(\dfrac{n\pi}{2}+2x\right)$；

（4）$(-1)^n\dfrac{(n-2)!}{x^{n-1}}$，$n\geqslant 2$；　　（5）$a_0 n!$．

习题 2.3

1.（1）$2x^2+C$　　（2）$-\cos x+C$　　（3）$\arctan x+C$

（4）$\arcsin x+C$　　（5）$2\sqrt{x}+C$　　（6）$\dfrac{1}{x}+C$

（7）$\dfrac{1}{2}\mathrm{e}^{2x}+C$　　（8）$\ln x+C$

2.（1）$\mathrm{d}y=(-\dfrac{2}{x^2}+\dfrac{1}{2\sqrt{x}})\mathrm{d}x$　　　（2）$\mathrm{d}y=(\cos 3x-3x\sin 3x)\mathrm{d}x$

（3）$\mathrm{d}y=3\cot 3x\mathrm{d}x$　　　（4）$\mathrm{d}y=(2x\mathrm{e}^x+x^2\mathrm{e}^x)\mathrm{d}x$

3.（1）1.0075　　　　　（2）-0.02　　　　　（3）$\dfrac{1}{40}+\dfrac{\pi}{4}$

4. $2\pi R_0 h$

综合练习 2

1. 0 处连续可导，1 处连续可导．
2. $\sqrt{2}x+8y-9\sqrt{2}=0$，$4\sqrt{2}x-y-3\sqrt{2}=0$．
3.（1）$3x^2-\dfrac{1}{x^2}$；　　（2）$y=3\left(\mathrm{e}^{3x}+\dfrac{1}{x}\right)$；　　（3）$\dfrac{1}{x^2}\tan\dfrac{1}{x}$；

（4）$y=\dfrac{3}{4}\mathrm{e}^{\frac{3x}{4}}$；　　（5）$\dfrac{1}{4}\cdot\dfrac{2\mathrm{e}^x+\sqrt{\mathrm{e}^x}}{\sqrt{\mathrm{e}^x+\sqrt{\mathrm{e}^x}}}$；　　（6）$\dfrac{1-4x-x^2}{3\sqrt[3]{(x+2)^2(x^2+1)^4}}$；

（7）$\dfrac{1}{2x\sqrt{x-1}\cdot\arccos\dfrac{1}{\sqrt{x}}}$；　（8）$\dfrac{\mathrm{e}^x}{\sqrt{1+\mathrm{e}^{2x}}}$．

4.（1）$\dfrac{3x^2}{4y^3+\cos y}$；   （2）$\dfrac{-x(y^2-1)^2}{y}$；   （3）$\dfrac{x+y}{x-y}$；   （4）$\dfrac{\mathrm{e}^y}{1-x\mathrm{e}^y}$.

5.（1）$30x^4+12x$；   （2）$y=\dfrac{n!}{(1-x)^{n+1}},(x\neq1)$.

6.（1）$\left[(2x+4)\sqrt{x^2-\sqrt{x}}+\dfrac{(x^2+4x)(4x\sqrt{x}-1)}{4\sqrt{x}\cdot\sqrt{x^2-\sqrt{x}}}\right]\mathrm{d}x$；   （2）$\left(\dfrac{2\ln x}{x}+1\right)\mathrm{d}x$；

（3）$\dfrac{2}{\sqrt{1-x^2}}\mathrm{d}x$；   （4）$-\mathrm{e}^{-x}[\sin(2-x)+\cos(2-x)]\mathrm{d}x$；

7.（1）0.5076；   （2）2.7455.

第3章

习题3.1

1.（1）满足，$\xi=\dfrac{\pi}{2}$；   （2）满足，$\xi=0$.

2.（1）满足，$\xi=\dfrac{9}{4}$；   （2）满足，$\xi=\dfrac{1}{\ln2}$.

习题3.2

1.（1）$\dfrac{m}{n}a^{m-n}$； （2）2； （3）$\dfrac{1}{2}$； （4）2； （5）$\dfrac{1}{2}$； （6）$\dfrac{1}{2}$；

（7）0； （8）0； （9）$\dfrac{1}{2^7}$； （10）2； （11）1； （12）e；

习题3.3

1.（1）$(-\infty,\dfrac{1}{2})$单调增加，$(\dfrac{1}{2},+\infty)$单调减小；

（2）$(-1,1)$单调增加，$(-\infty,-1)\bigcup(1,+\infty)$单调减小；

（3）$(0,+\infty)$单调增加，$(-1,0)$单调减小；   （4）$(0,+\infty)$单调增加，$(-\infty,0)$单调减小.

2.（1）极大值点$x=-1$，极大值17，极小值点$x=3$，极小值为-47；

（2）极大值点$x=\dfrac{1}{2}$，极大值$\dfrac{81}{4}\cdot\left(\dfrac{9}{4}\right)^{\frac{1}{3}}$，极小值点$x=-1,5$，极小值为0；

（3）无极大值，极小值点$x=\mathrm{e}^{-\frac{1}{2}}$，极小值为$-\dfrac{1}{2}\mathrm{e}^{-1}$；

（4）极大值点$x=\pm1$，极大值e^{-1}；极小值点$x=0$，极小值为0.

3.（1）$f_{\max}\left(\dfrac{1}{2}\right)=\dfrac{9}{4}$，$f_{\min}(5)=-18$；   （2）$f_{\max}(0)=0$，$f_{\min}(-1)=-\dfrac{5}{3}$.

4.圆柱底面半径$r=2\,\mathrm{m}$，$h=4\,\mathrm{m}$时，用料最省.

5.$AB=\dfrac{2\sqrt{10}}{\sqrt{\pi+4}}\approx2.37\mathrm{m}$，$BC=\dfrac{\sqrt{10}}{\sqrt{\pi+4}}\approx1.18\mathrm{m}$时，所用材料最省.

6.（1）$(-\infty,0)$下凸，$(0,+\infty)$上凸，拐点$(0,0)$；

（2）$(0, e^{-\frac{3}{2}})$ 凸的，$(e^{-\frac{3}{2}}, +\infty)$ 凹的，拐点 $(e^{-\frac{3}{2}}, -\frac{3}{2}e^{-3})$.

综合练习 3

1. $\xi = \frac{1}{2}$.

2. （1）2； （2）1； （3）$\frac{1}{6}$； （4）2； （5）2； （6）$\frac{1}{4}$；

3. （1）$(-\infty, 0) \bigcup (1, +\infty)$ 单调增加，$(0, 1)$ 单调减小； （2）$[0, 1)$ 单调增加，$(1, 2]$ 单调减小.

4. （1）$f_{极大}\left(\frac{1}{3}\right) = \frac{\sqrt[3]{4}}{3}$，$f_{极小}(1) = 0$； （2）$f_{极小}(0) = 0$.

5. 长 32m、宽 16m.

6. （1）$f_{最大}(-1) = 3$，$f_{最小}(1) = 1$； （2）$f_{最大}(0) = 1$，$f_{最小}(3) = \frac{1}{27}$；

   （3）$f_{最大}\left(\frac{\sqrt{6a}}{3}\right) = \frac{2a^3}{3\sqrt{3}}$，$f_{最小}(0) = f_{最小}(a) = 0$； （4）$f_{最大}(4) = \frac{3}{5}$，$f_{最小}(0) = -1$.

7. （1）$(-\infty, 0)$ 上凸，$(0, +\infty)$ 下凸，拐点 $(0, 0)$； （2）$(-\infty, +\infty)$ 下凸，无拐点；

   （3）$(-\infty, \frac{5}{3})$ 上凸，$(\frac{5}{3}, +\infty)$ 下凸，拐点 $(\frac{5}{3}, \frac{-250}{27})$.

第 4 章

习题 4.1

1. D. 2. 0 . 3. $\int_0^1 x^2 \mathrm{d}x > \int_0^1 x^3 \mathrm{d}x$. 4. $3 \leqslant \int_{-1}^2 (x^2+1)\, \mathrm{d}x \leqslant 15$.

习题 4.2

1. （1）B； （2）B； （3）B； （4）D； （5）A； （6）C； （7）B； （8）A.

2. （1）$\frac{5}{3}x^3 - \frac{1}{2}x^2 + 3x + C$； （2）$\frac{2}{5}x^{\frac{5}{2}} - 2x^{\frac{1}{2}} + C$； （3）$-3x^{-\frac{1}{3}} + C$；

   （4）$x - \arctan x + C$. （5）$\frac{2^x}{\ln 2} + e^x + C$. （6）$\frac{3^x e^x}{1 + \ln 3} + C$； （7）$\frac{2}{5}x^{\frac{5}{2}} - \frac{1}{2}x^2 + \frac{2}{3}x^{\frac{3}{2}} - x + C$；

   （8）$-\frac{1}{x} - \arctan x + C$； （9）$2\sqrt{x} - \frac{4}{3}x^{\frac{3}{2}} + \frac{2}{5}x^{\frac{5}{2}} + C$； （10）$\frac{1}{2}\tan x + C$.

3. $y = x^2 + 1$. 4. $y = \frac{1}{3}x^3 + 3$.

习题 4.3

1. （1）D； （2）A； （3）B； （4）C； （5）B； （6）C； （7）C； （8）B； （9）A；

   （10）C.

2. （1）$\frac{1}{2}e^{2x+3} + C$； （2）$-\frac{1}{3(3x+5)} + C$； （3）$\frac{1}{3}(1+2x)^{\frac{3}{2}} + C$；

（4）$\sqrt{x^2-4}+C$；　（5）$\arctan e^x+C$；　（6）$\dfrac{1}{4}e^{4x}+\dfrac{1}{3}e^{3x}+e^x+C$；　（7）$\dfrac{1}{3}\arctan\dfrac{x}{3}+C$；

（8）$\dfrac{1}{4}\ln\left|\dfrac{2+x}{2-x}\right|+C$；　（9）$\dfrac{1}{4}\sin^4 x-\dfrac{1}{6}\sin^6 x+C$；　（10）$-\cos e^x+C$；

（11）$\dfrac{1}{3}\cos^3 x-\cos x+C$；　（12）$\dfrac{1}{2}x^2-\dfrac{1}{2}\ln\left|x^2+1\right|+C$；　（13）$\dfrac{2}{3}(x+1)^{\frac{3}{2}}-2(x+1)^{\frac{1}{2}}+C$；

（14）$2\sqrt{x+2}-2\ln\left|\sqrt{x+2}+1\right|+C$；　（15）$6\sqrt[6]{x}-6\arctan\sqrt[6]{x}+C+2\sqrt{x}$；

（16）$\ln\left|x+\sqrt{9+x^2}\right|+C$；　（17）$e^x(x^2-2x+2)+C$；　（18）$x^2\sin x+2x\cos x-2\sin x+C$；

（19）$\dfrac{1}{3}x^3\ln x-\dfrac{1}{9}x^3+C$；　（20）$\dfrac{x^2}{2}\ln x-\dfrac{x^2}{4}+C$．

3.（1）$3-3\ln\dfrac{5}{2}$；　（2）$7+2\ln 2$；　（3）$\dfrac{2}{3}\ln 2$；　（4）$\dfrac{2}{\pi}$；　（5）$4-2\ln 3$；　（6）$1-\dfrac{\pi}{4}$；

（7）$1-\dfrac{\pi}{4}$；　（8）$\ln\dfrac{2}{3}$；　（9）$2(\ln 2)^2-2\ln 2+\dfrac{3}{4}$；　（10）$\pi-\dfrac{4}{3}$；　（11）$\dfrac{a^4}{16}\pi$；　$\dfrac{a^4}{16}\pi$

（12）$\dfrac{\pi}{4}-\dfrac{1}{2}$；　（13）$2-2\ln\dfrac{3}{2}$；　（14）$2(\sqrt{3}-1)$；　（15）$1$；　（16）$\dfrac{1}{4}e^2+\dfrac{1}{4}$；

（17）$6-2e$；　（18）$\dfrac{1}{2}e^{\frac{\pi}{2}}+\dfrac{1}{2}$；　（19）$\dfrac{\pi}{4}-\ln\dfrac{\sqrt{2}}{2}$；　（20）$\dfrac{1}{2}-\dfrac{1}{2}\ln 2$．

4.（1）$2f(2x)$；　（2）xe^{-x^2}；　（3）$-\dfrac{\cos x}{1+\sin^2 x}$；　（4）$2xe^{x^2}$；　（5）$-\sin x$．

5.（1）1；　（2）$\dfrac{1}{2}$．　　6.（1）0；　（2）0；　（3）2；　（4）$\dfrac{4}{3}$．

习题 4.4

1. $10\dfrac{2}{3}$．　2. $\dfrac{3}{2}-\ln 2$　3. $2-\sqrt{2}$，$\dfrac{\pi^2}{4}-\dfrac{\pi}{2}$．　4. $9\dfrac{3}{5}\pi$，$4\dfrac{4}{5}\pi$．

5. $1\dfrac{1}{8}$．　6. $\dfrac{e^2}{6}\pi-\dfrac{\pi}{2}$．　7. 18．　8. $32\pi\cdot\dfrac{4}{5}$．　9. $\dfrac{1}{2}\pi$．　10. 19万元，20万元．

习题 4.5

1.（1）A；　（2）C；　（3）D；　（4）A；　（5）C；
（6）A；　（7）C；　（8）C；　（9）C；　（10）A．

2.（1）1；　（2）$+\infty$；　（3）$\dfrac{1}{2}$；　（4）-1；　（5）2；　（6）π；　（7）$\dfrac{\pi}{4}$．

综合练习 4

一、1. $e^{\frac{x}{3}}$．　2. $-\sqrt{1-2x}+C$．　3. $kx+C$．　4. $3\cot(3x+1)$．

5. $-\dfrac{1}{2}\sin\dfrac{2}{x}+C$．　6. $-F(e^{-x})+C$．　7. $\ln|x+\sin x|+C$．

8. $\arctan x-\arcsin x+C$．　9. $-\dfrac{1}{2}F(1-2x)+C$．　10. $\ln x+C$．　11. $\ln x+1$．

12. $-\mathrm{e}^{\frac{x}{2}}+C$.　13. $-\cos x+C$.　14. $\frac{1}{3}\arctan x^3+C$.　15. $\frac{1}{2}$.　16. 0.

17. $\sqrt{\sin x}$.　18. $\sin\sqrt{2}$.

二、1. A；2. D；3. D；4. D；5. C；6. C；7. C；8. A；9. C；10. C；11. D；12. B.

三、1.（1）$\frac{1}{9}\frac{\sqrt{x^2-9}}{x}+C$；　（2）$2\sqrt{x}\ln(1+x)-4\sqrt{x}+4\arctan\sqrt{x}+C$；

（3）$\frac{1}{3}x^3\ln(x+1)+\frac{1}{3}\ln(x+1)-\frac{1}{9}x^3+\frac{1}{6}x^2-\frac{1}{3}x+C$；　（4）$\ln|x|-2\arctan(2x)+C$；

（5）$-2\ln|\cos x|+C$；　（6）$-\frac{1}{2}x\cos 2x+\frac{1}{4}\sin 2x+C$；　（7）$\ln|2+\sin 2x|+C$；

（8）$-\frac{1}{2}x^2\mathrm{e}^{-x^2}-\frac{1}{2}\mathrm{e}^{-x^2}+C$；　（9）$\sqrt{2x-1}\mathrm{e}^{\sqrt{2x-1}}-\mathrm{e}^{\sqrt{2x-1}}+C$；

（10）$-\frac{\sqrt{2-x^2}}{x}-\arcsin\frac{x}{\sqrt{2}}+C$；　（11）$\tan(\ln x)+C$；　（12）$\ln\left|\frac{1+x}{2+x}\right|+C$；

（13）$x+\frac{1}{2}\cos 2x+C$；　（14）$\frac{2}{45}\sqrt{(3x+2)^5}-\frac{4}{27}\sqrt{(3x+2)^3}+C$；

（15）$\mathrm{e}^x-\ln|1+\mathrm{e}^x|+C$；　（16）$\tan x-\sec x+C$；　（17）$-\cot x+\csc x+C$；

（18）$\frac{1}{2}\arctan(\frac{1}{2}\tan x)+C$.

2.（1）2；　（2）$\frac{1}{2}$.

3.（1）$\frac{2}{3}$；　（2）$\sqrt{2}-\frac{2}{3}\sqrt{3}$；　（3）$\frac{\pi}{4}$；　（4）$\ln 2-\frac{3}{8}$；

（5）$\frac{\pi}{6}$；　（6）$\frac{2}{5}(\mathrm{e}^{2\pi}-1)$；　（7）$2\ln\frac{4}{3}$；　（8）$2\ln 2-1$；　（9）$\frac{1}{6}$；　（10）$\frac{1}{4}-\frac{1}{4\mathrm{e}^2}$；

（11）$\ln\frac{4}{3}$；　（12）$\frac{2}{3}(2\sqrt{2}-1)$；　（13）2；　（14）$\ln 3$；　（15）$1+\frac{\pi}{4}$；　（16）$\frac{2}{5}$.

四、证明题（略）.

五、应用题.

1. $\frac{2}{3}$.　2.（1）1；　（2）$(1-\frac{1}{\mathrm{e}})\pi$.　3. $V_x=4\pi$，$V_y=\frac{16}{5}\pi$.

4. $\frac{1}{2}+\ln 4$.　5. $5+\ln\frac{1}{6}$.　6. 1.　7. $358\frac{1}{8}$.　8. 436.

第 5 章

习题 5.1

1. $A^{\mathrm{T}}+B=\begin{pmatrix}1&2&-1&9\\0&5&-4&4\end{pmatrix}$，$2A-B^{\mathrm{T}}=\begin{pmatrix}2&-6\\7&-5\\-11&10\\6&14\end{pmatrix}$，$BA=\begin{pmatrix}5&30\\31&-28\end{pmatrix}$，

$$AB = \begin{pmatrix} -4 & -11 & 15 & 8 \\ 0 & -3 & 9 & 12 \\ 4 & 14 & -24 & -20 \\ 12 & 25 & -21 & 8 \end{pmatrix}, \qquad A^{\mathrm{T}}B^{\mathrm{T}} = \begin{pmatrix} 5 & 31 \\ 30 & -28 \end{pmatrix}.$$

2. （1）$\begin{pmatrix} 1 & -2 \\ 3 & 5 \end{pmatrix}$；　（2）$\begin{pmatrix} 0 & 0 \\ 0 & 0 \end{pmatrix}$；　（3）$(0)$；　（4）$\begin{pmatrix} 5 & 15 & 2 \\ 1 & 11 & 0 \\ -3 & -2 & -14 \end{pmatrix}$；

　　（5）$(-7, -20, 27)$；　（6）$\begin{pmatrix} 7 & -6 \\ -5 & 4 \\ 1 & 4 \end{pmatrix}$.

3. （1）$a = 0,\ b = 3,\ c = 5,\ d = -4,\ e = -2,\ f = 9$；

　　（2）$x = 0,\ y = -1,\ z = -4,\ u = 2,\ v = 0,\ w = -9$.

4. （1）$\begin{pmatrix} 1 & 5 & -7 \\ 0 & -1 & 2 \\ 0 & 1 & -1 \end{pmatrix}$；　（2）$\begin{pmatrix} 1 & 1 & 3 \\ 2 & 3 & 7 \\ 3 & 4 & 9 \end{pmatrix}$.

5. （1）$\begin{pmatrix} 1 & 1 \\ -2 & -2 \end{pmatrix}$；　（2）$\begin{pmatrix} -1 & 1 & 1 \\ 5 & -2 & -3 \end{pmatrix}$.

习题 5.2

1. $(7, 6, -7)$.

2. $a = 1$，$b = 1$，$c = 1$.

3. 线性相关.

4. （1）线性无关；　（2）线性相关，极大无关组为 α_1，α_2 或 α_1，α_3 或 α_2，α_3.

5. 3.

6. （1）$r(A) = 3$；　（2）$r(A) = 4$.

习题 5.3

1. （1）$\begin{cases} x_1 = 8C \\ x_2 = 3C \\ x_3 = 0 \\ x_4 = C \end{cases}$（$C$ 为任意常数）；　（2）$\begin{cases} x_1 = 1 + C \\ x_2 = 1 + 4C \\ x_3 = 9C \end{cases}$（$C$ 为任意常数）.

2. 当 $C=0$ 时，方程组有解 $\begin{cases} x_1 = \dfrac{3}{5} - C \\ x_2 = \dfrac{1}{5} + 3C \\ x_3 = 5C \end{cases}$（$C$ 为任意常数）.

3. $a \neq -1$，方程组有唯一解；$a = -1$，$b \neq 3$ 方程无解；

$a = -1, b = 3$ 时，方程有无穷多解，其解为 $\begin{cases} x_1 = 2 - C \\ x_2 = -1 + C \\ x_3 = C \end{cases}$ （C 为任意常数）.

4. $\lambda = 5$ 时, 方程有非零解, $\begin{cases} x_1 = C \\ x_2 = C \\ x_3 = C \end{cases}$ （C 为任意常数）.

综合练习 5

1.（1）$d = -1$，无穷多组解；（2）$\lambda = 1$；

（3）$\boldsymbol{X} = k_1 \boldsymbol{X}_1 + k_2 \boldsymbol{X}_2 \cdots K_{n-r} \boldsymbol{x}_{n-r} + \boldsymbol{X}_0$（其中 $k_1, k_2 \cdots k_{n-r}$ 为任意常数）； （4）2.

2.（1）D；（2）D；（3）C；（4）A；（5）C；（6）B；（7）A.

3.（1）线性相关.（2）线性无关.

4.（1）3，向量组本身就是一个极大无关组；（2）2，一个极大无关组是 $\boldsymbol{\alpha}_1$，$\boldsymbol{\alpha}_2$.

5.（1）$\boldsymbol{\eta}_1 = \left(-\dfrac{5}{14}, -\dfrac{3}{14}, 1, 0 \right)'$，$\boldsymbol{\eta}_2 = \left(-\dfrac{1}{2}, \dfrac{1}{2}, 0, 1 \right)'$，

全部解为 $\boldsymbol{X} = C_1 \boldsymbol{\eta}_1 + C_2 \boldsymbol{\eta}_2$（$C_1$，$C_2$ 为任意常数）.

（2）$\boldsymbol{\eta}_1 = \left(-\dfrac{62}{7}, 0, -\dfrac{25}{7}, 1, 0 \right)'$，$\boldsymbol{\eta}_2 = \left(\dfrac{13}{7}, 0, \dfrac{4}{7}, 0, 1 \right)'$，

全部解为 $\boldsymbol{X} = C_1 \boldsymbol{\eta}_1 + C_2 \boldsymbol{\eta}_2$（$C_1$，$C_2$ 为任意常数）.

（3）$\boldsymbol{\eta}_1 = \begin{pmatrix} x_1 \\ x_2 \\ x_3 \\ x_4 \end{pmatrix} = \begin{pmatrix} -5 \\ -1 \\ 8 \\ 0 \end{pmatrix}$，$\boldsymbol{\eta}_2 = \begin{pmatrix} x_1 \\ x_2 \\ x_3 \\ x_4 \end{pmatrix} = \begin{pmatrix} -1 \\ 0 \\ 0 \\ 1 \end{pmatrix}$.

全部解为 $\boldsymbol{X} = C_1 \boldsymbol{\eta}_1 + C_2 \boldsymbol{\eta}_2$（$C_1$，$C_2$ 为任意常数）.

（4）$\boldsymbol{\eta}_1 = \begin{pmatrix} x_1 \\ x_2 \\ x_3 \\ x_4 \\ x_5 \end{pmatrix} = \begin{pmatrix} -4 \\ 1 \\ -1 \\ 1 \\ 0 \end{pmatrix}$，$\boldsymbol{\eta}_2 = \begin{pmatrix} x_1 \\ x_2 \\ x_3 \\ x_4 \\ x_5 \end{pmatrix} = \begin{pmatrix} -2 \\ -7 \\ -6 \\ 0 \\ 1 \end{pmatrix}$

全部解为 $\boldsymbol{X} = C_1 \boldsymbol{\eta}_1 + C_2 \boldsymbol{\eta}_2$（$C_1$，$C_2$ 为任意常数）.

6.（1）$\boldsymbol{X} = C_1 \begin{pmatrix} \dfrac{1}{11} \\ \dfrac{5}{11} \\ 1 \\ 0 \end{pmatrix} + C_2 \begin{pmatrix} \dfrac{9}{11} \\ -\dfrac{1}{11} \\ 0 \\ 1 \end{pmatrix} + \begin{pmatrix} -\dfrac{2}{11} \\ \dfrac{10}{11} \\ 0 \\ 0 \end{pmatrix}$（$C_1$，$C_2$ 为任意常数）；

（2）$X = C\begin{pmatrix} -2 \\ 1 \\ 1 \end{pmatrix} + \begin{pmatrix} -1 \\ 2 \\ 0 \end{pmatrix}$（$C$ 为任意常数）；

（3）$X = \begin{pmatrix} -2 \\ 1 \\ 0 \\ 0 \end{pmatrix} + C_1 \begin{pmatrix} -1 \\ -9 \\ 7 \\ 0 \end{pmatrix} + C_2 \begin{pmatrix} 1 \\ 1 \\ 0 \\ 2 \end{pmatrix}$.（$C_1$，$C_2$ 为任意常数）.

7. 当 $t \neq 2$ 时，只有零解. 当 $t = 2$ 时，有非零解，且非零解为 $X = C\begin{pmatrix} 0 \\ 0 \\ 1 \\ 1 \end{pmatrix}$（$C$ 为任意常

数）.

8. $\lambda_1 = 1$，或 $\lambda_2 = 0$ 时，该齐次线性方程有非零解.

9. 当 $a = 1$ 时，线性方程组有非零解，其一般解为 $\begin{cases} x_1 = -3x_3 \\ x_2 = -2x_3 \end{cases}$（$x_3$ 为自由未知量）.

10. 当 $\lambda = 0$ 时，$R(A) = R(\tilde{A}) = 2 < 3 = n$，方程有解，其一般解为

$\begin{cases} x_1 = -1 + 5x_3 \\ x_2 = 2 - 6x_3 \end{cases}$（$x_3$ 为自由未知量）.

11.（1）当 $a \neq -1$，这时 $R(A) = R(\tilde{A}) = 3 = n$，方程组有唯一解.

（2）当 $a = -1, b \neq 3$，这时 $R(A) \neq R(\tilde{A})$，方程组无解.

（3）当 $a = -1, b = 3$，这时 $R(A) = R(\tilde{A}) = 2 < 3 = n$，方程组有无穷多解.

第 6 章

习题 6.1

1. $\dfrac{2xy}{x^2 + y^2}$；　2.（1）$y^2 > 2x - 1$；　（2）$y \leqslant x^2$，$x \geqslant 0$，$y \geqslant 0$；

（3）$x^2 + y^2 < 1$，$x^2 + y^2 \neq 0$，$y^2 \leqslant 4x$.

3.（1）1；　（2）$-\dfrac{1}{4}$.

习题 6.2

1. $f'_x(x_0, y_0) = y_0^2$，　$f'_y(x_0, y_0) = 2x_0 y_0$.

2.（1）$\dfrac{\partial z}{\partial x} = 8x^7 \mathrm{e}^y$，$\dfrac{\partial z}{\partial y} = x^8 \mathrm{e}^y$；　（2）$z'_x = -\dfrac{y}{x^2} \cos \dfrac{y}{x}$，$z'_y = \dfrac{1}{x} \cos \dfrac{y}{x}$；

（3）$z'_x = \dfrac{1}{2x\sqrt{\ln(xy)}}$，$z'_y = \dfrac{1}{2y\sqrt{\ln(xy)}}$；

（4）$z'_x = y^2(1+xy)^{y-1}$，$z'_y = (1+xy)^y [\ln(1+xy) + \dfrac{xy}{1+xy}]$.

3.（1）$\dfrac{\partial^2 z}{\partial x^2} = -\dfrac{4y}{(x+y)^3}$，$\dfrac{\partial^2 z}{\partial y^2} = \dfrac{4x}{(x+y)^3}$，$\dfrac{\partial^2 z}{\partial x \partial y} = \dfrac{2x-2y}{(x+y)^3}$；

（2）$\dfrac{\partial^2 z}{\partial x^2} = -2\cos(2x+4y)$，$\dfrac{\partial^2 z}{\partial y^2} = -8\cos(2x+4y)$，$\dfrac{\partial^2 z}{\partial x \partial y} = -4\cos(2x+4y)$．

习题 6.3

1. $\Delta z \approx -0.119$，$\mathrm{d}z = -0.125$．

2.（1）$\mathrm{d}z = 4x^3 y^3 \mathrm{d}x + 3y^2 x^4 \mathrm{d}y$；　　（2）$\mathrm{d}z = 2\cos(x^2+y^2)(x\mathrm{d}x + y\mathrm{d}y)$；

（3）$\mathrm{d}z = \dfrac{1}{x+y^2}\mathrm{d}x + \dfrac{2y}{x+y^2}\mathrm{d}y$；　（4）$\mathrm{d}u = yzx^{yz-1}\mathrm{d}x + zx^{yz}\ln x\mathrm{d}y + yx^{yz}\ln x\mathrm{d}z$．

3. 2.95

习题 6.4

1. $\dfrac{\partial z}{\partial x} = \dfrac{2}{\mathrm{e}^{2x+2y^2} + x^2 + y}(\mathrm{e}^{2x+2y^2} + x)$，$\dfrac{\partial z}{\partial y} = \dfrac{1}{\mathrm{e}^{2x+2y^2} + x^2 + y}(4y\mathrm{e}^{2x+2y^2} + 1)$．

2. $\dfrac{\mathrm{d}z}{\mathrm{d}t} = -\dfrac{\mathrm{e}^{3t} + \mathrm{e}^t}{(\mathrm{e}^{2t} - 1)^2}$．

3. 设 $u = x\cos y$，$\dfrac{\partial z}{\partial x} = \cos y \cdot \dfrac{\partial f}{\partial u} + \dfrac{\partial f}{\partial x}$，$\dfrac{\partial z}{\partial y} = -x\sin y \cdot \dfrac{\partial f}{\partial u}$。

4. $\dfrac{\mathrm{d}y}{\mathrm{d}x} = \dfrac{\mathrm{e}^x - 2xy}{x^2 - \cos y}$．

习题 6.5

1. 切线方程：$\dfrac{x-1}{0} = \dfrac{y-0}{1} = \dfrac{z-0}{1}$；法平面方程：$y+z=0$.

2. 切平面方程：$4x-4y-z-2=0$；法线方程：$\dfrac{x-2}{4} = \dfrac{y-1}{-4} = \dfrac{z-2}{-1}$．

3. 极小值点为（0，0），极小值为 0.

习题 6.6

2.（1）$\geqslant$；　（2）$\leqslant$．

3. $36\pi \leqslant \displaystyle\iint\limits_{D}(x^2 + 4y^2 + 9)\mathrm{d}\sigma \leqslant 100\pi$

习题 6.7

1.（1）$\displaystyle\int_0^1 \mathrm{d}x \int_0^{\sqrt{1-x^2}} f(x,y)\mathrm{d}y$，$\displaystyle\int_0^1 \mathrm{d}y \int_0^{\sqrt{1-y^2}} f(x,y)\mathrm{d}x$；

（2）$\displaystyle\int_{-\sqrt{2}}^{\sqrt{2}} \mathrm{d}x \int_{x^2}^{4-x^2} f(x,y)\mathrm{d}y$，$\displaystyle\int_0^2 \mathrm{d}y \int_{-\sqrt{y}}^{\sqrt{y}} f(x,y)\mathrm{d}x + \int_2^4 \mathrm{d}y \int_{-\sqrt{4-y}}^{\sqrt{4-y}} f(x,y)\mathrm{d}x$．

2. $I = \displaystyle\int_{\frac{1}{2}}^1 \mathrm{d}y \int_{\frac{1}{y}}^2 f(x,y)\mathrm{d}x + \int_1^2 \mathrm{d}y \int_y^2 f(x,y)\mathrm{d}x$．

3.（1）$\dfrac{1}{40}$，　（2）-2.　　4.（1）$\pi(1 - \dfrac{1}{\mathrm{e}})$；　（2）$-6\pi^2$．

综合练习 6

1.（1）充分；必要.　　　（2）必要；充分.　　　（3）充分.　　　（4）充分.

2. $\displaystyle\lim_{(x,y)\to(\frac{1}{2},0)} f(x,y)=\lim_{(x,y)\to(\frac{1}{2},0)} \frac{\sqrt{4x-y^2}}{\ln(1-x^2-y^2)}=\left.\frac{\sqrt{4x-y^2}}{\ln(1-x^2-y^2)}\right|_{(\frac{1}{2},0)}=\frac{\sqrt{2}}{\ln\frac{3}{4}}.$

　　$D=\{(x,y)\,|\,x^2+y^2<1,\,y^2\leqslant 2x\}.$

3. 略.

4. $f_x'(x,y)=\begin{cases}\dfrac{2xy^3}{(x^2+y^2)^2} & x^2+y^2\neq 0\\[2mm] 0 & x^2+y^2=0\end{cases},$

　　$f_y'(x,y)=\begin{cases}\dfrac{x^2(x^2-y^2)}{(x^2+y^2)^2} & x^2+y^2\neq 0\\[2mm] 0 & x^2+y^2=0\end{cases}.$

5.（1）$\dfrac{\partial z}{\partial x}=\dfrac{1}{x+y^2}$, $\dfrac{\partial^2 z}{\partial x^2}=-\dfrac{1}{(x+y^2)^2}$,

　　$\dfrac{\partial z}{\partial y}=\dfrac{2y}{x+y^2}$, $\dfrac{\partial^2 z}{\partial y^2}=\dfrac{2(x+y^2)-4y^2}{(x+y^2)^2}=\dfrac{2(x-y^2)}{(x+y^2)^2}$,

　　$\dfrac{\partial^2 z}{\partial x\partial y}=\dfrac{\partial}{\partial y}\left(\dfrac{1}{x+y^2}\right)=-\dfrac{2y^2}{(x+y^2)^2}$;

　　（2）$\dfrac{\partial z}{\partial y}=yx^{y-1}$, $\dfrac{\partial^2 z}{\partial x^2}=y(y-1)x^{y-2}$,

　　$\dfrac{\partial z}{\partial y}=x^y\ln x$, $\dfrac{\partial^2 z}{\partial y^2}=x^y\ln^2 x$,

　　$\dfrac{\partial^2 z}{\partial x\partial y}=\dfrac{\partial}{\partial y}(yx^{y-1})=x^{y-1}+yx^{y-1}\ln x=x^{y-1}(1+y\ln x).$

6. $\mathrm{d}z\Big|_{\substack{x=2,\Delta x=0.01\\ y=1,\Delta y=0.03}}=\dfrac{\partial z}{\partial x}\Big|_{(2,1)}\Delta x+\dfrac{\partial E}{\partial y}\Big|(2,1)\Delta y=0.03.$

7. 略

8. $\dfrac{\mathrm{d}u}{\mathrm{d}t}=\dfrac{\partial u}{\partial x}\cdot\dfrac{\mathrm{d}x}{\mathrm{d}t}+\dfrac{\partial u}{\partial y}\cdot\dfrac{\mathrm{d}y}{\mathrm{d}t}=yx^{y-1}\varphi'(t)+x^y\ln x\cdot\psi'(t).$

9. $\dfrac{\partial z}{\partial x}=v\mathrm{e}^{-u}\cos v+u(-\mathrm{e}^{-u}\sin v)=\mathrm{e}^{-u}(v\cos v-u\sin v),$

　　$\dfrac{\partial z}{\partial x}=v\mathrm{e}^{-u}\sin v+u\mathrm{e}^{-u}\cos v=\mathrm{e}^{-u}(v\sin v-u\cos v).$

附录 B　常用公式

一、常用初等代数公式

1. 乘法公式与二项式定理

（1）　$(a+b)^2 = a^2 + 2ab + b^2 ; (a-b)^2 = a^2 - 2ab + b^2$;

（2）　$(a+b)^3 = a^3 + 3a^2b + 3ab^2 + b^3 ; (a-b)^3 = a^3 - 3a^2b + 3ab^2 - b^3$;

（3）　$(a+b)^n = C_n^0 a^n + C_n^1 a^{n-1}b + C_n^2 a^{n-2}b^2 + \cdots + C_n^k a^{n-k}b^k + C_n^{n-1}ab^{n-1} + C_n^n b^n$;

（4）　$(a+b+c)(a^2 + b^2 + c^2 - ab - ac - bc) = a^3 + b^3 + c^3 - 3abc$;

（5）　$(a+b-c)^2 = a^2 + b^2 + c^2 + 2ab - 2ac - 2bc$.

2. 因式分解

（1）　$a^2 - b^2 = (a+b)(a-b).$;

（2）　$a^3 + b^3 = (a+b)(a^2 - ab + b^2) ; a^3 - b^3 = (a-b)(a^2 + ab + b^2)$;

（3）　$a^n - b^n = (a-b)(a^{n-1} + a^{n-2}b + \cdots + b^{n-1})$.

3. 分式裂项

（1）　$\dfrac{1}{x(x+1)} = \dfrac{1}{x} - \dfrac{1}{x+1}$;　（2）　$\dfrac{1}{(x+a)(x+b)} = \dfrac{1}{b-a}\left(\dfrac{1}{x+a} - \dfrac{1}{x+b}\right)$.

4. 指数运算

（1）　$a^{-n} = \dfrac{1}{a^n}(a \neq 0)$;　　（2）　$a^0 = 1(a \neq 1)$;　　（3）　$a^{\frac{m}{n}} = \sqrt[n]{a^m}(a \geqslant 0)$;

（4）　$a^m a^n = a^{m+n}$;　　（5）　$a^m \div a^n = a^{m-n}$;　　（6）　$(a^m)^n = a^{mn}$;

（7）　$\left(\dfrac{b}{a}\right)^n = \dfrac{b^n}{a^n}(a \neq 0)$;　　（8）　$(ab)^n = a^n b^n$;　　（9）　$\sqrt{a^2} = |a|$.

5. 对数运算

（1）　$a^{\log_a N} = N$;　　　　（2）　$\log_a b^\mu = \mu \log_a b$;　　（3）　$\log_a \sqrt[n]{b} = \dfrac{1}{n}\log_a b$;

（4）$\log_a a = 1$；　　　　（5）$\log_a 1 = 0$；　　　　（6）$\log_a M \cdot N = \log_a M + \log_a N$；

（7）$\log_a \dfrac{M}{N} = \log_a M - \log_a N$；　　　　（8）$\log_a b = \dfrac{1}{\log_b a}$.

特别地：（9）$\lg a = \log_{10} a, \ln a = \log_e a$.

6. 排列组合

（1）$P_n^m = n(n-1)\cdots[n-(m-1)] = \dfrac{n!}{(n-m)!}$　（约定 $0! = 1$）；

（2）$C_n^m = \dfrac{P_n^m}{m!} = \dfrac{n!}{m!(n-m)!}$；　　　　（3）$C_n^m = C_n^{n-m}$；

（4）$C_n^m + C_n^{m-1} = C_{n+1}^m$；　　　　（5）$C_n^0 + C_n^1 + C_n^2 + \cdots + C_n^n = 2^n$.

二、常用不等式及其运算性质

1. 不等式（组）解集的区间表示法

（1）满足 $a < x < b$ 的 x 的集合叫作开区间，记为 (a, b)；

（2）满足 $a \leqslant x \leqslant b$ 的 x 的集合叫作闭区间，记为 $[a, b]$；

（3）满足 $a \leqslant x < b$ 或 $a < x \leqslant b$ 的 x 的集合叫作半闭半开区间或半开半闭区间，记为 $[a, b)$ 或 $(a, b]$；

（4）满足 $x > a$ 或 $x \leqslant a$ 的 x 的集合记作 $(a, +\infty)$ 或 $(-\infty, a]$；实数集 **R** 记作 $(-\infty, +\infty)$.

2. 不等式的基本性质

不等式的基本性质有六条：

（1）$a > b \Rightarrow a + c > b + c$；

（2）$a > b, c > 0 \Rightarrow ac > bc$；

（3）$a > b, c < 0 \Rightarrow ac < bc$；

（4）$a > b, \Rightarrow \dfrac{a}{c} > \dfrac{b}{c}(c > 0)$，$\dfrac{a}{c} < \dfrac{b}{c}(c < 0)$；

（5）$a > b, \Rightarrow a^n > b^n \ (n > 0, a > 0, b > 0), a^n < b^n \ (n < 0, a < 0, b < 0)$；

（6）$a > b, \Rightarrow \sqrt[n]{a} > \sqrt[n]{b}$（$n$ 为正整数，$a > 0, b > 0$）；

对于任意实数 a, b 都有

（7）$|a| - |b| \leqslant |a + b| \leqslant |a| + |b|$；$|a - b| \leqslant |a| + |b|$；$|a| \leqslant b \Rightarrow -b \leqslant a \leqslant b$；

$\quad |a - b| \geqslant |a| - |b|$；$-|a| \leqslant a \leqslant |a|$.

（8）$a^2 + b^2 \geqslant 2ab$.

三、常用数列公式

数列的和，

（1）等差数列的前 n 项和：

$$S_n = a_1 + a_2 + a_3 + \cdots + a_n = \frac{n(a_1 + a_n)}{2} \; ;$$

（2）等比数列的前 n 项和：

$$S_n = a + aq + aq^2 + \cdots + aq^{n-1} = \frac{a(1-q^n)}{1-q} \quad (q \neq 1) \, .$$

四、常用基本三角公式

1. 度与弧度

（1） $1^\circ = \dfrac{\pi}{180}$ （弧度）； \qquad\qquad （2） 1（弧度）$= \dfrac{180^\circ}{\pi}$.

2. 平方关系

（1） $\sin^2 x + \cos^2 x = 1$ ； （2） $1 + \tan^2 x = \sec^2 x$ ； （3） $1 + \cot^2 x = \csc^2 x$.

3. 两角和与两角差的三角函数

（1） $\sin(x \pm y) = \sin x \cos y \pm \cos x \sin y$ ；

（2） $\cos(x \pm y) = \cos x \cos y \mp \sin x \sin y$ ；

（3） $\tan(x \pm y) = \dfrac{\tan x \pm \tan y}{1 \mp \tan x \tan y}$.

4. 和差化积公式

（1） $\sin x + \sin y = 2 \sin \dfrac{x+y}{2} \cos \dfrac{x-y}{2}$ ；

（2） $\sin x - \sin y = 2 \cos \dfrac{x+y}{2} \sin \dfrac{x-y}{2}$ ；

（3） $\cos x + \cos y = 2 \cos \dfrac{x+y}{2} \cos \dfrac{x-y}{2}$ ；

（4） $\cos x - \cos y = -2 \sin \dfrac{x+y}{2} \sin \dfrac{x-y}{2}$.

5. 积化和差公式

（1） $2 \sin x \cos y = \sin(x+y) + \sin(x-y)$ ；

（2） $2\cos x\sin y = \sin(x+y) - \sin(x-y)$；

（3） $2\cos x\cos y = \cos(x+y) + \cos(x-y)$；

（4） $2\sin x\sin y = \cos(x+y) - \cos(x-y)$．

6. 倍角公式

（1） $\sin 2x = 2\sin x\cos x$；

（2） $\cos 2x = \cos^2 x - \sin^2 x = 1 - 2\sin^2 x = 2\cos^2 x - 1$；

（3） $\tan 2x = \dfrac{2\tan x}{1-\tan^2 x}$．

7. 半角公式

$$\sin^2\frac{x}{2} = \frac{1-\cos x}{2}；\quad \cos^2\frac{x}{2} = \frac{1+\cos x}{2}；\quad \tan\frac{x}{2} = \frac{1-\cos x}{\sin x}．$$

五、几何公式

1. 圆

（1）周长 $C = 2\pi r$， r 为半径；　　　　（2）面积 $S = \pi r^2$， r 为半径．

2. 扇形

面积 $S = \dfrac{1}{2}r^2\alpha$， α 为扇形的圆心角，以弧度为单位， r 为半径．

3. 平行四边形

面积 $S = bh$， b 为底长， h 为高．

4. 梯形

面积 $S = \dfrac{1}{2}(a+b)h$， a,b 分别为上底与下底的长， h 为高．

5. 圆柱体

（1）体积 $V = \pi r^2 h$　　　　　　 r 为底面半径， h 为高；

（2）侧面积 $L = 2\pi rh$　　　　　　 r 为底面半径， h 为高．

6. 圆锥体

（1）体积 $V = \dfrac{1}{3}\pi r^2 h$　　　　　　 r 为底面半径， h 为高；

（2）侧面积 $L = \pi r l$　　　　r 为底面半径，h 为高，l 为斜高.

7. 球体

（1）体积 $V = \dfrac{4}{3} \pi r^3$　r 为球的半径；

（2）表面积 $L = 4 \pi r^2$　r 为球的半径.

8. 三角形的面积

（1）$S = \dfrac{1}{2} bc \sin A$，$S = \dfrac{1}{2} ca \sin B$，$S = \dfrac{1}{2} ab \sin C$；

（2）$S = \sqrt{p(p-a)(p-b)(p-c)}$，其中 $p = \dfrac{1}{2}(a+b+c)$.

六、平面解析几何

1. 距离与斜率

（1）两点 $P_1(x_1, y_1)$ 与 $P_2(x_2, y_2)$ 之间的距离 $d = \sqrt{(x_2 - x_1)^2 + (y_2 - y_1)^2}$；

（2）线段 $P_1 P_2$ 的斜率 $k = \dfrac{y_2 - y_1}{x_2 - x_1}$.

2. 直线的方程

（1）点斜式 $y - y_1 = k(x - x_1)$；　（2）斜截式 $y = kx + b$；

（3）两点式 $\dfrac{y - y_1}{y_2 - y_1} = \dfrac{x - x_1}{x_2 - x_1}$；　（4）截距式 $\dfrac{x}{a} + \dfrac{y}{b} = 1$.

3. 圆

方程 $(x - a)^2 + (y - b)^2 = r^2$，圆心为 (a, b)，半径为 r.

4. 抛物线

（1）方程 $y^2 = 2px$，焦点 $\left(\dfrac{p}{2}, 0 \right)$，准线 $x = -\dfrac{p}{2}$；

（2）方程 $x^2 = 2py$，焦点 $\left(0, \dfrac{p}{2} \right)$，准线 $y = -\dfrac{p}{2}$；

（3）方程 $y = ax^2 + bx + c$，顶点 $\left(-\dfrac{b}{2a}, \dfrac{4ac - b^2}{4a} \right)$，对称轴方程 $x = -\dfrac{b}{2a}$.

5. 椭圆

方程 $\dfrac{x^2}{a^2}+\dfrac{y^2}{b^2}=1(a>b)$ 的焦点在 x 轴上.

6. 双曲线

（1）方程 $\dfrac{x^2}{a^2}-\dfrac{y^2}{b^2}=1$ 的焦点在 x 轴上；

（2）等轴双曲线方程为 $xy=k$.

附录 C　专升本试题

一、单项选择题（本大题共 5 小题，每小题 3 分，共 15 分。每小题只有一个选项符合题目要求）

1. 函数 $f(x) = \dfrac{x^2 - x}{x^2 + x - 2}$ 的间断点是（　　）.

（A）$x = -2$ 和 $x = 0$　　　　　　　　（B）$x = -2$ 和 $x = 1$

（C）$x = -1$ 和 $x = 2$　　　　　　　　（D）$x = 0$ 和 $x = 1$

2. 设函数 $f(x) = \begin{cases} x+1, & x < 0 \\ 2, & x = 0 \\ \cos x, & x > 0 \end{cases}$，则 $\lim\limits_{x \to 0} f(x)$（　　）.

（A）等于 1　　　　（B）等于 2　　　　（C）等于 1 或 2　　　　（D）不存在

3. 已知 $\int f(x)\mathrm{d}x = \tan x + C$，$\int g(x)\mathrm{d}x = 2^x + C$，$C$ 为任意常数，则下列等式正确的是（　　）.

（A）$\int [f(x)g(x)]\mathrm{d}x = 2^x \tan x + C$　　　　（B）$\int \dfrac{f(x)}{g(x)}\mathrm{d}x = 2^{-x} \tan x + C$

（C）$\int f[g(x)]\mathrm{d}x = \tan(2^x) + C$　　　　（D）$\int [f(x) + g(x)]\mathrm{d}x = \tan x + 2^x + C$

4. 下列级数收敛的是（　　）.

（A）$\sum\limits_{n=1}^{\infty} \mathrm{e}^{\frac{1}{n}}$　　　　（B）$\sum\limits_{n=1}^{\infty} \left(\dfrac{3}{2}\right)^n$　　　　（C）$\sum\limits_{n=1}^{\infty} \left(\dfrac{2}{3^n} - \dfrac{1}{n^3}\right)$　　　　（D）$\sum\limits_{n=1}^{\infty} \left[\left(\dfrac{2}{3}\right)^n + \dfrac{1}{n}\right]$

5. 已知函数 $f(x) = ax + \dfrac{b}{x}$ 在点 $x = -1$ 处取得极大值，则常数 a 和 b 应满足条件（　　）.

（A）$a - b = 0, b < 0$　　　　　　（B）$a - b = 0, b > 0$

（C）$a + b = 0, b < 0$　　　　　　（D）$a + b = 0, b > 0$

二、填空题（本大题共 5 小题，每小题 3 分，共 15 分）

6. 曲线 $\begin{cases} x = t^3 + 3t \\ y = \arcsin t \end{cases}$ 在 $t = 0$ 的对应点处的切线方程为 $y = $ ＿＿＿.

7. 微分方程 $y\mathrm{d}x + x\mathrm{d}y = 0$ 满足初始条件 $y|_{x=1} = 2$ 的特解为 $y = $ ＿＿＿.

8. 若二元函数 $z = f(x, y)$ 的全微分 $\mathrm{d}z = \mathrm{e}^x \sin y \mathrm{d}x + \mathrm{e}^x \cos y \mathrm{d}y$，则 $\dfrac{\partial^2 z}{\partial x \partial y} = $ ＿＿＿.

9. 设平面区域 $D = \{(x,y)|0 \le y \le x, 0 \le x \le 1\}$，则 $\iint\limits_D x\mathrm{d}x\mathrm{d}y = $ _____.

10. 已知 $\int_1^t f(x)\,\mathrm{d}x = t\sin\dfrac{\pi}{t}(t>1)$，则 $\int_1^{+\infty} f(x)\mathrm{d}x = $ _____.

三、计算题（本大题共 8 小题，每小题 6 分，共 48 分）

11. 求 $\lim\limits_{x \to 0} \dfrac{\mathrm{e}^x - \sin x - 1}{x^2}$.

12. 设 $y = \dfrac{x^x}{2x+1}(x>0)$，求 $\dfrac{\mathrm{d}y}{\mathrm{d}x}$.

13. 求不定积分 $\int \dfrac{2+x}{1+x^2}\,\mathrm{d}x$.

14. 计算定积分 $\int_{-\frac{1}{2}}^{0} x\sqrt{2x+1}\,\mathrm{d}x$.

15. 设 $x - z = \mathrm{e}^{xyz}$，求 $\dfrac{\partial z}{\partial x}$ 和 $\dfrac{\partial z}{\partial y}$.

16. 计算二重积分 $\iint\limits_D \ln(x^2+y^2)\,\mathrm{d}\sigma$，其中平面区域 $D = \{(x,y)|1 \le x^2+y^2 \le 4\}$.

17. 已知级数 $\displaystyle\sum_{n=1}^{\infty} a_n$ 和 $\displaystyle\sum_{n=1}^{\infty} b_n$ 满足 $0 \leqslant a_n \leqslant b_n$，且 $\dfrac{b_{n+1}}{b_n} = \dfrac{(n+1)^4}{3n^4+2n-1}$，判定级数 $\displaystyle\sum_{n=1}^{\infty} a_n$ 的收敛性.

18. 设函数 $f(x)$ 满足 $\dfrac{\mathrm{d}f(x)}{\mathrm{d}e^{-x}} = x$，求曲线 $f(x)$ 的凹、凸的区间.

四、综合题（本大题共 2 小题，第 19 小题 10 分，第 20 小题 12 分，共 22 分）

19. 已知连续函数 $\varphi(x)$ 满足 $\varphi(x) = 1 + x + \displaystyle\int_0^x t\varphi(t)\,\mathrm{d}t + x\int_x^0 \varphi(t)\,\mathrm{d}t$.

（1）求 $\varphi(x)$

（2）求由曲线 $y = \varphi(x)$ 和 $x = 0, x = \dfrac{\pi}{2}$ 及 $y = 0$ 围成的图形绕 x 轴旋转所得立体的体积.

20. 设函数 $f(x) = x\ln(1+x) - (1+x)\ln x$.

（1）证明：$f(x)$ 在区间 $(0, +\infty)$ 内单调减少；

（2）比较数值 2018^{2019} 与 2019^{2018} 的大小，并说明理由.